Team BLOOM's

MINIGÄRTEN

Gardening-Ideen auf kleinstem Raum

BLOOM's

INHALTSVERZEICHNIS

VORWORT

GLÜCK ENTSTEHT AUS DEN KLEINEN DINGEN ...

Minigärtchen boomen! Das Gestalten von Gärtchen auf kleinstem Raum erfreut sich großer Beliebtheit. Sie verbreiten nicht nur ein paradiesisches Gefühl, vor allem machen sie viel Freude beim Erstellen. So werdet Ihr, auch ohne einen wirklichen Garten zu besitzen, zu Gärtner und Gärtnerinnen. Und wie heißt es in einem chinesischen Sprichwort so schön: Wer ein Leben lang glücklich sein will, der werde Gärtner!

Wir zeigen Euch, wie Ihr mit wenigen Handgriffen, ein paar kleinen Requisiten und vor allem ein paar Kleinpflanzen in ganz unterschiedlichen Gefäßen und Behältnissen Gartenszenen voller Liebreiz und träumerischer Aussichten schaffen könnt. Dieses Buch wird Euch in den Bann des „Klitzekleinen" ziehen und Eure Lust am XXS-Format entfachen! Ihr könnt die Anleitungen wie Kochbuchrezepte verstehen und sie 1:1 nachmachen oder aber sie als Anregungen zum eigenen Kombinieren, Austauschen und Ausprobieren nehmen. Lasst Euren Ideen freien Lauf, sucht nach geeigneten Gefäßen, dann werden Eure Ideen ganz von alleine erblühen. Vielleicht habt Ihr aus der Puppenstube noch kleine Minifiguren oder Accessoires? Oder Ihr schneidet Euch solche ganz kreativ und fantasiereich aus bunten Papieren aus? Ihr werdet sehen, es wird nicht bei einem einzigen Gärtlein bleiben. Und wer erst einmal seinen grünen Daumen en miniature entdeckt hat, wird diese Kreationen gerne an liebe Menschen verschenken. Zum Hauseinzug? Als Welcome nach dem Urlaub – Anlässe, Themen und Ideen gibt es reichlich. Und nun ran ans Gärtnern!

Wir Mini-Gärtnerinnen und -Gärtner wünschen Euch viel Spaß!

POST

SO WIRD GEPFLANZT

SCHRITT 1

Zu Beginn Gefäße, die aus wasserempfindlichem Material bestehen, mit Folie auslegen, dann Blähton als Dränage mindestens 2 cm hoch einfüllen und ein Dränagevlies auflegen. Nun die passende Pflanzerde hinzufügen und gleichmäßig verteilen.

RICHTIGE PFLANZENWAHL

Für die Gärtchen eignen sich besonders kleinbleibende Gehölze und Stauden, langsam wachsende Pflanzen und Bodendecker wie Sternmoos. Je nach Thema des Gärtchens lassen sich die Pflanzen ganz individuell wählen. In ihren Pflegebedingungen, z. B. Licht- und Wasserbedarf, müssen sie allerdings zueinanderpassen. Gelegentlich sollten die Gewächse zurückgeschnitten werden, um den Erhalt des Minigärtchens langfristig zu gewähren. Generell muss die Pflanzenwahl nicht immer ganz in Grün gehalten sein, es können auch bunt blühende Gewächse verwendet werden.

SCHRITT 2

Die Pflanzen an den gewünschten Stellen vorsichtig einsetzen und diese um die Wurzelballen herum andrücken. Dabei bringen verschiedene Pflanzen Abwechslung in das Gärtchen.

SCHRITT 3

Möchte man eine Wiesenoptik im Minigärtchen erzeugen, sind Plattenmoos und Sternmoos genau das Richtige. Mit gewölbten Moospolstern lassen sich ganz leicht kleine Hügel im Gefäß erschaffen. Ebenfalls geben diese Pflanzen dem Boden des Gärtchens Halt.

SCHRITT 5

Zuletzt setzt Ihr die Dekoaccessoires und Tierfiguren oder Ähnliches auf die Wiese oder den geschaffenen Untergrund und arrangiert alle Dekoelemente so, dass das Gärtchen fast aussieht als würde es im nächsten Moment zum Leben erwachen.

SCHRITT 4

Um kleine Wege oder Plätze als Untergrund für Stühle und Tische zu erstellen, eignen sich am besten Kieselsteine, die man mit einem Glas auf die Pflanzfläche schütten kann, oder flache Bruchsteine, die aufgelegt werden.

DAS BRAUCHT IHR

MINI-PFLANZEN

Grünpflanzen haben eine ganz besondere Wirkung. Durch ihre facettenreichen Formen, Strukturen und Grünnuancen geben sie den Gärtchen immer wieder einen anderen Charakter. Sukkulenten eignen sich z. B. für modern wirkende XXS-Welten prima. Kiefern und Tannen dagegen ergeben einen tollen Look bei ländlichen Gestaltungen, die dann allerdings draußen aufgestellt werden müssen. Der Fantasie sind bei der Pflanzenauswahl für Euer Minigarten-Projekt nur durch die pflegerischen Anforderungen Grenzen gesetzt. Zu finden sind die kleinbleibenden Gewächse vor allem im Fachhandel, z. B. in Gartencentern und beim Floristen. Legt einfach los!

NATURALIEN

Durch Materialien wie Moos, Baumrinde, Äste oder Steine wirken die Miniaturgärten gleich noch natürlicher. Ihr erhaltet diese beim Floristen oder beim Spaziergang durch den Wald. Achtung: Viele Moosarten stehen auf der Roten Liste und dürfen der Natur nicht entnommen werden. In Natur- und Landschaftsschutzgebieten ist das Sammeln grundsätzlich nicht erlaubt.

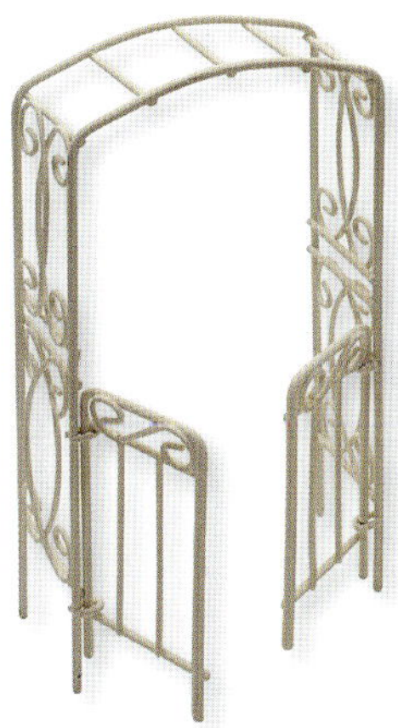

MINIATURMÖBEL

Rückzugsorte, Waldlichtungen oder Liegeplätze am Strand – für jede Idee und jedes Motto gibt es individuelle Miniaturmöbel. Ihr findet diese beim Floristen oder im entsprechenden Fachhandel.

MINIATURFIGUREN

Ob verspielt, romantisch oder schlicht – mit kleinen Figuren lassen sich die XXS-Gärten im Nu zu lebendig wirkenden Welten gestalten. Dabei könnt Ihr sowohl menschliche Figuren als auch eine Fülle an Tieren, z. B. Füchse, Eulen, Hunde und Hühner auf Eure Gestaltungsfläche setzen und durch Häuser oder Ställe ergänzen.

HINWEIS

Im Frühlingskapitel wird mit saisonalen Pflanzen gearbeitet, die nach dem Verblühen ausgetauscht werden müssen. Vorteil: Während der Blütezeit erfreut die erfrischende Wirkung der Blühpflanzen und beim Austauschen beschäftigt man sich erneut mit der Gestaltung des eigenen Gärtchens. So macht die Gartenarbeit noch mehr Spaß!

ETAGENGARTEN

DAS BRAUCHT IHR

Hilfsmittel:
Emaillekochtöpfe in zwei Größen, Pflanzerde, kleine Schieferplatten, Fenster und Tor aus Illustriertenpapier, Kleber
Dekoaccessoires:
Tischgruppe in Baumstammoptik, Leitern, Bienenhaus, Tablett mit Wurst, Tablett mit Käse, Aststück mit Axt, Brennholzregal, Holzbank
Pflanzen:
Hyazinthen, Schachbrettblumen, Moos

SO WIRD'S GEMACHT

Die beiden Emailletöpfe komplett mit Pflanzerde befüllen, dann den kleineren leicht asymmetrisch versetzt auf dem größeren platzieren. Die Erde des unteren Topfes im rechten Bereich mit Hyazinthe und Schachbrettblume bepflanzen, im linken Bereich mit Schieferplatten bedecken und dort die Tischgruppe arrangieren. Dabei das Bienenhaus an das obere Gefäß anlehnen und die Zwischenräume der Platten mit Moos bedecken. Den oberen Topf ebenfalls mit Hyazinthen und Schachbrettblumen bepflanzen sowie die freien Erdbereiche mit Moos abdecken und die Bank platzieren. Aus Illustrierten Bilder von Fenstern und Eingangstor ausschneiden und diese an die Töpfe kleben. Zum Schluss Leitern anlehnen und das „Fensterln“ kann beginnen.

HIRTENIDYLLE

DAS BRAUCHT IHR

Hilfsmittel:
alter Koffer, Folie, Blähton, Dränagevlies, Pflanzerde, dunkles Granulat, Zweige
Dekoaccessoires:
Schafe, Hirte, Brunnen, Korb mit Heu, Schubkarre, Zweigbündel, Rechen, Zaunelemente, Tränke
Pflanzen:
Traubenhyazinthen, Primeln, Efeu, Jasmin, Moos

SO WIRD'S GEMACHT

Den Koffer komplett mit Folie auskleiden, dann zur Hälfte mit Blähton füllen, Dränagevlies auflegen und Pflanzerde bis 2 cm unterhalb der Kante einfüllen. In den hinteren Bereich beidseitig Jasmin pflanzen sowie Traubenhyazinthen und Primeln im vorderen Bereich gruppiert einsetzen. Einige Äste hinzustecken. Den Boden zur Hälfte mit Moos bedecken. Hier finden der Hirte und die Schafe ihren Platz. Die andere Hälfte mit dunklem Granulat bedecken. Dort mit einem Brunnen und ländlichen Accessoires die Hirtenidylle vervollständigen.

Nüsse
Nüsse
Kastanien
Kastanien

MARKTPLATZ

DAS BRAUCHT IHR

Hilfsmittel:
Kaffeekiste, Folie, Blähton, Dränagevlies, Pflanzerde, braunes Granulat, kleine Steinplatten
Dekoaccessoires:
Marktaccessoires, Fässer, Schubkarre, Holzkisten, Figuren, Hühner, Hühnerkäfige, Hühnerleiter, Vogelkäfig, Baumstumpf
Pflanzen:
Narzissen, Netz-Iris, Jasmin, Kletterfeige, Traubenhyazinthen, Heidelbeerzweige

SO WIRD'S GEMACHT

Die Kaffeekiste mit Folie auskleiden, dann ca. zur Hälfte mit Blähton füllen. Dränagevlies auflegen und Pflanzerde bis 2 cm unterhalb des Kistenrandes einfüllen. Narzissen, Netz-Iris und Traubenhyazinthen einpflanzen. An die vordere Kante des Gärtchens die Kletterfeige setzen und in die hintere Ecke den Jasmin. Heidelbeerzweige in den hinteren Bereich hinzustecken. Die Erde mit Steinplatten bedecken, sodass ein gepflasterter Platz entsteht. Die Freiflächen mit braunem Granulat bestreuen. Durch Marktaccessoires wie Obst-, Gemüse- oder Fleischkisten und Figuren von Käufern wird dem Gärtchen Leben eingehaucht.

TIPP

Den Koffer einerseits vorher mit Folie auskleiden, damit die Feuchtigkeit ihn nicht beschädigt! Andererseits müssen Wasserabflusslöcher in den Koffer gebohrt werden, damit überschüssiges Regenwasser nicht zu Staunässe und zum Faulen der Wurzelballen führt. Alternativ kann ein überdachter Aufstellplatz helfen.

GARTENPARADIES

DAS BRAUCHT IHR

Hilfsmittel:
alter Koffer, Abtönfarbe, Folie, Blähton, Dränagevlies, Pflanzerde, Kieselsteine
Dekoaccessoires:
Stuhl, Arbeitsgeräte, Zaunelemente, Milchkannen, Eimer, Gießkanne
Pflanzen:
Baum-Heide, Bärenfellgras, Funkie, Katzenminze, Salbei, Schaumblüte, Teppichlobelie, Moos, Sternmoos

SO WIRD'S GEMACHT

So kommen alte Schätzchen zu neuen Ehren! Den Koffer mit weißer Abtönfarbe anstreichen, dann Folie einfügen, ca. 4 cm hoch Blähton einfüllen, Dränagevlies auflegen und mit Pflanzerde bis 2 cm unterhalb der Kofferkante auffüllen. Die Pflanzen gruppiert im hinteren und in den seitlichen Bereichen einpflanzen, dabei mittig Raum für den Sitzbereich freilassen. Hier Kieselsteine verteilen, Gartenstuhl und Zaunelemente aufstellen, dann Eimer, Gieß- und Milchkanne sowie die bäuerlichen Arbeitsgeräte platzieren. Alles leicht angießen und das Idyll vom Garten, in dem gerne gewerkelt wird, ist fertig!

TIPP

Mit dieser Inszenierung lässt sich ein Stück alter englischer Gartenkunst ins eigene Heim holen!

ENGLISCHES GÄRTLEIN

DAS BRAUCHT IHR

Hilfsmittel:
Zinkwanne, Blähton, Dränagevlies, Pflanzerde, dunkles Granulat
Dekoaccessoires:
Sitzgruppe, Tauben, Blumentöpfe
Pflanzen:
Fetthenne, Hebe, Teppichlobelie, Katzenminze, Schaumblüte, Traubenlilie, Waldrebe, Hauswurz

SO WIRD'S GEMACHT

Die Zinkwanne zur Hälfte mit Blähton befüllen. Dränagevlies auflegen und Pflanzerde bis ca. 2 cm unterhalb des Wannenrandes auffüllen. In den hinteren Teil der Gestaltungsfläche Katzenminze, Schaumblüte, Traubenlilie und Waldrebe dicht nebeneinander einpflanzen, vorne die niedrigen Pflanzen wie Teppichlobelie, Fetthenne, Hauswurz und Hebe. Im vorderen mittleren Bereich dunkles Granulat aufschütten und mit zwei Stühlen und einem Tisch zur Sitzecke gestalten. Tauben und Blumentopfaccessoires hinzufügen – fertig ist ein Blütenparadies mit englischem Charme.

TIPP

Durch das untergelegte Papier auf dem Weg wird der helle Sand von der Erde getrennt und behält so seine strahlend weiße Farbe. Allerdings muss man entsprechend vorsichtig gießen.

SCHÄFERSTÜNDCHEN

DAS BRAUCHT IHR

Hilfsmittel:
Holzkiste, Folie, Blähton, Dränagevlies, Pflanzerde, Papierstreifen, Kieselsteine, Sand
Dekoaccessoires:
Schafe, Pavillon, Zaun, Strohbündel, Fässchen
Pflanzen:
Baumheide, Bärenfellgras, Fiederpolster, Hauswurz, Schaumblüte, Polstermoos, Sternmoos

SO WIRD'S GEMACHT

Die Holzkiste mit Folie auskleiden, dann ca. 4 cm hoch mit Blähton füllen, Dränagevlies auflegen und Pflanzerde bis 2 cm unterhalb der Kante einfüllen. Links Sternmoos, Polstermoos und Gras wie eine saftige, leicht hügelige Wiese einpflanzen, rechts die übrigen Pflanzen. Für den querenden Weg Papierstreifen von ca. 5 cm Breite auf die Erde legen und mit feinem Sand bedecken. Zur Betonung des Weges als Übergang zum bepflanzten Bereich kleine Kieselsteine aufschütten. Nun die Schafe auf die Wiese setzen und mit dem Zaun den Wiesenteil einrahmen. Der Pavillon am Ende des Weges lädt zum Verweilen ein.

TIPP

Für eine zum Betrachter hin abgestufte Gartengestaltung sollten im hinteren Bereich die höheren Pflanzen, im vorderen Bereich die niedrigen platziert werden.

RÜCKZUGSORT

DAS BRAUCHT IHR

Hilfsmittel:
Schale, Blähton, Dränagevlies, Pflanzerde, dunkles Granulat
Dekoaccessoires:
Stuhl, Tisch, Bank, Torbogen, Enten, Buchsbaum im Gefäß
Pflanzen:
Buchsbaum, Zwergmispel, Hebe, Teppichlobelie, Fiederpolster, Hauswurz, Lebensbaum, Schaumblüte, Polstermoos

SO WIRD'S GEMACHT

Schale mit einer Dränage und dann mit Pflanzerde füllen, dabei einen Gießrand von 2 cm belassen. Das Gärtchen im hinteren Bereich mit den höheren Pflanzen wie Zwergmispel, Lebensbaum und Buchsbaum bepflanzen, seitlich die niedrigen Stauden einsetzen. Dabei die mittige Fläche freilassen, diese mit Granulat bedecken und die Gartenaccessoires aufstellen. Zentral den Torbogen platzieren, dazu eine Bank sowie einen Tisch und einen Stuhl. Die kleinen Enten bringen Leben in das Arrangement.

TIPP

Je nach Wahl der Accessoires lassen sich die Gärtchen schnell thematisch umgestalten. Hier sind es einmal Gartenaccessoires und alternativ ländliche Bauernhofrequisiten.

SOMMEROASE

DAS BRAUCHT IHR

Hilfsmittel:
Holzkiste, Abtönfarbe, Folie, Blähton, Dränagevlies, Pflanzerde, Papier, Sand, Kieselsteine
Dekoaccessoires:
Gartenbank, Vogelkäfig, Hühnerstall, Huhn, Vogelnest
Pflanzen:
Orangenblume, Baum-Heide, Funkie, Hebe, Fiederpolster, Hauswurz, Schaumblüte, Teppichlobelie

SO WIRD'S GEMACHT

Die Holzkiste mit weißer Abtönfarbe anstreichen und komplett mit Folie auskleiden. Dann ca. 4 cm hoch mit Blähton befüllen, Dränagevlies auflegen und Pflanzerde bis 2 cm unterhalb der Kante einfüllen. Als Schattenspender für die Bank oder das Hühnerhäuschen wird die Orangenblume in den linken Bereich der Gestaltungsfläche gepflanzt, dazu die übrigen Pflanzen wie Hauswurz, Schaumblüte, Baum-Heide, Funkie, Fiederpolster und Hebe im rechten Bereich. Papier in passende Stücke reißen und den noch freien mittigen Platz damit auslegen. Auf das Papier zuerst Sand, dann Kieselsteine schütten. Je nach Wahl der Accessoires wird dieser Garten entweder zum sommerlichen Lieblingsplatz mit Vogelkäfig und Gartenbank oder mit Hühnerstall zum schönsten Paradies für das Federvieh.

TIPP

Alte Gefäße eignen sich besonders gut für die Minigärtchengestaltung. Hier ein alter Emailletopf aus Omas Waschküche.

PICKNICK IM GRÜNEN

DAS BRAUCHT IHR

Hilfsmittel:
Emailletopf, Blähton, Dränagevlies, Pflanzerde, Kieselsteine
Dekoaccessoires:
Liegestuhl, Picknickaccessoires, Picknickdecke
Pflanzen:
Zwerg-Kiefer, Teppichlobelie, Sternmoos, Polstermoos

SO WIRD'S GEMACHT

Den Emailletopf zur Hälfte mit Blähton füllen, Dränagevlies auflegen und anschließend die Pflanzerde einfüllen. Diese über den Rand hinaus zu einer Kuppel formen und leicht andrücken. Etwas seitlich im hinteren Teil die Zwerg-Kiefer einpflanzen, den Hügel komplett mit Sternmoos, Polstermoos und Teppichlobelie bedecken und dabei leicht modellieren. Eine Treppe aus flachen Kieselsteinen gestalten.

TIPP

Die im Urlaub gesammelten Muscheln lassen sich direkt für diese schöne Idee verwenden. In das blaue Granulat gelegt, sind sie ein tolles Detail, das den Beach-Charakter noch mehr hervorhebt.

AT THE BEACH

DAS BRAUCHT IHR

Hilfsmittel:
Holztablett, Folie, Pflanzerde, blaues Granulat, Sand, Papierstreifen
Dekoaccessoires:
Liegestühle, Sonnenschirm, Grill, Muscheln, Schneckenhäuser, Schwemmholz, Seesternskelette
Pflanzen:
Bergpalmen, Fiederaralie, Fingeraralie

SO WIRD'S GEMACHT

Das Holztablett mit Folie auskleiden. Dann für dieses Strandszenario die Wasserfläche von der Landfläche durch senkrechtes Einfügen eines Papierstreifens abtrennen und den vorderen Bereich mit blauem Granulat bis 1 cm unterhalb des Tablettrandes auffüllen. Die Landseite mit Pflanzerde ebenso befüllen. Hier links und rechts die Bergpalmen und Aralienarten einpflanzen. Der jetzt um die Pflanzen zu verteilende Sand ergibt den Strand des Minigärtchens. Mit zwei Liegestühlen, einem Sonnenschirm, einem Grill, Seesternskeletten, Muscheln und Schneckenhäusern wird der Beach-Look perfekt!

TIPP

Auch wenn sich diese Wüstenoase in jeder Ecke des eigenen Zuhauses sehr gut macht, sollte der Koffer immer an einem Platz mit ausreichendem Licht stehen.

BEI DEN BEDUINEN

DAS BRAUCHT IHR

Hilfsmittel:
alter Koffer, Folie, Blähton, Dränagevlies, Pflanzerde, Sand, Stoff, Holzspieße, Kordel, Drahtkrampe
Dekoaccessoires:
Kamel, Pferd, Schlange, Teppiche, Weinflasche, Tongefäße
Pflanzen:
Echte Aloe, Schirmpalme, Bergpalme

SO WIRD'S GEMACHT

Den Koffer mit Folie auskleiden, dann ca. 4 cm hoch mit Blähton füllen, Dränagevlies auflegen und Pflanzerde bis 2 cm unterhalb der Kante einfüllen. Die Pflanzen im Koffer verteilt einsetzen. Erde vollständig mit Sand bedecken. Die Teppiche, den Kofferrand überlappend, auf die linke Seite des Gärtchens legen. Das Kamel, das Pferd und die Schlange unter bzw. zwischen die Pflanzen setzen. Um den Beduinen-Look zu vervollständigen, ein rechteckiges Stück Stoff mit vier kleinen Löchern – zwei auf jeder Seite – versehen und hiermit auf Holzspieße stecken. Das Sonnenschutzsegel in den Sand stellen und mit zwei Kordeln von den vorderen Holzspießen zur Schließe des Koffers und zu einer Drahtkrampe im Sand abspannen. Der Siesta in der Wüstensonne steht nichts mehr im Wege!

TIPP

Körbe sind echte Tausendsassas unter den Pflanzgefäßen und machen lange Freude. Das Geflecht sollte dabei immer von innen mit Folie vor Feuchtigkeit geschützt und abgedichtet werden.

SIESTA MEXICANA

DAS BRAUCHT IHR

Hilfsmittel:
geflochtener Korb, Folie, Sukkulentenerde, Sand, braunes Granulat, trockene Drahtpflanzentriebe
Dekoaccessoires:
Mexikaner, Steintorbogen, Tongefäße, Eimer, Milchkanne, Tischchen
Pflanzen:
Opuntie, verschiedene Säulenkakteen, verschiedene Warzen- bzw. Kugelkakteen

SO WIRD'S GEMACHT

Korb mit Folie auskleiden und mit Sukkulentenerde bis 1 cm unter den Korbrand befüllen. Die verschiedenen Kakteen im Gärtchen in Gruppen anordnen und einpflanzen. Die Erde vollständig mit Sand bedecken. Den steinernen Torbogen mittig und die Mexikanerfigur davor platzieren. Den Randbereich mit Granulatschüttung versehen, die Sandfläche in der Mitte der Gestaltung dabei frei lassen.

TIPP

Schöne Schalen, die kaputtgehen, lassen sich durch diese Art der Bepflanzungsgestaltung wunderbar weiterverwenden. Hebt also alle Lieblingsstücke dafür auf!

TOSCANA FEELING

DAS BRAUCHT IHR

Hilfsmittel:
Terrakotta-Schale, Terrakotta-bruchstücke, Pflanzerde, Schne-ckenhäuser, Wurzelknorren, Äste, Rindenstücke
Pflanzen:
Porzellanröschen/Bitterwurz, Bergthymian, Hauswurz, Moos, Echeverien

SO WIRD'S GEMACHT

Terrakottaschale, sofern noch nicht von vorneherein beschädigt, an einer Stelle anschlagen, dann mit der Pflanzerde füllen. In der Mitte die Erde etwas höher modulieren, hier das Porzellanröschen einpflanzen, drumherum die anderen Pflanzen. Den kriechenden Thymian möglichst an die offene Stelle der Schale setzen, sodass er hier mit seinen langen Trieben herausragen kann. Die Bruchstücke dekorativ dazusetzen, ebenso den Wurzelknorren an der Seite und die Zweige im hinteren Bereich. Schneckengehäuse einfügen, angießen und fertig ist eine wunderschöne Erinnerung an den Toskana-Urlaub!

TIPP

Besonders dauergrüne Zimmerpflanzen en miniature eignen sich für diese Darstellung. Dann hat man, bei guter Pflege, lange Freude an diesem Fernwehgärtlein.

FERNWEHGARTEN

DAS BRAUCHT IHR

Hilfsmittel:
Holzschale, Pflanzerde, Steine, Steckdraht, Heißkleber, getrocknete Zweige

Pflanzen:
Chinesische Feige, Echeverie, Elefantenfuß bzw. Flaschenbaum, Moos

SO WIRD'S GEMACHT

Holzschale mit Pflanzerde füllen und die Pflanzen mit ihren Wurzeln einsetzen. Erdbereiche zum Teil mit den Steinen und Moos bedecken. Dabei die Steine teilweise übereinanderschichten und mithilfe eines Tropfen Heißklebers fixieren. Die Trockenzweige andrahten und dann ebenfalls in die Schale einfügen. Zum Schluss den Schalenrand mit einem Pinsel von Erdresten befreien.

HINWEIS

Viele in freier Natur vorkommende und für XXS-Gärten geeignete Pflanzen gibt es in Staudengärtnereien, Baumschulen und Floristikfachbetrieben. Denn es gilt: Eine Reihe von Pflanzen, z. B. Walderdbeere, Bärlapp und Enzian, stehen unter generellem Naturschutz (Rote Liste) und dürfen aus der Natur nicht entnommen werden. Im Übrigen ist in Natur- und Landschaftsschutzgebieten das Sammeln jeglicher Pflanzen und auch loser Pflanzenteile untersagt. Für das Sammeln gibt es ansonsten eine Faustregel: Nur so viel sammeln, dass der Bestand einer Pflanze an diesem Ort auch dann noch unbelastet erscheint, wenn 100 Sammler eine entsprechend große Menge ebenfalls hier sammeln würden.

MEIN BUCHENHAIN

DAS BRAUCHT IHR

Hilfsmittel:
Zinkwanne, Blähton, Dränagevlies, Pflanzerde, kleine und große Steine, Zweigstücke, Fichtenzweigstücke, Felsstein, bemooste Baumstümpfe, Rebenbindedraht, Kunststoffschale, helles Granulat
Dekoaccessoires:
Fuchs, Gartengeräte, Schild mit Beschriftung, Eimer
Pflanzen:
Enzian, Walderdbeere, Hauswurz, Günsel, Fichtensetzlinge, Buchensetzling, Holundersprössling, Thymian, Haselwurz, Moos

SO WIRD'S GEMACHT

Zinkwanne zur Hälfte mit Blähton füllen, Dränagevlies auflegen und Pflanzerde bis 2 cm unterhalb der Kante einfüllen. In den hinteren Bereich einen knorrigen Ast positionieren und einen Buchensetzling einpflanzen. Daneben eine Kunststoffschale in die Erde einlassen, in die später Wasser gefüllt wird. Kleinere und größere Steine um den Miniteich ordnen. Links einen bemoosten Baumstumpf und einen Felsstein platzieren. Die übrige Fläche mit kleinen Waldpflanzen, Hauswurz und Enzian bepflanzen. Sichtbare Erde mit Moos oder hellem Granulat abdecken. Dann aus ca. 20 jeweils 4 cm langen Fichtenzweigstücken einen Steg über den Teich erstellen, indem die Abschnitte durch Umschlingung zweier Rebenbindedrahtstränge aneinandergereiht werden. Aus dünnen, ca. 30 cm langen Fichtenzweiglein durch Umwickeln mit Draht einen Torbogen formen und seitlich einfügen. Mit hellem Granulat einen Weg streuen. Schild mit Aufschrift „Mein Garten" einstecken. Fertig ist der alpine Mini-Naturgarten.

TIPP

Ausrangierte Schubladen, Obst- oder Weinkisten – kaum etwas, was sich nicht für die Erstellung von Minigärten eignen würde. Einfach mal beim Sperrmüll suchen!

ERHOLUNG IM GRÜNEN

DAS BRAUCHT IHR

Hilfsmittel:
Holzschublade, Folie, Blähton, Dränagevlies, Pflanzerde, Kieselsteine, Draht, großer Stein, Kordel, Aststücke
Dekoaccessoires:
Schild mit Beschriftung, Gartenwerkzeug, Füchse
Pflanzen:
Liguster-Bonsais, Enzian, Glockenblume, Hauswurz, Ahornaustrieb, Moos

SO WIRD'S GEMACHT

Die Holzschublade mit Folie auskleiden, dann ca. 4 cm hoch mit Blähton versehen, Dränagevlies auflegen und Pflanzerde bis 2 cm unterhalb der Kante einfüllen. An zwei Stellen Erde zu kleinen Hügeln formen. Links und rechts jeweils einen Bonsai einsetzen. Drumherum Glockenblumen, Enzian und Hauswurz einpflanzen. Die freien Erdflächen mit Moos und Kieselsteinen bedecken. Ein kurzes, ca. 3 cm langes Aststück an zwei gleichlange Kordeln knoten und diese Schaukel an einem der Bonsais fixieren. Aus gleichlangen Aststücken mithilfe von Drahtumwicklungen einen Zaun erstellen. Ein kleines Papprechteck mit „Mein Garten" beschriften, an ein Aststück kleben und einstecken. Zuletzt noch Schaufel, Hacke und anderes Werkzeug platzieren. Fertig ist die alpine XXS-Welt!

TIPP

Wer geschickt genug ist, kann jede Menge Accessoires selbst gestalten. Alternativ hält der Handel für jedes Minigartenthema passende Dekoelemente bereit.

DAS TOR ZUM GLÜCK

DAS BRAUCHT IHR

Hilfsmittel:
Holzkiste, Folie, Blähton, Dränagevlies, Pflanzerde, Kieselsteine, Äste, Fichtenzweige, Rebenbindedraht, Heißkleber
Pflanzen:
Schneeballsprössling, Ahornsprössling, Glockenblume, Hauswurz, Bärlapp, Moos

SO WIRD'S GEMACHT

Aus biegsamen Fichtenzweigen und Drahtumwicklung gestaltete Torbögen dominieren diese Gärtchenidee. Aneinandergeklebte Bruchsteine bilden eine Steinmauer und gleichlange Äste werden mit Rebenbindedrahtwicklung miteinander zum Naturzaun verbunden. Die Holzkiste zuvor mit Folie auskleiden, dann ca. 2 cm hoch mit Blähton füllen, Dränagevlies auflegen und Pflanzerde bis 2 cm unterhalb der Kante einfüllen. Dann die Pflanzen einsetzen, die selbst gemachten Accessoires platzieren und mit Steinen einen Weg durch die Tore hindurch und am Zaun entlang markieren.

TIPP

Der Enzian ist nicht nur ein toller Blickfang im XXS-Garten, sondern repräsentiert eine alpine Landschaft par excellence. Da er unter Naturschutz steht, nur Pflanzen aus gärtnerischem Anbau verwenden!

TIROLER BERGLUFT

DAS BRAUCHT IHR

Hilfsmittel:
Holzkasten, Folie, Blähton, Dränagevlies, Pflanzerde, Steine, Fichtenzweige, Rebenbindedraht
Dekoaccessoires:
Gartengeräte
Pflanzen:
Fichtensetzlinge, Enzian, Glockenblume, Hauswurz, Fünffingerkraut, Thymian, Walderdbeere, Moos

SO WIRD'S GEMACHT

Den Holzkasten mit Folie auskleiden, dann ca. 2 cm hoch mit Blähton füllen, Dränagevlies auflegen und Pflanzerde bis 2 cm unterhalb der Kante einfüllen. In die hinteren Ecken kleine Fichten einsetzen, daneben Glockenblumen, Enzian, Hauswurz, Fünffingerkraut und Moos einpflanzen. Übrige Erde mit einzelnen Steinen kaschieren. Einen kleinen Zaun aus gleichlangen Fichtenzweigstücken durch Rebenbindedrahtumwicklung erstellen und einstecken. Zum Schluss Gartenaccessoires eindekorieren.

TRAUM IN WEISS

DAS BRAUCHT IHR

Hilfsmittel:
weiß lackierte Zinkwanne, Blähton, Dränagevlies, Pflanzerde, Kordel, Aststücke, Kieselsteine
Dekoaccessoires:
Gartengeräte, Gießkanne
Pflanzen:
Ebereschensetzling, Schneeballsprössling, Glockenblume, Hauswurz, Sauerklee, Haselwurz, Farn, Moos

SO WIRD'S GEMACHT

Die weiße Zinkwanne zur Hälfte mit Blähton füllen, Dränagevlies auflegen und Pflanzerde bis 2 cm unterhalb der Kante einfüllen. Die Erdoberfläche etwas modulieren, sodass im hinteren Bereich eine leichte Erhöhung entsteht. Dort auch die Ebereschen- und Schneeballjungpflanzen einpflanzen, davor die Glockenblumen sowie Hauswurz, Sauerklee, Haselwurz und die verschiedenen Moose. Im vorderen Wannenbereich eine Reihe weißer, grober Kieselsteine wegartig auslegen. Mithilfe von heller Kordel vorne und hinten Zäune erstellen, indem die Kordel im Webmuster um parallel eingesteckte, gleichlange Aststücke als Zaunpfähle gewunden wird. Gartenwerkzeug wie Spaten, Schaufel und Gießkanne dazustellen und die Hommage an einen weißen Garten ist fertig!

LIEBLINGSPLATZ

DAS BRAUCHT IHR

Hilfsmittel:
Zinkwanne, Blähton, Dränagevlies, Pflanzerde, helles Granulat, grobe Kieselsteine, Aststücke, Draht, Heißkleber
Dekoaccessoires:
Gartengeräte, Gießkanne, Eimer
Pflanzen:
Hauswurz, Thymian, Fichtensetzlinge, Kapkörbchen, Moos

SO WIRD'S GEMACHT

Die Zinkwanne zur Hälfte mit Blähton füllen, Dränagevlies auflegen und Pflanzerde bis 2 cm unterhalb der Kante einfüllen. Bis auf eine kleine rundliche Freifläche vorne, die später mit hellem Granulat ausgestreut wird, die gesamte Ebene mit größeren Steinen versehen und dazwischen kleine Fichten, Hauswurz, Kapkörbchen, Moose und Thymian pflanzen. Aus gleichlangen, um die vordere Freifläche herum eingesteckten Astabschnitten mithilfe einer Drahtwicklung einen Naturzaun bauen. Aus weiteren aneinandergeklebten Astabschnitten eine Liege kreieren. Das Wellnessen kann beginnen!

TIPP

Die Wasserhöhe sollte so bemessen sein, dass die oberen Blättchen der Wasserpflanzen gerade noch herausschauen oder aufliegen können. Unbedingt ist auf Sauberkeit zu achten. Abgestorbene Blättchen und andere Fremdkörper sind sofort zu entfernen.

SCHWIMMTEICH

DAS BRAUCHT IHR

Hilfsmittel:
weitrandige Glasschale, Kies für Aquarienpflanzen, Nährboden, Pflanzensubstrat, Steine, Liane
Pflanzen:
Breitblättriges Papageienblatt, Zwerg-Nadelsimse, Schwimmfarn, Kriechende Staurogyne, Südamerikanischer Froschbiss, Flutendes Pfeilkraut, Neuseelandgras

SO WIRD'S GEMACHT

Boden der Glasschale mit Kies füllen, kleine Pflanzlöcher schaffen, hier das Pflanzensubstrat hineingeben und die einzelnen Wasserpflanzen mit ihren Wurzeln einpflanzen. Eventuell dann nochmal etwas mit dem Kies abdecken. Nun das Wasser einfüllen, sodass alle Pflanze sich aufrichten und sich im Wasser entfalten können. Zum Schluss die Liane über der Schale dekorieren.

GLÜCKSBAUM

DAS BRAUCHT IHR

Hilfsmittel:
hohe, weite Glasvase, Pflanzerde, Steine, Granulat, getrocknete Zweige
Pflanzen:
Chinesische Feige, Echeverien, Dickblatt, Moos

SO WIRD'S GEMACHT

Erde in das Glas geben und die Pflanzen einsetzen. Das Moos möglichst seitlich platzieren, dazu die Steine in unterschiedlicher Höhenmodulation oder senkrechter Schichtung einfügen. Es sollte eine kleine landschaftliche Szenerie entstehen. Verbleibende freie Flächen dann mit dem Granulat bedecken und die Pflanzen mithilfe einer Ballbrause angießen. Fertig ist die kleine Welt im Glas.

MINI-GEWÄCHSHAUS

DAS BRAUCHT IHR

Hilfsmittel:
Mini-Gewächshaus, Pflanzerde, Schneckenhäuser, Holzrinde
Pflanzen:
Vorhangfeige, Jadebaum, Zwergpfeffer, Hauswurz, Moos

SO WIRD'S GEMACHT

Das Gewächshaus im unteren Bereich mit etwas Erde befüllen und die Pflanze einsetzen. Mit dem Moos die freien Erdbereiche abdecken und die Holzrinde und die Schneckenhäuser dekorativ dazu einfügen. Vorsichtig mittels einer Sprühflasche befeuchten. Dabei nicht zu viel Wasser hinzugeben, damit nicht alles aufgeschwemmt wird.

TIPP

Weil der untere Teil eine Glasschale ist, solltet Ihr bei der Bepflanzung unbedingt darauf achten, dass diese für das attraktivere Aussehen zunächst mit Moos ausgelegt wird, bevor dann Erde und alles Weitere hinzugefügt werden.

GITTERGÄRTEN

DAS BRAUCHT IHR

Hilfsmittel:
Glasschale mit Drahtaufsatz, Pflanzerde, Wurzeln, Steine
Pflanzen:
Verschiedene Zwergpfeffer-Arten, Moos

SO WIRD'S GEMACHT

Die Glasschalen im unteren Bereich mit Pflanzerde befüllen und die verschiedene Zwergpfeffer-Pflanzen einpflanzen. Einzelne Triebe dürfen dabei unbedingt ein wenig vorwitzig durch die Gitter lugen. Das Moos um die Pflanzen herum platzieren und damit die noch freien Erdbereiche abdecken. Zum Schluss die Wurzeln und Steine hinzufügen und alles vorsichtig angießen.

TIPP

Ein Gefäß aus Holz eignet sich für dieses Szenario besonders gut, da es das Thema der Mini-Welt noch mal aufgreift.

HOLZFÄLLERIDYLLE

DAS BRAUCHT IHR

Hilfsmittel:
Holzschale, Folie, Pflanzerde, trockene Kiefernzweige, Schneewatte, Streuschnee, Schneespray, Heißkleber
Dekoaccessoires:
Holzpflöcke, Holzfällerfigur, Ruskus, Holzeimer, Eulen, Holzfäller-Accessoires, Äste
Pflanzen:
Eibe, Weiß-Fichte, Japanischer Spindelstrauch, Lappenmoos

SO WIRD'S GEMACHT

Ein Holzfäller-Garten wird geschaffen. Zunächst die Schale mit Folie auskleiden und bis 1 cm unter den Rand mit Pflanzerde befüllen. Nun die Pflanzen gruppiert einsetzen, im seitlich hinteren Bereich die höheren, vorne die niedrigeren. Die noch freie Erdfläche mit Moos bedecken. Einen dicken Ast wie einen großen Baumstamm quer auf die Schale legen, an einigen Stellen Schneewatte positionieren, davor die kleine Szene mit dem Holzfäller, der Bank und seinen Werkzeugen arrangieren. Zwischen den Pflanzen zwei Äste einstecken und jeweils eine Eule aufkleben. Die Pflanzen leicht mit Schneespray winterlich überhauchen und im hinteren Bereich noch künstliche Ruskustriebe einstecken.

EISZEIT

DAS BRAUCHT IHR

Hilfsmittel:
Holztablett, Folie, Pflanzerde, Streuschnee, Schneespray, Schneewatte
Dekoaccessoires:
Steintorbogen, Steinmauern , Tongefäße, Tonziegel, Fasane, Eulen, Schubkarre
Pflanzen:
Muschel-Zypresse, Hebe, Kriechende Rebhuhnbeere, Scheinzypresse, Lappenmoos

SO WIRD'S GEMACHT

Das Holztablett zuerst komplett mit Folie auskleiden und mit Pflanzerde befüllen. In die Mitte des Gärtchens den Steintorbogen setzen und drumherum Tongefäße und Dachziegel aufschütten. Eine Schubkarre mit einem Tonkrug beladen und einfügen. Auf den Torbogen zwei Eulen setzen. Nun die Gartenszene durch Steinmauern einrahmen und durch verschiedene Pflanzen wie Kriechende Rebhuhnbeere, Hebe und Muschel-Zypresse sowie Lappenmoos abrunden. Schneespray verleiht ihnen den winterlichen Look. Schneewatte und Streuschnee bedecken die dunkle Erde.

TIPP

Mithilfe des Tabletts lässt sich der Minigarten überall im eigenen Zuhause platzieren. Ein besonderer Hingucker ist er aber vor allem als Tischdekoration.

HAUS IM GRÜNEN

DAS BRAUCHT IHR

Hilfsmittel:
Keramikgefäße, Holztablett, Pflanzerde, Holzstücke, Aststücke, Steine, Heißkleber
Dekoaccessoires:
Haus
Pflanzen:
Bärenfußfarn, Moos

SO WIRD'S GEMACHT

Das kleine Gefäß mit Pflanzerde befüllen und komplett mit einem Mooshügel versehen. Nun aus Holzstücken mit Heißkleber eine Bank zusammenfügen und auf den Hügel setzen. Eingerahmt wird sie durch Steine, die zu einer Mauer verklebt werden. Ein gerades Aststück durch versetzt aufgeklebte Steine zu einer Leiter formen und ans Gefäß lehnen. Das größere Gefäß ebenfalls mit Pflanzerde befüllen und mit Bärenfußfarn bepflanzen. Auf die behaarten Rhizome zwischen die Wedel des Farns das Haus stellen. Schließlich die Keramikgefäße auf ein Holztablett platzieren und einige Steine aufstreuen.

TIPP

Den Vogelkäfig aus 1 mm dickem Steckdraht mithilfe einer Spitzkombizange biegen. Mithilfe von dünnerem Bindedraht die einzelnen Verstrebungen fixieren und an einem mit Haken versehenen Steckdraht befestigen. Als Käfigboden eine passend geschnittene Pappscheibe fixieren.

VOGELFREI

DAS BRAUCHT IHR

Hilfsmittel:
Keramikschale, Pflanzerde, Bruchsteine, Pappe, Steckdraht, Bindedraht, Zahnstocher, Heißkleber
Pflanzen:
Aloe, Echeverien, Röhrenblütiges Brutblatt, Moos

SO WIRD'S GEMACHT

Die Keramikschale mit Pflanzerde befüllen. Brutblatt in den hinteren Bereich pflanzen, sodass dies die höchste Pflanze im Gärtchen darstellt. Rechts daneben die Aloe einsetzen. Den Boden mit Moos bedecken, das allerdings von Zeit zu Zeit ausgetauscht werden muss, da ihm die für Sukkulenten richtige, geringe Gießwassermenge nicht ausreicht. In den vorderen Teil des Gärtchens zwei Echeverien nebeneinander positionieren. Nun Bruchsteinchen ergänzen. Aus Pappe anschließend einen Vogel schneiden und mit zwei Drahtfüßchen versehen. Ebenso einen runden Kreis von 1,5 cm Durchmesser als Tischplatte ausschneiden und einen geknickten Pappstreifen als Tischbeine ankleben. Die Liege aus einem 6 x 2 cm großen Stück Pappe fertigen und entsprechend knicken. In die Rückenlehne und die Sitzfläche seitlich jeweils zwei kurze Schlitze schneiden und hier einen 5 mm breiten ca. 8 cm langen Streifen Pappe, der zu einem Quadrat gefaltet und zusammengeklebt ist, als Armlehnen inklusive Fuß einstecken.

TIPP

Schön sieht die Idee auch aus, wenn mehrere Personenbilder aus Illustrierten ausgeschnitten und silhouettenartig auf die Brücke gestellt werden.

KLEINE AUSZEIT

DAS BRAUCHT IHR

Hilfsmittel:
Keramikgefäß, Pflanzerde, Birkenrinde, Draht, Kordel, Papier, aus einer Illustrierten ausgeschnittenes Personenbild, Heißkleber
Pflanzen:
Wüstenrosen

SO WIRD'S GEMACHT

Die Gefäße mit Pflanzerde befüllen und jeweils eine Wüstenrose einpflanzen. Aus Birkenrinde schmale Streifen in gleicher Größe ausschneiden. Diese mit Heißkleber auf zwei parallele Drähte kleben. Nun die Enden der Drähte zu Schlaufen biegen. Um die Wüstenrosen Kordel spannen, sodass die Figur später ein Geländer hat und die Hängematte eingehängt werden kann. Dann die Figur aus einer Illustrierten ausschneiden und auf die Brücke stellen.

HAUS
HAUS
BRUMM
Brumm Brumm Brumm
ZAUN ZAUZN ZAUN
STUFEN ZUM GLÜCK
GUTE FREUNDE

STADTGARTEN

DAS BRAUCHT IHR

Hilfsmittel:
Keramikgefäß, Pflanzerde, Holzspieße, Zahnstocher, bedrucktes Zeitungspapier, Heißkleber
Pflanzen:
Felsendickblatt, Moos

SO WIRD'S GEMACHT

Das Gefäß mit Pflanzerde befüllen und das Felsendickblatt einsetzen. Aus bedrucktem Papier ein Auto und zwei unterschiedlich große Häuser ausschneiden. Jeweils mit Heißkleber auf einen Holzspieß kleben und in die Pflanze stecken. Dann Zahnstocherstücke gleichmäßig im Abstand von 1 cm auf einen ca. 5 mm schmalen Streifen bedrucktes Papier kleben und diesen Zaun im vorderen Bereich einsetzen. Aus einem ca. 1,5 cm breiten und ca. 20 cm langen Papierstreifen durch mehrmaliges Falten eine Leiter formen und diese an das Gefäß lehnen und dort festkleben. Schön wird's, wenn die Drucktexte auf den Papieraccessoires entsprechend ausgesucht sind.

TIPP

Wer es lieber etwas farbenfroher mag, streicht die Häuser mit bunter Abtönfarbe an. So wird das Gärtchen noch mehr zum Hingucker.

HOCH HINAUS

DAS BRAUCHT IHR

Hilfsmittel:
Keramikgefäß, Pflanzerde, alte Dachlatte, Steckdraht, Wickeldraht, Fotos von Fenstern mit Fensterläden, Äste, Holzleim, Heißkleber
Pflanzen:
Filzpflanze, Moos

SO WIRD'S GEMACHT

Für die selbstgemachten Häuser eine alte Dachlatte in drei etwa 4 cm lange, hausförmige Stücke sägen. Mit einem Holzbohrer jeweils vier Löcher in die Häuserböden bohren und pro Haus gleichlange Steckdrähte einführen. Nun die aus Fotos ausgeschnittenen Fenster an die Häuser kleben. Das Gefäß mit Pflanzerde befüllen, die Filzpflanze einstellen und den Boden mit Moos abdecken. Jetzt die Häuser höhenversetzt in dem Kübel anordnen. Anschließend eine Leiter aus Steckdraht und Wickeldraht basteln, die so lang ist, dass sie vom Aufstellplatz bis an den Gefäßrand reicht, hier ggf. festkleben oder einhaken.

TIPP

Individuell anpassen lässt sich der XXS-Garten mit einem persönlichen Bild und eignet sich dadurch auch perfekt als Geschenk.

SCHWUNGVOLLE AUSZEIT

DAS BRAUCHT IHR

Hilfsmittel:
Keramikgefäß, Pflanzerde, Birkenrindenstück, Steckdraht, Zahnstocher, Vogelbild, Foto einer Person in passender Sitzposition, Heißkleber
Pflanzen:
Jadestrauch

SO WIRD'S GEMACHT

Pflanzerde in das Gefäß füllen und den Jadestrauch einpflanzen. Zwei 20 cm lange Steckdrähte in der Mitte umbiegen und an einen Trieb in die Pflanze hängen. Ein ca. 2,5 cm langes und 1 cm breites Stück Birkenrinde mit vier Löchern in den Ecken auf die Drahtenden stecken und diese zu Ösen umbiegen. Bilder einer sitzenden Person und eines Vogels aus einer Illustrierten oder aus Fotos ausschneiden. Das Vogelbild auf einen Zahnstocher kleben und in die Schale stecken, das Motiv der Person auf die Schaukel kleben.

TIPP

Nicht immer muss es ein tiefer Kübel sein, in den der Minigarten gepflanzt wird. Auch eine flache Schale lässt sich im Nu in eine Gartenszene verwandeln, wenn die Wurzelballen der Pflanzen flach genug sind.

ASIATISCHER GARTEN

DAS BRAUCHT IHR

Hilfsmittel:
Schale, Pflanzerde, helles Granulat
Dekoaccessoires:
Buddha-Zimmerbrunnen
Pflanzen:
Vorhang-Feigen-Bonsais, Zwergpfeffer, Blaublättrige Kanonierblume, Moos

SO WIRD'S GEMACHT

Die Schale mit Pflanzerde befüllen. Die Pflanzen verteilt einsetzen. Zwischen den Gewächsen einzelne Moospolster platzieren. Die übrigen Freiflächen mit hellem Granulat abdecken. Den Buddhabrunnen zwischen den Pflanzen positionieren. Fertig ist die asiatische Oase!

TIPP

Durch die Verwendung eines Gefäßes in Steinoptik wird der Stil einer Berghütte perfekt untermalt. Solche Gefäße sind in verschiedenen Formen und Ausführungen erhältlich.

BERGHÜTTEN

DAS BRAUCHT IHR

Hilfsmittel:
Baumstamm, Steingefäß, Pflanzerde, Äste, Holzscheiben, Wickeldraht, Heißkleber
Dekoaccessoires:
Häuser, Hirschfamilie
Pflanzen:
Efeu

SO WIRD'S GEMACHT

Einen ca. 30 cm hohen und 20 cm Durchmesser aufweisenden Baumstamm von oben in der Größe des Efeuwurzelballens aushöhlen und die Pflanze einsetzen. Die Berghütte einfügen. Das eiförmige Steingefäß mit Pflanzerde füllen und den Efeu einpflanzen. Ebenso ein Haus aufsetzen. Nun eine Brücke fertigen, indem ca. 16 bis 20 Holzscheiben jeweils versetzt aneinandergeklebt, als Verbindung vom Gefäß zum Baumstamm positioniert und hier mit Heißkleber fixiert werden. Für die Strickleiter ca. zehn jeweils 4 cm lange Aststückchen durch Umschlingung mit Wickeldraht an den Enden mit etwas Abstand miteinander verbinden und Strickleiter am Gefäß fixieren. Zum Schluss die Hirschfamilie ergänzen.

HINWEIS

Hier wurden aus optischen Gründen Pflanzen miteinander kombiniert, deren Pflegeansprüche voneinander abweichen. Vor allem Wasser- und Lichtbedarf sind verschieden. Daher sollte das Aufstellen des Gärtchens so erfolgen, dass die Sukkulenten der Lichtquelle zugewandt sind. Das Gärtchen nur an den Stellen gießen, wo die Pflanzen mit höherem Wasserbedarf eingepflanzt sind, denn das Wasser zieht aufgrund der Kapillarwirkung im Erdbereich ohnehin in ausreichender Menge auch zu den Sukkulenten.

ZUM KAFFEE

DAS BRAUCHT IHR

Hilfsmittel:
Backform, Abtönfarbe, Folie, Blähton, Dränagevlies, Pflanzerde, Schleifenband
Dekoaccessoires:
Stuhl, Tisch, Zaunelemente, Hollywoodschaukel, Eichhörnchen, Vogelkäfig, Geschirr
Pflanzen:
Flammendes Käthchen, Weihnachtskaktus, Usambaraveilchen, Moos

SO WIRD'S GEMACHT

Die Backform mit Abtönfarbe anstreichen, mit Folie auskleiden, dann ca. 2 cm hoch Blähton einfüllen und Dränagevlies auflegen. Pflanzerde in die Form füllen. Die Blumen einpflanzen und die Erde mit Moos abdecken. Die Hollywoodschaukel vor die Pflanzen setzen. Tisch und Stuhl davor arrangieren und mit Minikaffeetasse und einem Eichhörnchen dekorieren. Neben das Usambaraveilchen ein Vogelhäuschen stecken. Zum Schluss ein Stück rosiges Schleifenband als Sitzkissen auf die Schaukel legen. Umgeben von tollen Blumen lässt sich der Sonntagskaffee mit Torte besonders gut genießen.

TIPP

Keramikgefäße eignen sich für ländliche Gartenszenen sehr gut. Unglasierte, offenporige Gefäße haben den Vorteil, dass ein guter Luftaustausch im Erdreich möglich ist und Staunässe so vermieden wird. In diesem Fall einen Untersetzer verwenden, um die Standfläche vor Feuchtigkeit zu schützen.

FÜR TRÄUMER

DAS BRAUCHT IHR

Hilfsmittel:
Pflanzerde, Stein, Steckdraht, Heißkleber
Dekoaccessoires:
Elfen, Haus, Pilze
Pflanzen:
Zwergpfeffer, Geldbaum-Sorten, Moos

SO WIRD'S GEMACHT

Pflanzerde in das Gefäß füllen und so formen, dass ein Hügel entsteht. Die Pflanzen links und rechts des Hügels einsetzen. In der Mitte das Haus platzieren und mit Draht in der Erde fixieren. Den Rest der Erde mit Moos bedecken. Die Pilze mit Draht versehen und im Gärtchen arrangieren. Den Stein vor das Haus legen und die Elfe daraufkleben. Die zweite Figur auf den Rand des Gefäßes setzen und ebenfalls festkleben.

FÜR MÄRCHENFREUNDE

DAS BRAUCHT IHR

Hilfsmittel:
Keramikgefäß, Pflanzerde, Rinde, Steckdraht, Birkenrinde, Heißkleber
Dekoaccessoires:
Pilze, Pilzhaus, Hase, Elfe
Pflanzen:
Bärenfußfarn, Geweihfarn, Saumfarn, Moos

SO WIRD'S GEMACHT

Pflanzerde in das Keramikgefäß füllen und zu einem kleinen Hügel formen. Links und rechts vom Mini-Berg die Farne einpflanzen. Dabei die Mitte freilassen. Die Erde mit Moos bedecken. In die Mitte des Gärtchens das Pilzhaus setzen. Die Pilze mit Draht versehen und drei davon an der vorderen Kante des Gefäßes einstecken. Den anderen Pilz auf die linke Seite des Gärtchens platzieren. Um einen Weg zum Elfenhäuschen zu erstellen, werden kleine Stücke von Birkenrinde mit Draht versehen und in das Moos gesteckt. Die Elfe mit Heißkleber auf den Rand des Gefäßes kleben.

HINWEIS

Pflanzungen, die so hoch aufgewölbt gestaltet sind, darf man nur vorsichtig und langsam gießen, damit das Wasser versickern kann, bevor es über den Schalenrand fließt.

VOM HELFER-KOBOLD

DAS BRAUCHT IHR

Hilfsmittel:
Keramikgefäß, Blähton, Dränagevlies, Pflanzerde, Draht, Heißkleber, große Steine
Dekoaccessoires:
Koboldhäuschen, Kobolde, Leiter, Weinflasche im Korb
Pflanzen:
Mühlenbeckie, Saumfarn-Arten, Tillandsie, Moos

SO WIRD'S GEMACHT

Das Gefäß zur Hälfte mit Blähton füllen, Dränagevlies auflegen und mit Pflanzerde auffüllen, sodass ein über den Rand ragender Hügel entsteht. Am linken und rechten Rand die Pflanzen anordnen. Aus den großen Kieselsteinen einen Weg zum Hügel gestalten. Das Koboldhaus auf den Hügel setzen und andrücken. Noch freie Erdflächen mit Moos kaschieren. Eine Leiter gegen das Haus lehnen. Zum Schluss die zwei Kobolde mit etwas Abstand zueinander auf den Weg setzen und gegebenenfalls mit Heißkleber befestigen.

FÜR TIERFREUNDE

DAS BRAUCHT IHR

Hilfsmittel:
Zinkschale, Pflanzerde, Steine, Granulat, Holzstäbe, Holzstücke, Holzspäne, Wickeldraht
Dekoaccessoires:
Gänse, Hühner, Hund, Schweine, Schafe, Stall, Brunnen, Holzeimer, Zaunelemente, Tongefäße, Holzhackerfigur, Holzfass
Pflanzen:
Hauswurz, Vorhang-Feigen-Bonsais, Ovales Dickblatt, Saumfarn

SO WIRD'S GEMACHT

Pflanzerde bis 1 cm unter den Rand in die Schale füllen und die großen Pflanzen im hinteren Teil, die kleineren gruppiert vorne einsetzen. Steine und Holzspäne auf der Pflanzfläche verteilen. Die Tiere und die Tränke in dem Gärtchen aufstellen. Den Stall neben den großen Vorhang-Feigen-Bonsai setzen. Aus Holzstücken mit Wickeldraht einen Zaun erstellen und damit die Schweine einpferchen. Steine zwischen den Tieren geben der Gestaltungsfläche Struktur.

Zur Geburt!

ZUR GEBURT

DAS BRAUCHT IHR

Hilfsmittel:
Schale, Pflanzerde, flache Steine, Band
Junge: Papier, Stoff, Heißkleber, Handtücher, farbige Holzstäbe
Mädchen: Filz, Waschhandschuhe
Dekoaccessoires:
Babypüppchen
Junge: Dreirad
Mädchen: Schubkarre, Sonnenschirm
Pflanzen:
Silbernetzblatt, Alpenveilchen, Bubikopf, Moos

SO WIRD'S GEMACHT

Die Schale mit Pflanzerde füllen.
Junge: In den hinteren Bereich des Gärtchens den Bubikopf, das Alpenveilchen und das Silbernetzblatt pflanzen. Den Rest der Erde mit Moos bedecken und Steine darauflegen. Anschließend drei Fähnchen aus kariertem Stoff ausschneiden und an die Stäbe kleben. Diese in das Gärtchen stecken. Das Dekodreirad mit einem kleinen Tuch aus zurecht geschnittenem Stoff in Blau-Weiß verzieren. Das Püppchen hineinsetzen. Aus Papier ein Herz ausschneiden. Die Schale mit einem Handtuch verdecken und dieses mit Band, an dem das Herz angebunden ist, festbinden.
Mädchen: In den hinteren Bereich des Minigartens Bubikopf, Silbernetzblatt und Alpenveilchen pflanzen. Dabei machen sich rötliche Silbernetzblätter durch ihre Farbgebung passend zum Schenkanlass besonders gut. Die Erde mit Moos bedecken und kleine Steinplatten drauflegen. Um die Schale zu verdecken, pinkfarbene Waschhandschuhe mit Schleifenband daran befestigen. Nun die Schubkarre mit einem kleinen Stück rosa Filz verzieren und auf die Steine stellen. Das Püppchen in die Schubkarre setzen und den Sonnenschirm platzieren.

MÄRCHENHAFTE WELTEN

Fantasievoll wird es mit Figuren von Feen, Elfen und Kobolden. Sie wohnen in Baumhäusern, urigen Hütten oder in Pilzen. Mit rankenden oder an den Märchenwald erinnernden Pflanzen kombiniert, entstehen ganz verwunschene Orte. Die Tiere des Waldes gesellen sich hinzu. Alles in allem entsteht eine heil wirkende, idealisierte Welt mit Raum für Träume, Hoffnungen und Wünsche. Ein wenig romantisch, mit einem Hauch von Kitsch – genau das macht die Märchenwelt so liebenswert-charmant!

LÄNDLICHE IDYLLE

Wer träumt sich nicht gerne auf eine frisch duftende Frühlingswiese? Mit dem Hirten, seinen Schafen oder dem Bauern und seinem Federvieh wähnt man sich schnell in einer ländlichen Idylle. Dekoelemente wie der Leiterwagen, das Bienenhaus, der Hühner- oder Kaninchenstall, der rustikale Brunnen oder die kleine Kirche lassen schnell dörfliches Leben in frischer Natur als XSS-Welt ganz authentisch erscheinen. Ein Hauch von Sehnsucht schwingt mit nach scheinbar vergangenen Zeiten und abgelegenen Landschaften!

FREMDE OASEN

Palmen, exotische Sukkulenten und Kakteen lassen an fremde Welten denken. Kommen Kamel und Wasserflasche, Beduinenzelt und Wasserbrunnen hinzu, ist schnell die Wüstenoase inszeniert zu der auch Sand und Granulate gehören. Ob, wie hier, die Sahara oder eine mit antiken Säulenformen verzierte Griechenlandszene oder Lanzarote en miniature – jeder schafft sich sein ganz eigenes Urlaubsziel für die Fensterbank.

MODERNES AMBIENTE

Asiatisches Flair zieht durch ruhige, reduzierte Gestaltungen und Accessoires in die Minigärtchen ein. Schlichte Dekoelemente wie Liegen, Bänke und Brunnen mit Buddhafiguren unterstreichen den Charakter und laden ein, die Seele baumeln zu lassen. Granulate und Steine holen, wie in einem Zen-Garten, den fernen Osten in die XXS-Welten. Genau richtig für alle, die reduzierte aber dennoch liebevoll und raffiniert gestaltete Miniaturgärten lieben!

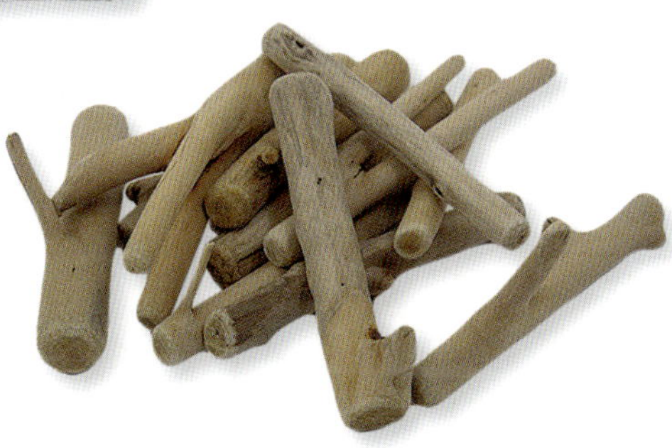

Alle diese gezeigten Accessoires und Produkte findet Ihr u. a. in gut sortierten Gartencentern oder auch online bei diesen und weiteren Anbietern:
mini-garten.shop – butinette.com – baumann-creative.de – elfen-shop.de

IMPRESSUM

HERAUSGEBER
BLOOM's GmbH, Ratingen (D)

REDAKTION
Hella Henckel

TEXT
Evelyn Schinckel

GRAFIK DESIGN
Mandy Schubert, Britta Baschen

DTP
Britta Baschen

FOTOS
BLOOM's GmbH, Patrick Pantze Images GmbH, Lage (D), außer: Sabrina Weller (Seite 034/035), Hella Henckel (Seite 038–049)

DRUCK
Firmengruppe APPL, aprinta Druck, Wemding (D)

GÄRTNERINNEN UND GÄRTNER

Dany Eschenbüscher:	Seite 010–015, 030/031, 062–079, 086/087
Martin Füllemann:	Seite 042/043
Dorothea Hamm:	Seite 036/037, 050–053
Sabine Kreiselmeier:	Seite 048/049
Johanna Neumann:	Seite 034/035
Viola Nikić:	Seite 058–061
Andrea Rothe:	Seite 028/029, 032/033, 080–083, 088/089
Annemarie Schmid:	Seite 044/045
Oliver Schulz:	Seite 038–041
Michael Sutmöller:	Seite 084/085
Bernhild Wagener:	Seite 056/057
Ramona Weyand:	Seite 046/047
Carolin Wübbels:	Seite 016–027

Halskestraße 46 | D-40880 Ratingen
T +49 2102 9644-0 | F +49 2102 896073
info@blooms.de | blooms.de

überarbeitete Auflage 2021, ursprünglicher Titel „XXS-Gardening – Die Magie der Miniaturgärten"

ISBN 978-3-96563-064-2

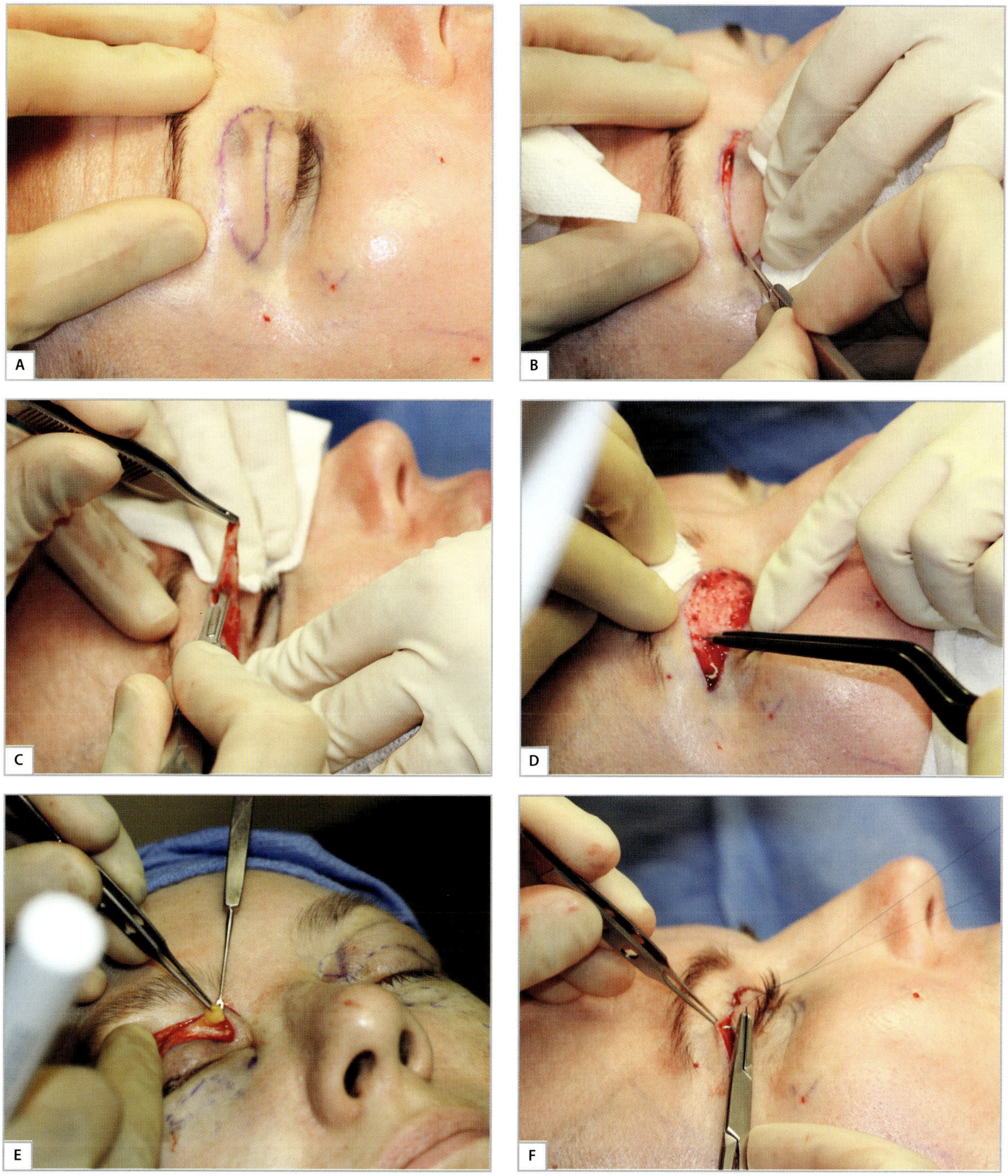

Figure 7.3 Intraoperative series of photographs showing excision of the medial fat pad in a patient with pseudoherniation. The medial fat pad, which is lighter in color, is exposed and expressed through the septal incision. A fine-toothed hemostat is used to clamp the fat pad at the base prior to cauterization and excision.

Prior to sharply excising the fat, a bipolar is used to coagulate the fat above the clamp (ensuring postoperative hollowing is avoided). The incision is carefully reapproximated using a running 6–0 Prolene suture. The key to a successful scar result is excellent approximation and limited wound tension. Both eyes should then be irrigated with sodium chloride.

Complementary treatments

Restoration of periorbital volume

Restoration of periorbital volume Several approaches to volume restoration have been described in detail in the volume restoration section of this book (see Chapter 4). This author's preferred technique is fat transfer, which is performed prior to eyelid surgery. Augmentation of the brow and sub-brow fat pads can have enhancing effects to volume restoration in the upper eyelid region, and the use of hyaluronic acid fillers is another option.

Lateral brow lift

In cases in which the lateral aspect of the brow has descended, the resulting effect is crowding and hooding of the lateral aspect of the upper eyelid. This may appear to be related to upper eyelid dermatochalasis; however, it is not always the case. If zealous resection of the skin in this lateral aspect occurs, the brow will be pulled inferiorly and the problem is likely to persist. To avoid this, place a finger along the temporal hairline so the corner of the brow is lifted superiorly. Typically, the hooding will improve and acting as an indication for a concurrent lateral brow lift (see Chapter 9).

POSTOPERATIVE CONSIDERATIONS

Postoperative care

Immediately post- surgery, the patient's head should be elevated to 45°. Cold compresses are placed on both eyes and changed every 20 minutes for the first 48 hours while awake. The patient is given strict instructions to avoid physical activity for 1 week following surgery. Patients who are diligent about applying cold compresses and maintaining head elevation during the first 48 hours will experience less swelling. Antibacterial ointment is applied to the incisions for 5–7 days postoperatively. The patient can shower after 2 days, and the sutures are removed between 5 and 7 days postoperatively. Follow-up appointments are made at 1 week, 1 month, 3 months, 6 months, and 1 year interval to ensure healing is progressing well.

Complications

Complications usually result from overzealous skin or fat resection, lack of hemostasis, or an inadequate preoperative assessment (Castanares 1978, Adams & Feurstein 1986). Less commonly, an individual's physical response to wound repair may lead to undesirable sequelae, irrespective of surgical technique. The key risk factors to identify and manage are:

Hematomas

Collections of blood beneath the skin surface can usually be minimized before surgery by optimizing coagulation profiles and normotensive status during surgery through delicate tissue handling and meticulous hemostasis. Postsurgery the patient should maintain head elevation, cold compressing, a controlled level of activity, and appropriate analgesic support.

Small, superficial hematomas are relatively common and typically self-limiting. If a clot develops and resolution is slow or nonprogressive, conservative steroid injections should be used. To treat moderate-to-large hematomas allow the clot to liquify (7–10 days) and evacuate the hematoma through large-bore needle aspiration or by creating a small stab wound over it with a no. 11 blade. Large hematomas that are expanding or represent symptomatic retrobulbar extension (decrease in visual acuity, proptosis, ocular pain, ophthalmoplegia, and progressive chemosis) should be referred to an ophthalmic consultant immediately.

Blindness

Blindness, though rare, is the most serious potential complication of blepharoplasty. Typically, presentation occurs within the first 24 hours following surgery and is associated with orbital fat removal and the development of a retrobulbar hematoma (with the medial fat pocket most commonly involved). Although many methods of management have been described to manage threatened vision resulting from elevated intraocular pressures (reopening the wound, lateral canthotomy, steroids, diuretics, and anterior chamber paracentesis), the most effective treatment is immediate orbital decompression. This is typically achieved through medial wall and orbital floor resections. Ophthalmic consultation is advisable.

Epiphora

Assuming dry-eye syndrome has been ruled out before surgery, iatrogenic epiphora results from aggressive skin and muscle resection causing lagophthalmos or vertical retraction. Skin only resections can significantly reduce this risk.

Suture line complications

Milia or inclusion cysts are common lesions seen along the incisional line resulting from trapped epithelial debris beneath a healed skin surface or from the occlusion of a glandular duct. Cysts are typically associated with simple or running cuticular stitches. Formation is minimized by subcuticular closure. If cysts develop, uncap the cyst (with a no. 11 blade or epilation needle) and tease out the sac.

Ocular injury

Corneal abrasions or ulcerations may result from inadvertent rubbing of the corneal surface with a gauze sponge, cotton applicator, instrument, or suture mishandling or desiccation stemming from lagophthalmos, ectropion, or pre-existing dry-eye syndrome. Symptoms suggestive of corneal injury, which include pain, eye irritation, and blurred vision, should be confirmed through fluorescein staining and slit-lamp examination by an ophthalmologist. Foreign-body sensation (i.e. 'a piece of sand is scratching the eye') during eye opening and closure can signify that a corneal abrasion has occurred. Typical treatment for mechanical injury involves the use of an antibiotic ophthalmic drop with lid closure until epithelialization is completed (usually 24–48 hours). Treatment for dry-eye syndrome includes the addition of ocular lubricants, e.g. Lacri-lube.

ILLUSTRATIVE CASES

Case 1: Upper eyelid blepharoplasty (woman)

A woman who underwent treatment for excess skin that developed along her upper eyelids as a result of aging. **Figure 7.4A** shows the patient prior to upper eyelid blepharoplasty and **Figure 7.4B** shows the patient following the procedure. She also underwent lower eyelid blepharoplasty and periorbital fat transfer at the same time.

Case 2: Upper eyelid blepharoplasty (man)

A man who underwent upper eyelid blepharoplasty in order to treat excess upper eyelid skin. **Figure 7.5A** shows the patient before the procedure and **Figure 7.5B** after the procedure.

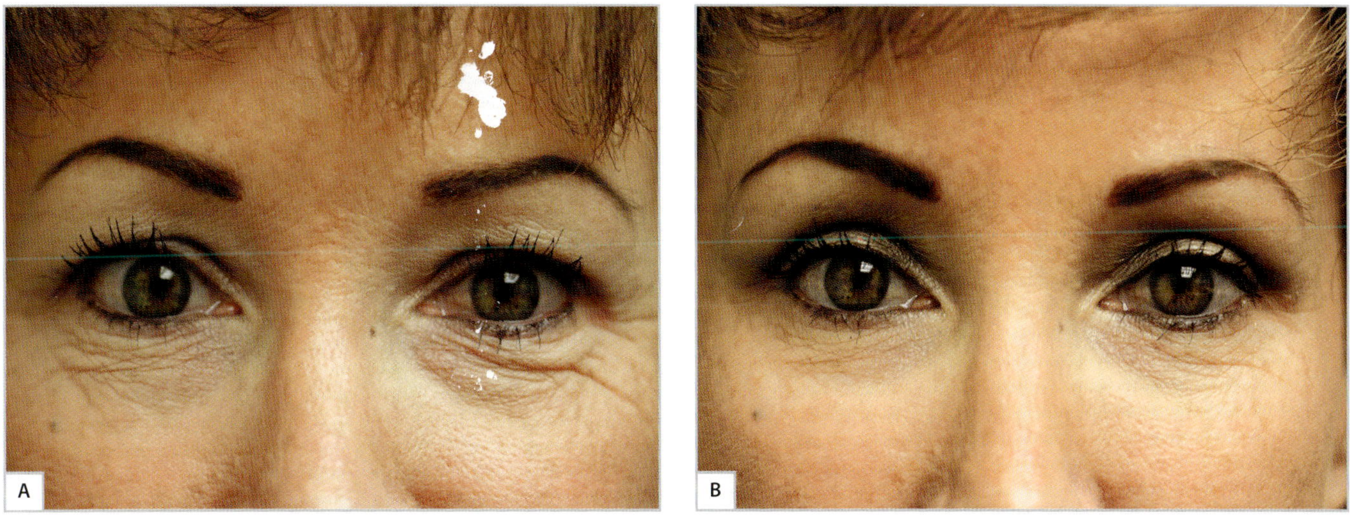

Figure 7.4 A woman treated for excess skin along her upper eyelids. The figure shows the patient (A) prior to upper eyelid blepharoplasty and (B) following the procedure.

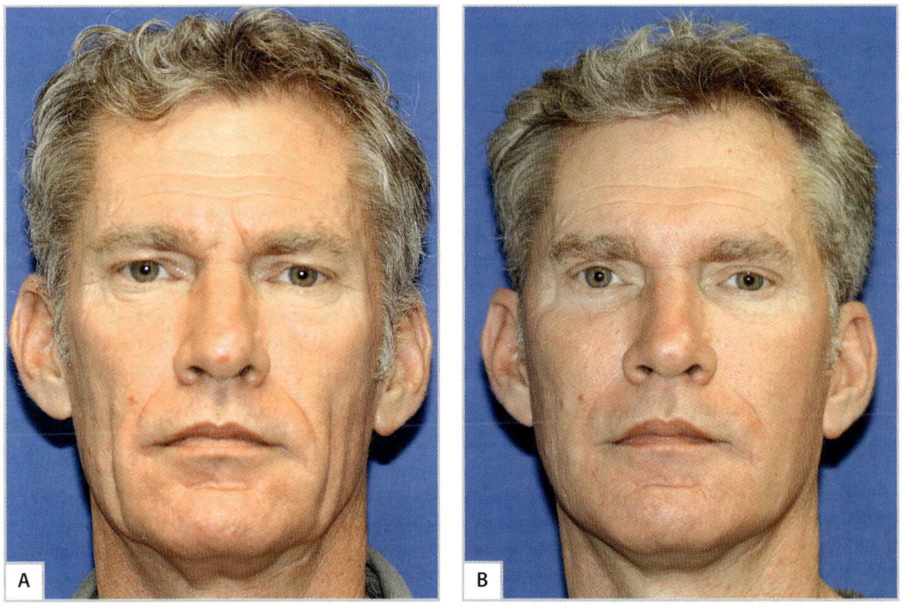

Figure 7.5 A man who underwent upper eyelid blepharoplasty. The figure shows the patient (A) before the procedure and (B) after the procedure.

REFERENCES

Adams BJ, Feurstein SS. Complications of blepharoplasty. Ear Nose Throat J 1986; 65:6–18.

Aguilar GL, Nelson C. Eyelid and anterior orbital anatomy. In: Hornblass A (ed.), Oculoplastic, Orbital and Reconstructive Surgery, Vol. 1. Baltimore, MD: Williams & Wilkins, 1988.

Castanares S. Complications in blepharoplasty. Clin Plast Surg 1978; 5:139–165.

Holt JE, Holt GR. Blepharoplasty. Indications and preoperative assessment. Arch Otolaryngol 1985; 111:394–397.

Jelks GW, McCord CD, Jr. Dry eye syndrome and other tear film abnormalities. Clin Plast Surg. 1981; 8:803–810.

Jones LT. New concepts of orbital anatomy. In: Tessier P, Callahan A, Mustardé JC, et al. (eds), Symposium on Plastic Surgery in the Orbital Region. St. Louis: CV Mosby, 1976.

McKinney P, Zukowski ML. The value of tear film breakup and Schirmer's tests in preoperative blepharoplasty evaluation. Plast Reconstr Surg 1989; 84:572–576; discussion 577.

Rees TD, Jelks GW. Blepharoplasty and the dry eye syndrome: guidelines for surgery? Plast Reconstr Surg 1981; 68:249–252.

Volpe CR, Ramirez OM. The beautiful eye. Facial Plast Surg Clin North Am 2005; 13:493–504.

Zide BM. Anatomy of the eyelids. Clin Plast Surg 1981; 8:623–634.

Chapter 8 Lower eyelid blepharoplasty

Amir M. Karam

INDICATIONS/PATIENT SELECTION

Aging of the lower eyelid region is complex and involves both soft tissue excess and volume loss. Lower eyelid blepharoplasty is the principal operation performed to handle the issues related to soft tissue excess of the lower eyelids, and is considered technically challenging due to the delicate balance between achieving an enhanced aesthetic outcome and the potential functional complications.

Traditional blepharoplasty techniques tended to involve a more aggressive approach to the removal of skin and muscle, often leaving the eyes looking hollow and tired. Modern approaches focus on the principles of holistic restoration; balancing conservative removal of soft tissue excess and restoration of volume loss, and resulting in a refreshed and rejuvenated periorbital region. In this chapter, we evaluate the periorbital aging process and how blepharoplasty can be performed, in addition to other treatments, to restore the youthful structure of this area.

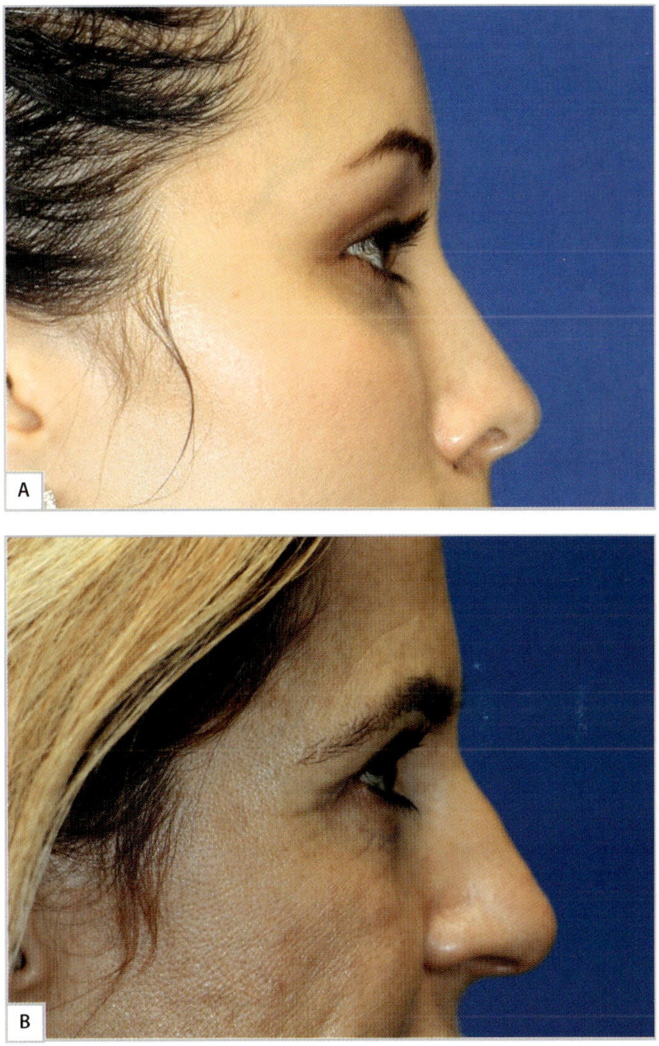

Figure 8.1 Comparative photographs of the eyelid–cheek junction. This is the hallmark feature of the youthful lower eyelid and restoration of this is the principal goal of comprehensive lower eyelid rejuvenation. (A) Photograph of a younger individual. Note the short distance between the lower eyelid and cheek and a smooth gentle convexity that blends into the upper cheek mound as a single convexity. (B) Photograph of an older eyelid, illustrating the elongation of the eyelid-cheek junction and irregularity of the transition between the eyelid and cheek.

Aging of the lower eyelid region

The volume loss component

A short lid-cheek junction is the hallmark of the youthful lower eyelid. In younger individuals, the junction between the lower eyelids has a smooth, gentle convexity that blends into the upper cheek mound as a single convexity (**Figure 8.1**) (Volpe & Ramirez 2005). With age, a combination of fat volume loss overlying the inferior orbital rim and upper midface, descent of the malar fat pad, and sagging of the orbicularis oculi muscle result in lengthening of the lid–cheek junction and exposure of the bony outline of the inferior orbital rim. These result in a double-convexity contour deformity (**Figure 8.2**). The orbital fat is the superior convexity; directly below this is the relative concavity defined by the skeletonized inferior orbital rim, and the second convexity is defined by the cheek mound. This configuration is the principal feature that defines aging of the infraorbital and central face. Tear trough deformity or nasojugal fold is evident as a depression at the transition of the medial aspect of the lower eyelid and upper cheek (**Figure 8.3**). The deformity is caused by a deficiency of tissue and results a fatigued and aged appearance in the periorbital region. Fat removal from the lower eyelid alone will often worsen this deformity; and therefore restoration of volume over the inferior orbital rim should be considered.

The soft tissue excess component

Two other anatomic changes that often occur simultaneously are lower eyelid dermatochalasis and pseudoherniation of fat. Excess lower eyelid skin affects both men and women, usually in their forties. Elongation and descent of the orbicularis oculi can be responsible for this as the skin follows the descending muscle. This is examined by grasping the lower eyelid skin and retracting it upward. Superior traction can result in improved redraping of the preseptal region and inferior orbital rim. When assessing for the presence of psuedoherniation of lower eyelid fat, it is essential to exam the patient from the profile.

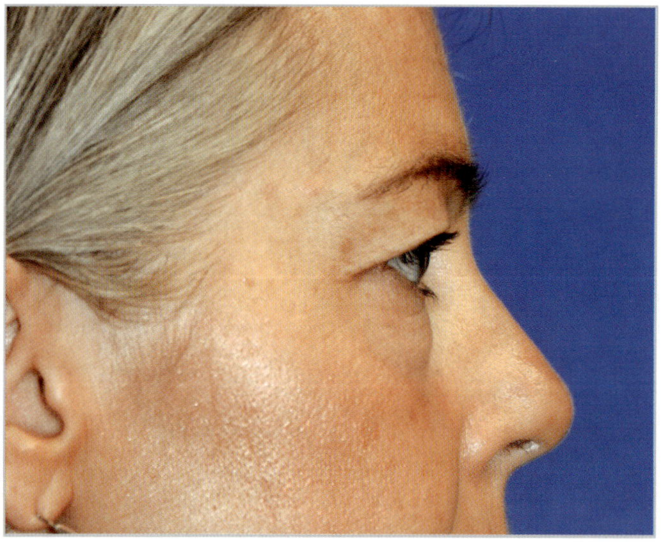

Figure 8.2 Double-convexity contour deformity. The orbital fat is the superior convexity; directly below this is the relative concavity defined by the skeletonized inferior orbital rim, and the second convexity is defined by the cheek mound.

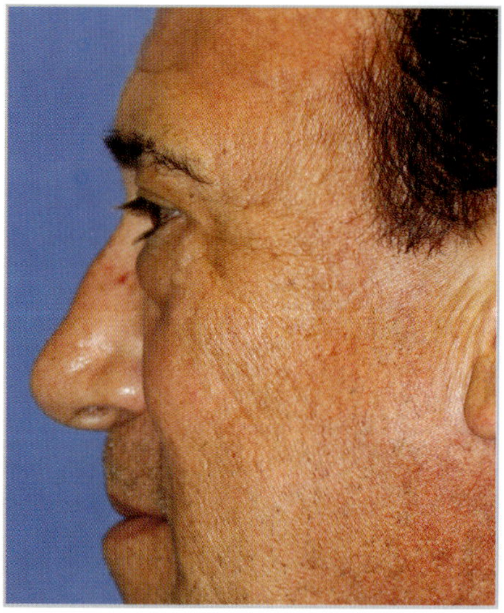

Figure 8.4 The criteria used to define the presence of excess lower eyelid fat. When examining a patient from the profile, if the apex of the bulging fat is beyond the level of the corneal plane, then true excess is present and fat excision blepharoplasty is indicated.

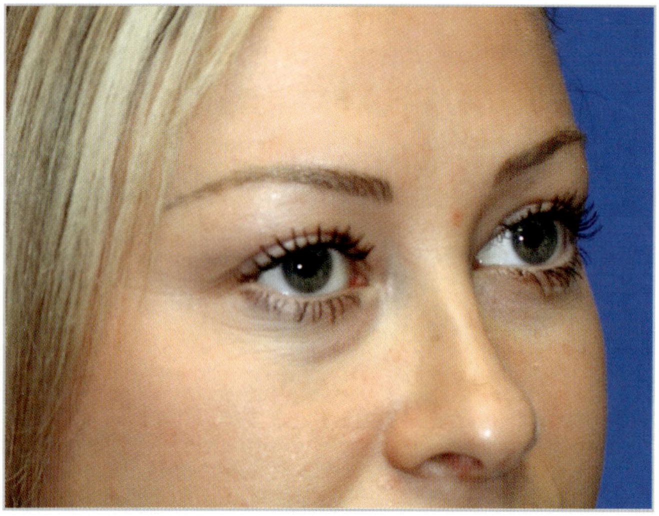

Figure 8.3 Tear trough deformity. This is often noticed in the early thirties. Note the loss of volume in the skin and soft tissues of the infraorbital area resulting in a depression in the medial lower eyelid–cheek junction extending obliquely from the medial canthus.

If the apex of the fat pads are anterior to the corneal plane, then the fat pads would benefit from removal. Removal of the orbital fat in a case in which true excess is not present often results in a more hollow and tired appearing eyelid (**Figure 8.4**). In these cases, volume loss alone along the orbital rim is the reason for the appearance of lower eyelid 'bags' and the treatment would require volume augmentation along the rim and upper cheek (**Figure 8.5**).

Operative procedures

There are many variations of the lower eyelid blepharoplasty, such as the transconjunctival approach, skin-only (skin pinch), subciliary skin-muscle, and fat repositioning. Each surgeon has their preferred technique; the author considers the transconjunctival lower eyelid blepharoplasty with a skin pinch; and the lower eyelid skin pinch only to be the two most effective techniques. In this author's opinion, both these techniques have been found to remove the soft tissue excess without excessively modifying the natural anatomic configuration of the lower eyelid.

Skin pinch

In the majority of cases, pseudoherniation of orbital fat is not the primary cause of the appearance of lower eyelid 'bags.' Instead, it is a combination of volume loss along the orbital rim and upper cheeks that creates the illusion of 'bags' coupled with laxity of the outer lamella (skin and muscle). The skin pinch procedure is designed to excise the skin (not muscle) excess. Since the orbicularis is attached to the skin, once the lower margin of the skin is pulled up during closure, the orbicularis muscle shortens and plicates creating a firm and smooth redraping of the lower eyelid skin. In the author's practice, volume augmentation and skin pinch is combined to achieve a balanced restoration of the lower eyelid region and shortening of the eyelid–cheek junction.

Transconjunctival blepharoplasty approach with skin pinch

The transconjunctival approach to lower eyelid blepharoplasty was first describedby Bourquet in 1924 (Netscher et al. 1995). The transconjunctival lower lid blepharoplasty maintains the integrity of the orbicularis oculi, an active support structure of the lower eyelid. This minimizes the incidence of ectropion, which is considered its principal advantage. Ideal candidates include patients with pseudoherniation of orbital fat and a limited amount of skin excess, young patients with familial hereditary pseudoherniation of orbital fat and no excess skin, and all revision blepharoplasty patients (Perkins et al. 1994, Mahe 1998). The presence of excess lower lid skin does not preclude the use of the transconjunctival approach. In these cases, a skin pinch can be performed in addition to transconjunctival fat excision. The skin excision redrapes the lower eyelid once the fat has been removed.

PREOPERATIVE CONSIDERATIONS

Anatomic considerations

Due to the delicate nature of the eyelid structure and the role it serves in protecting the visual system, alterations in eyelid anatomy must be made with care and precision.

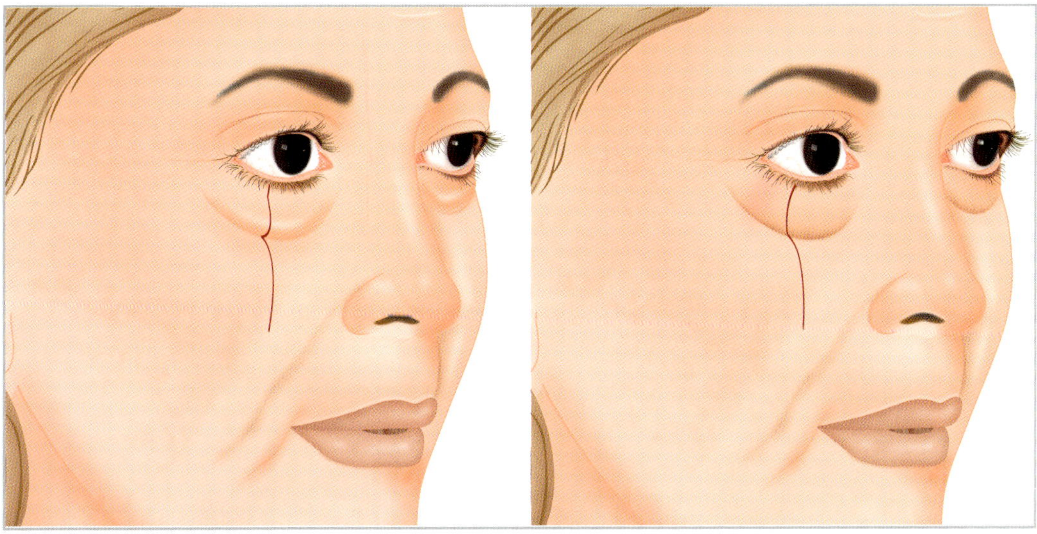

Figure 8.5 Eye with coexisting volume loss and fat pseudoherniation. The concept shows the skeletonization and hollowing following lower eyelid fat excisional blepharoplasty. Note the persistence of the long eyelid–cheek junction.

The lower eyelid crease

An inferior palpebral sulcus (lower eyelid crease) is usually 3–7 mm from the ciliary margin and delineates the inferior edge of the tarsal plate and the transition zone from pretarsal to preseptal orbicularis oculi.

Lamellae

The eyelids are composed of two lamellae: an outer lamella, composed of skin and the orbicularis oculi muscle, and an inner lamella, which includes tarsus and conjunctiva. The skin of the lower eyelid is thin and becomes gradually thicker as it extends beyond the lateral orbital. The skin has no subcutaneous fat and is interconnected to the underlying musculus orbicularis oculi by fine connective tissue attachments in the skin's pretarsal and preseptal zones.

Musculature

The orbicularis oculi muscle can be divided into a thicker orbital portion (voluntary) and a thinner palpebral portion (voluntary and involuntary). The palpebral portion is subdivided into pretarsal and preseptal components. The preseptal orbicularis has fixed attachments with the medial and lateral canthal tendons, while the orbital portion does not and instead inserts subcutaneously in the lateral orbital region (contributing to crow's feet).

Immediately beneath the submuscular fascia of the preseptal orbicularis lies the orbital septum. It originates at the arcus marginalis along the orbital rim (continuous with orbital periosteum), and after fusing with the capsulopalpebral fascia posteriorly about 5 mm below the lower tarsal edge, it forms a single facial layer that inserts near the tarsal base. The orbital septum delineates the boundary between anterior eyelid (outer lamella) and intraorbital contents.

Orbital fat

Contained behind the orbital septum and within the orbital cavity, the orbital fat has been classically segmented into discrete pockets (medial central and lateral), although interconnections exist (Nesi et al. 1998). The lateral fat pad is smaller and more superiorly situated, and the larger nasal pad is divided by the inferior oblique muscle into a larger central fat compartment and an intermediate medial compartment. During surgery, care must be taken to avoid injury to the inferior oblique. The medial pad has characteristic differences from its other counterparts, including a lighter color, a more fibrous and compact lobular pattern, and a frequent association with a sizable blood vessel near its medial aspect. The orbital fat can be considered an adynamic structure because its volume is not related to body habitus, and once removed it is not thought to regenerate.

Infraorbital and midface anatomy

The infraorbital area consists of skin, subcutaneous soft tissues, and fat overlying the bony orbital rim, arcus marginalis, and malar eminence. Two distinct fat pads in this area have been identified: the malar fat pad and the suborbicularis oculi fat (SOOF) pad. The SOOF is defined as a collection of fat deep to the orbital portion of the orbicularis oculi muscle, overlying the inferior arcus marginalis (Freeman 2000). The malar fat pad is inferior to the orbicularis oculi muscle. These tissues mask the visibility of the inferior orbital rim in the youthful face. Volume loss, inferior and medial descent of the malar fat and SOOF result in exposure of the inferior orbital rim and the characteristic changes that define aging of this region. Descent of these tissues coupled with mild fat pseudoherniation results in the tear trough or nasojugal deformity (Freeman 2000).

Preoperative evaluation

Preoperative assessment of the anatomical characteristics include:

1. Pseudoherniation of orbital fat
2. Volume status of the inferior orbital rim and upper cheek
3. Dermatochalasis
4. Fine lines and wrinkles

A systematic and thorough preoperative assessment of blepharoplasty candidates is essential to limit potential postoperative complications. A patient history of the following: dry-eye syndrome (Jelks & McCord 1981, Rees & Jelks 1981), hypertension, smoking, visual problems, ocular disorders (i.e. glaucoma), bleeding disorders, and recent use of nonsteroidal anti-inflammatory drugs, aspirin, and other anticlotting medications, should be obtained.

Ocular assessment

Eyelids should be assessed for symmetry (by noting palpebral fissure height and length), position of the lower eyelid margin with respect to the inferior limbus, scleral show, and the presence of ectropion/ entropion or exophthalmos/enophthalmos. Any history of preoperative visual problems should be documented. If moderate–severe dry-eye syndrome is likely, a Schirmer test should be performed (to assess tear output) and tear film break-up times tested (for stability of precorneal tear film) (Jelks & McCord 1981, McKinney & Zukowski 1989). A more conservative skin excision should be planned in these cases. Ophthalmologic evaluation should be considered in cases of significant dry eyes or new-onset significant visual impairment.

Assessment of lid-supporting structures

The lid-supporting structures should be assessed using the snap test and lid distraction test.

Snap test

The lid is gently grasped at the midportion between the thumb and index fingers, outwardly displacing the eyelid from the globe. Movement of the lid margin >10 mm indicates an abnormally lax supporting lid structure and suggests the need for a lid-shortening procedure.

Lid retration test

The lid retraction test is used to assess lid tone as well as medial and lateral canthal tendon stability (Holt & Holt 1985). Using the index finger, inferiorly displace the lower lid towards the orbital rim, punctal or lateral canthal malposition. Movement of puncta >3 mm from the medial canthus indicates an abnormally lax canthal tendon and suggests the need for tendoplication. Releasing the eyelid, the pattern and rate of return of the lid to resting position should be evaluated. A slow return or one that requires multiple blinks indicates poor lid tone and eyelid support. Conservative skin resection and lower lid-shortening procedures are warranted in these cases.

OPERATIVE TECHNIQUE

Transconjunctival lower eyelid blepharoplasty

These procedures can be performed using either local anesthesia with oral or intravenous sedation, or under general anesthesia. While sitting upright, the patient is asked to look upward and the most prominent fat pads are marked. The patient is then placed supine. Two drops of ophthalmic tetracaine hydrochloride 0.5% are instilled into each inferior fornix. A local anesthetic of 1% lidocaine with 1:100,000 epinephrine to which is added a 1:10 dilution of 10% sodium bicarbonate is then injected into the lower lid conjunctiva using a 30 gauge needle. The needle is advanced through the conjunctiva until the bony orbital rim is palpated. The local is slowly injected as the needle is withdrawn. This is performed medially, centrally, and laterally. After waiting a full 10 minutes for vasoconstriction to occur, the lower lid is gently retracted by an assistant using a double-pronged skin hook. The upper lid is placed over the globe for protection. A guarded needle-tip bovie on a low setting, hot-loop cautery or a 15-blade is used to make the transconjunctival incision 2 mm below the inferior edge of the inferior tarsal plate. This tarsal edge appears gray through the conjunctiva. The medial aspect of the incision is in line with the inferior punctum. The incision is carried to within 4–5 mm of the lateral canthus. Immediately after the transconjunctival incision is made, a single 5-0 nylon suture is placed in the conjunctiva closest to the fornix and used to retract the posterior lamella over the entire cornea. A small curved hemostat is used to clamp the suture onto the patient's head wrap and used to hold the sutures under tension. The conjunctiva acts as a natural corneal protector and the superior retraction allows for easier plane dissection. The skin hook is then carefully removed and a retractor is used to evert the free edge of the lower lid.

After the 5-0 suture retraction and retractor are in place, the preseptal plane is developed with a combination of blunt dissection with a cotton swab and sharp dissection with scissors. A bipolar cautery, 'hot loop,' or monopolar cautery are used to cauterize any bleeders, and maintain a dry surgical field.

The preseptal plane is an avascular plane between the orbicularis oculi and the orbital septum. Because the orbital septum is still intact while the preseptal plane is being developed, orbital fat does not bulge into view. The orbital septum must be opened to access the orbital fat below.

The medial, central, and lateral fat pads are identified through the septum using gentle digital pressure on the globe. Using forceps and a cotton-tipped applicator, the excess fat is carefully teased through the septum (**Figure 8.6**). Care must be taken to remove only the excessive and herniated fat to avoid a hollow appearance around the eyes; the goal is to achieve a lower eyelid contour that forms a smooth, gentle concave transition between eyelid and cheek skin.

A 30-gauge needle is then used to inject a small amount of local anesthetic into the excess fat. The base of the fat pad is clamped and the bipolar cautery is used to cauterize across the fat stalk (**Figure 8.7A**). When the entire stalk has been cauterized, scissors are used to excise the fat (**Figure 8.7B**). After excess fat has been removed from each compartment, the field is examined to ensure there is no bleeding.

Next, the retractor and the retraction sutures are removed. The lower lid is gently elevated upward and outward and allowed to snap back into its proper position to allow realignment of the edges of the transconjunctival incision. No suture is required, although some surgeons close the incision with a single buried 6-0 fast-absorbing gut stitch. Both eyes should then be irrigated with sodium chloride.

Lower eyelid skin pinch

In patients with skin excess, a lower lid skin pinch is performed. Using fixation forceps or Brown-Adson forceps, a fold of redundant skin is raised at the level of the inferior tarsal crease (**Figure 8.8A**). The skin fold is excised with sharp scissors, with care taken not to cut the lower eyelashes (**Figure 8.8B**). The edges of the skin pinch are brought together with interrupted 6-0 Prolene stitches (**Figure 8.8C**). This can also be performed alone when fat removal is not required. The risk of this procedure is through removing too much skin and causing an ectropion or worsening the scleral show.

Complementary treatments

Restoration of periorbital volume

Several approaches have been described in the Volume Restoration section of the book (see Chapters 4,5 and 6). This author's preferred technique is fat transfer, which is performed prior to eyelid surgery . Hyaluronic acid filler is another option for volume restoration.

POSTOPERATIVE CONSIDERATIONS

Postoperative care

After surgery, the patient is advised to avoid strenuous activity and rest with head elevated at least 45°. Cold compresses are placed on both eyes and changed every 20 minutes while awake for 24-72 hours.

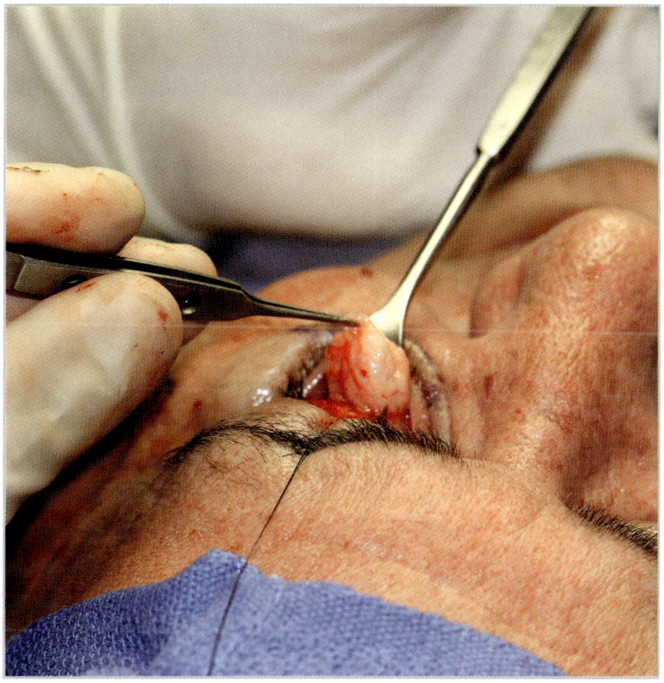

Figure 8.6 Immediately after transconjunctival incision. A single 5-0 nylon suture is placed in the conjunctiva closest to the fornix and used to retract the posterior lamella over the entire cornea. The orbital septum is then opened to expose the orbital fat.

Lubricating drops are used every 3 hours during the day and lubricating ointment is applied before bed for the first 1–2 weeks. The patient is given strict instructions to limit physical activity for the 2 weeks following surgery. The patient who is diligent about the cold compresses and head elevation during the first 48 hours will experience less swelling. Antibacterial ointment is applied to the incisions for 5–7 days postoperatively. The patient can shower after 2 days and the sutures are removed between 5 and 7 days postoperatively. Follow-up appointments are set for 1 week, 1 month, 3 months, 6 months, and 12 months to ensure healing is progressing well.

Complications

Complications usually result from overzealous skin or fat resection, lack of hemostasis, or an inadequate preoperative assessment (Castanares 1978, Adams & Feurstein 1986). Less commonly, an individual's physical response to wound repair may lead to undesirable sequelae irrespective of surgical technique. The key risk factors to identify and manage are:

Ectropion

One of the most common complications after lower lid blepharoplasty is eyelid malposition, which can range from a mild scleral show or rounding of the lateral canthal angle to a clear ectropion with actual eyelid eversion. A failure to identify and address excessive lower lid laxity perioperatively is the major cause of permanent ectropion. Other causes include excessive skin or skin-muscle excisions; inferior contracture along the plane of the lower lid retractors and orbital septum (greater in skin flap technique); inflammation of the fat pockets; and, rarely, destabilization of the lower lid retractors (a potential yet uncommon complication of the transconjunctival approach). Temporary ectropion has been associated with lid loading from reactionary edema or hematoma and muscle hypotonicity. A conservative approach to management may include:

- a short course of perioperative steroids,
- warm and cool compresses, alternated to hasten edema and improve circulatory status,
- repeated squinting exercises to improve muscle tonus,
- gentle massage in an upward direction, and
- supportive taping of the lower lid (upward and outward) to assist in corneal protection and tear collection. If conservative measures

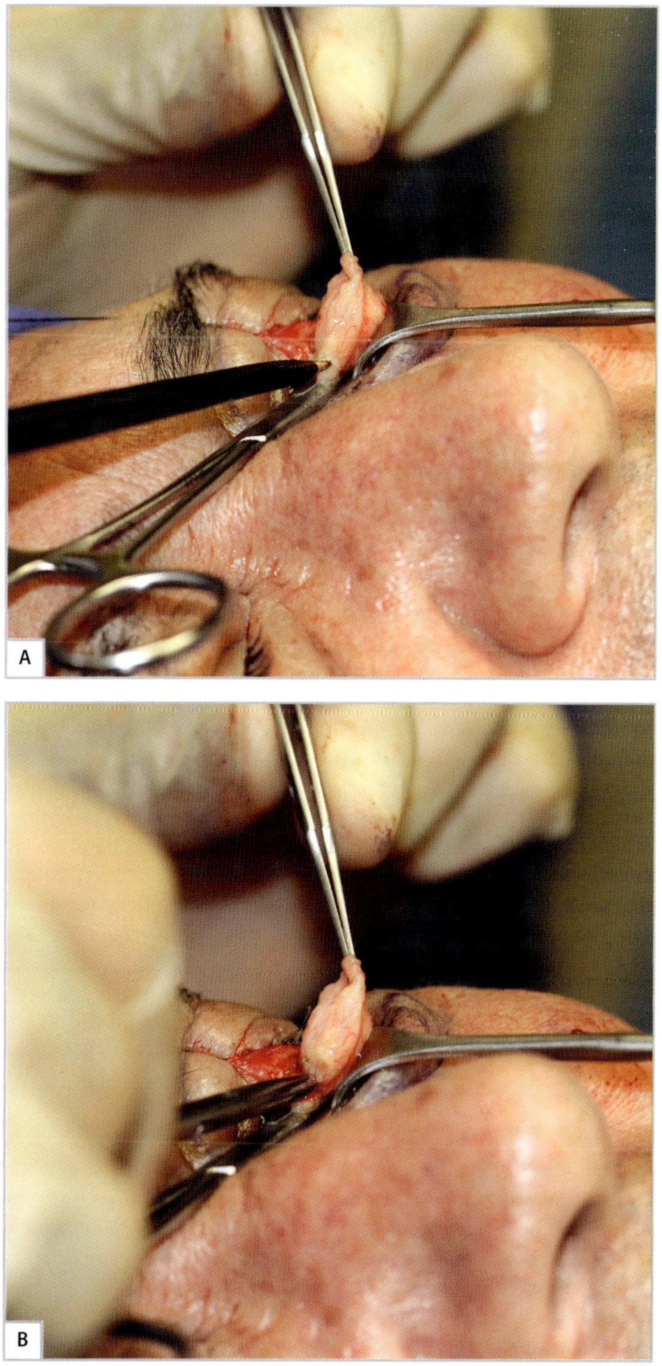

Figure 8.7 The removal of excess orbital fat. The bipolar cautery is used to cauterize across the fat stalk (A) followed by sharp excision (B).

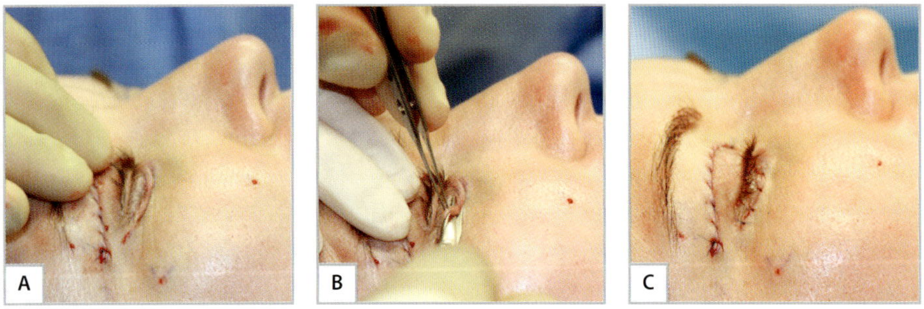

Figure 8.8 Lower eyelid skin pinch. The figures of the patient shows (A) the elevated and pinched skin prior to excision. The skin is pinched directly over the inferior tarsal crease; (B) the excision of the skin using scissors; and (C) yhe closure of the skin using interrupted 6-0 Prolene.

fail, a lid-shortening procedure combined with tissue grafting may be required.

Hematomas

The risk of hematoma can be minimized by optimizing coagulation profiles and blood pressure preoperatively through meticulous hemostasis intraoperatively and through head elevation, application of cold compresses, a controlled level of activity, and appropriate analgesic support after surgery. Should a hematoma develop, its extent and time of presentation will guide management.

Small, superficial hematomas are relatively common and are typically self-limiting. If organization occurs with the development of an indurated mass and resolution is slow or nonprogressive, conservative steroid injections may be used to hasten the healing process. Moderate-to-large hematomas observed after several days are best managed by allowing the clot to liquify (7–10 days) and then evacuating the hematoma through large-bore needle aspiration or by creating a small stab wound over it with a no. 11 blade. Hematomas that are large and present early, that are expanding, or that represent symptomatic retrobulbar extension (decrease in visual acuity, proptosis, ocular pain, ophthalmoplegia, progressive chemosis) require immediate exploration and hemostatic control. In the latter case, urgent ophthalmologic consultation and orbital decompression are the mainstays of treatment (Moser et al. 1973, Castanares 1978).

Blindness

Blindness, though rare, is the most serious potential complication of blepharoplasty. It typically presents within the first 24 hours following surgery and is associated with orbital fat removal and the development of a retrobulbar hematoma (most commonly involving the medial fat pocket). Common causes of retrobulbar hemorrhage include: (1) excessive traction on orbital fat resulting in the disruption of small arterioles or venules in the posterior orbit; (2) retraction of an open vessel beneath the septum after fat release; (3) failure to recognize an open vessel because of vasospasm or epinephrine effect; (4) direct vessel trauma resulting from injections done blindly beneath the orbital septum; and (5) rebleeding after closure resulting from any maneuver or event that leads to an increased ophthalmic arteriovenous pressure head. Although many methods of management have been described to manage threatened vision resulting from elevated intraocular pressures (reopening the wound, lateral canthotomy, steroids, diuretics, anterior chamber paracentesis), the most effective definitive treatment is immediate orbital decompression, which is usually accomplished through medial wall and orbital floor resections (Moser et al. 1973). Immediate ophthalmic consultation is required.

Epiphora

Assuming dry-eye syndrome has been ruled out before surgery or managed appropriately intraoperatively (with conservative resections), a dysfunctional lacrimal collecting system rather than a high glandular output state is typically responsible for postoperative epiphora. Although reflex hypersecretion may be a contributing factor because of coexistent lagophthalmos or vertical retraction of the lower lid, this response is common in the early postoperative period and is usually self-limited. Causes include:

- punctal eversion and canalicular distortion secondary to wound retraction and edema;
- impairment of the lacrimal pump resulting from atony, edema, hematoma, or partial resection of the orbicularis oculi sling; and
- a temporary ectropion resulting from lid loading.

Outflow obstructions, secondary to a lacerated inferior canaliculus, are preventable by keeping the lower lid incision lateral to the punctum. Should laceration injury occur, primary repair over a silastic stent (Crawford tube) is recommended.

Suture line complications

Milia or inclusion cysts are common lesions seen along the incisional line resulting from trapped epithelial debris beneath a healed skin surface or possibly from the occlusion of a glandular duct. They are typically associated with simple or running cuticular stitches. Their formation is minimized by subcuticular closure. If they develop, definitive therapy is aimed at uncapping the cyst (using a No. 11 blade or epilation needle) and teasing out the sac. Suture tunnels develop as a result of prolonged suture retention and epithelial surface migration along the suture tract. Preventive treatment includes early suture removal (3–5 days), and definitive treatment involves unroofing the tunnel. Suture marks are also related to prolonged suture retention and their formation can usually be avoided by using a rapidly absorbing suture (fast-absorbing gut or mild chromic), by removing a monofilament suture early, or by employing a subcuticular closure.

Skin discoloration

Areas of skin frequently show hyperpigmentation in the early recovery period secondary to bleeding beneath the skin surface, with subsequent hemosiderin formation. This process is usually self-limiting and often takes longer to resolve in darkly pigmented individuals.

Ocular injury

Corneal abrasions or ulcerations may result from inadvertent rubbing of the corneal surface with a gauze sponge or cotton applicator, instrument or suture mishandling, or desiccation developing as a result of lagophthalmos, ectropion, or pre-existent dry-eye syndrome. Symptoms suggestive of corneal injury include: pain, eye irritation, and blurred vision, should be confirmed by fluorescein staining and slit-lamp examination by an ophthalmologist. Therapy for mechanical injury typically involves the use of an antibiotic ophthalmic drop with lid closure until epithelialization is complete (usually 24–48 hours). Treatment for dry-eye syndrome includes the addition of ocular lubricants. Extraocular muscle imbalance, manifested by gaze diplopia, may be seen and is often transitory, presumably reflecting resolution of an edematous process. However, permanent muscle injury may result from blind clamping, deep penetration of the fat pockets during sectioning of the pedicle, thermal injury resulting from electrocauterization, or suture incorporation during closure. Patients with evidence of refractory and incomplete recovery of muscle function should be referred to an ophthalmologist for evaluation and definitive treatment.

Contour irregularities

Contour irregularities are generally caused by technical omissions. Excessive fat resection, particularly in a patient with a prominent infraorbital rim, results in a lower lid concavity and contributes to a sunken-eye appearance. Failure to remove enough fat (common in lateral pocket) leads to surface irregularities and persistent bulges. A ridge that persists beneath the incision line is usually the result of inadequate resection of a strip of orbicularis oculi before redraping. Treatment in each case is directed at the specific cause. Persistent fat bulges are managed by resection, whereas areas of depressions can be managed by dermal fillers or fat transfer. Unresolved hematomas and areas of heightened inflammatory response may be managed with appropriate injections of steroids.

ILLUSTRATIVE CASES

Case 1: Lower eyelid skin pinch

An example of a woman who wanted to treat the excess skin that had developed along her lower eyelids. The lower eyelid skin pinch only procedure was recommended due to presence of lower eyelid dermatochalasis without fat pseudoherniation. **Figure 8.9A** shows the patient prior to lower eyelid skin pinch (and upper eyelid blepharoplasty). **Figure 8.9B** shows the patient following the procedure. Note the smooth redraping and removal of the redundant lower eyelid skin without change in the natural eyelid contour.

Case 2: Lower eyelid transconjunctival blepharoplasty

An example of a man who was concerned about the presence of lower eyelid 'bags' and was interested in treating them. A transconjunctival lower eyelid blepharoplasty and skin pinch procedure was recommended due to the presence of pseudoherniation of fat and excess skin. **Figure 8.10A** and **Figure 8.10B** shows the patient prior to a lower eyelid transconjunctival blepharoplasty with skin pinch, and **Figure 8.10C** and **Figure 8.10D** shows the patient following the procedure.

Case 3: Fat transfer with lower eyelid skin pinch

An example of a woman who felt she looked tired. A fat transfer with lower eyelid skin pinch was recommended due to the presence of volume loss and lower eyelid dermatochalasis. **Figure 8.11A** shows the patient before the procedure and **Figure 8.11B** shows the patient 1 and a half years after the procedure.

Case 4: Transconjunctival lower lid blepharoplasty

Figure 8.12A shows a patient before and **Figure 8.12B** following transconjunctival lower lid blepharoplasty approach with a skin pinch followed by volume augmentation of the orbital rim and tear trough with fat. Note the transformation of the double-convexity deformity into a single convexity with a shortened eyelid-cheek junction. This configuration is present in the youthful eyelids/upper cheek region.

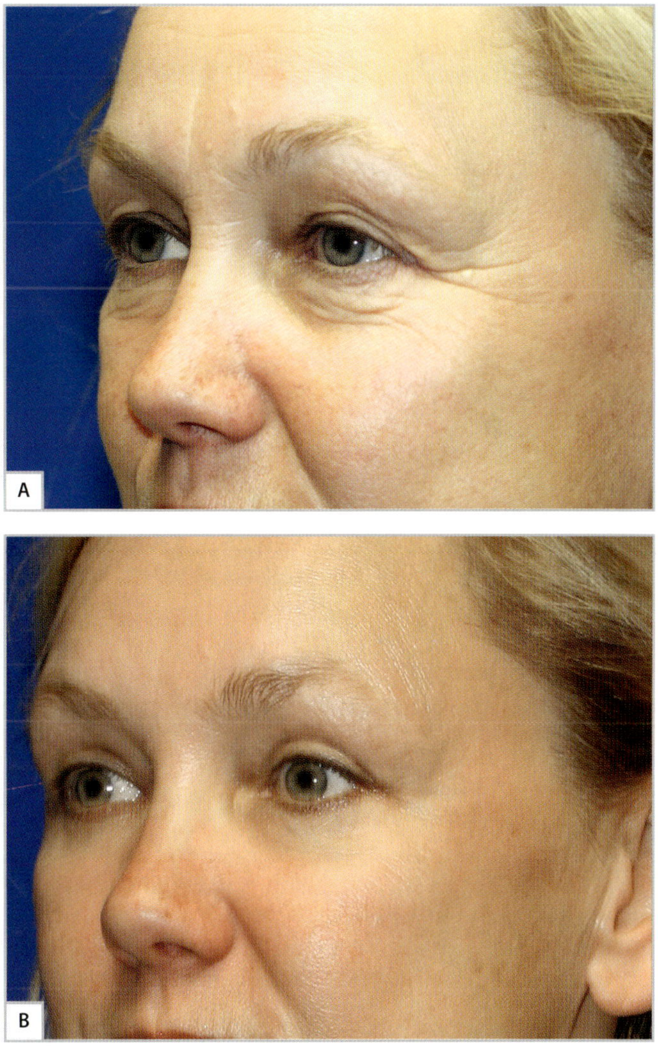

Figure 8.9 Lower eyelid skin pinch. The figures show the patient (A) prior to lower eyelid skin pinch (and upper eyelid blepharoplasty) and (B) following the procedure.

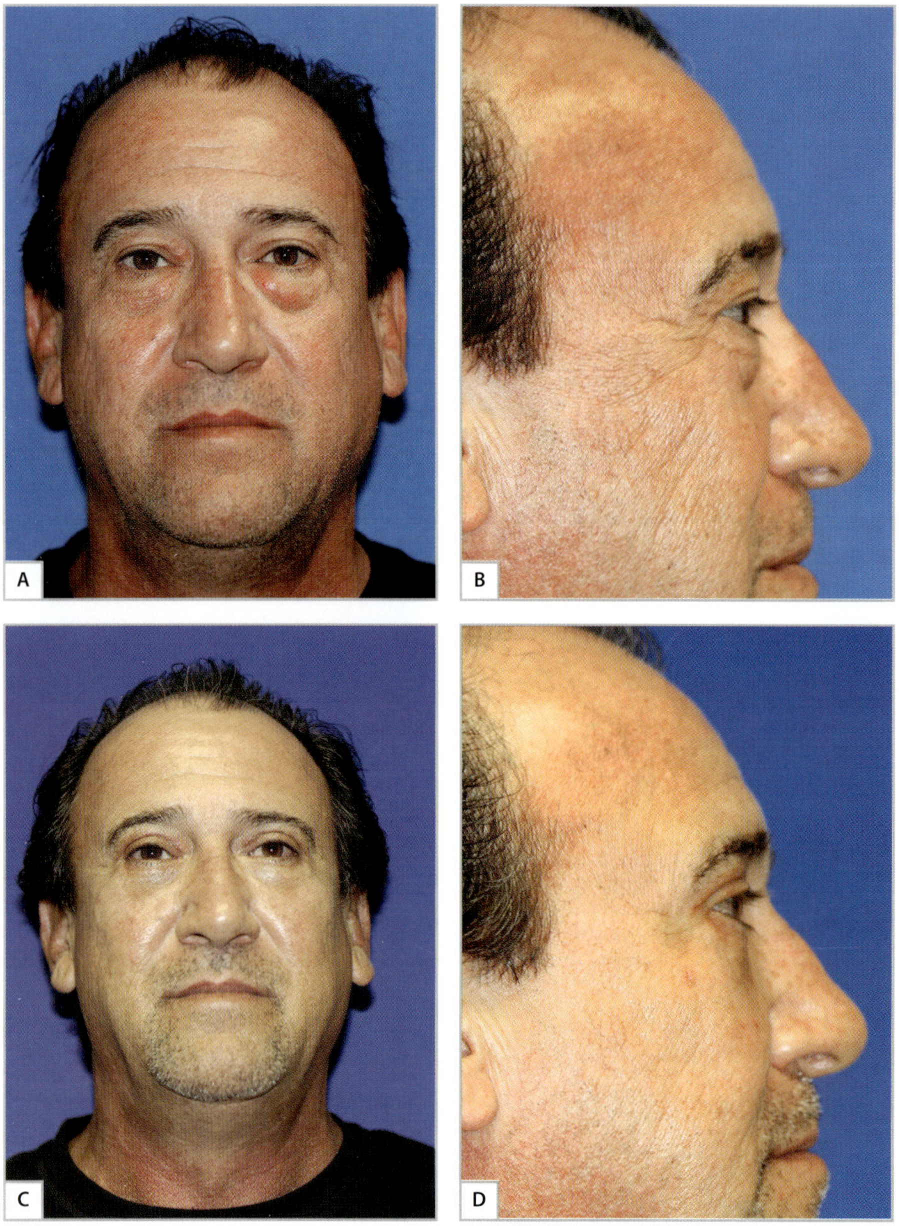

Figure 8.10 Lower eyelid transconjunctival blepharoplasty. The figure shows the patient (A, B) prior to a lower eyelid transconjunctival blepharoplasty with skin pinch and (C, D) following the procedure.

REFERENCES

Adams BJ, Feurstein SS. Complications of blepharoplasty. Ear Nose Throat J 1986; 65:6–18.

Castanares S. Complications in blepharoplasty. Clin Plast Surg 1978; 5:139–165.

Freeman MS. Transconjunctival sub-orbicularis oculi fat (SOOF) pad lift blepharoplasty: a new technique for the effacement of nasojugal deformity. Arch Facial Plast Surg 2000; 2:16–21.

Holt JE, Holt GR. Blepharoplasty. Indications and preoperative assessment. Arch Otolaryngol 1985; 111:394–397.

Jelks GW, McCord CD, Jr. Dry eye syndrome and other tear film abnormalities. Clin Plast Surg 1981; 8:803–810.

Jones LT. New concepts of orbital anatomy. In: Tessier P, Callahan A, Mustardé JC, et al. (eds), Symposium on Plastic Surgery in the Orbital Region. St. Louis: CV Mosby, 1976.

Mahe E. Lower lid blepharoplasty – the transconjunctival approach: extended indications. Aesthetic Plast Surg 1998; 22:1–8.

McKinney P, Zukowski ML. The value of tear film breakup and Schirmer's tests in preoperative blepharoplasty evaluation. Plast Reconstr Surg 1989; 84:572–576; discussion 577.

Moser MH, DiPirro E, McCoy FJ. Sudden blindness following blepharoplasty. Report of seven cases. Plast Reconstr Surg 1973; 51:364–370.

Nesi F, Lisman R, Levine M. Smith's Ophthalmic Plastic and Reconstructive Surgery, 2nd edn. St. Louis: CV Mosby, 1998.

Netscher DT, Patrinely JR, Peltier M, et al. Transconjunctival versus transcutaneous lower eyelid blepharoplasty: a prospective study. Plast Reconstr Surg 1995; 96:1053–1060.

Perkins SW, Dyer WK, 2nd, Simo F. Transconjunctival approach to lower eyelid blepharoplasty. Experience, indications, and technique in 300 patients. Arch Otolaryngol Head Neck Surg 1994; 120:172–177.

Rees TD, Jelks GW. Blepharoplasty and the dry eye syndrome: guidelines for surgery? Plast Reconstr Surg 1981; 68:249–252.

Volpe CR, Ramirez OM. The beautiful eye. Facial Plast Surg Clin North Am 2005; 13:493–504.

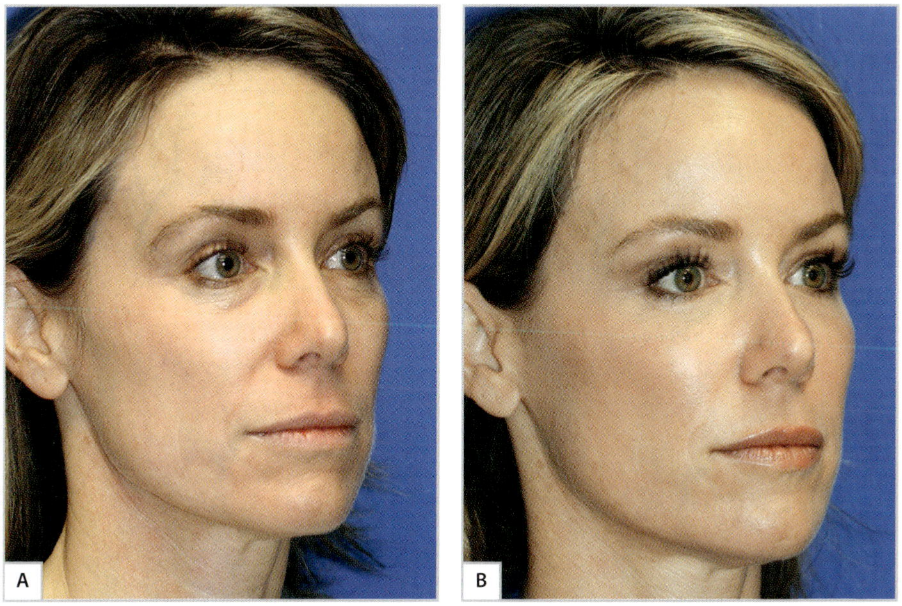

Figure 8.11 Fat transfer with lower eyelid skin pinch. The figure shows the patient (A) before the procedure and (B) 1.5 years after the procedure.

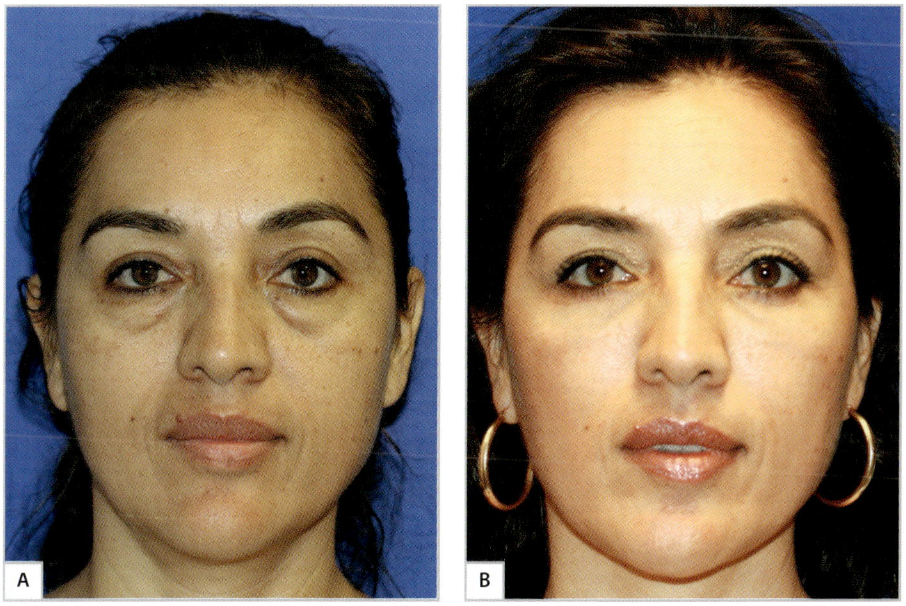

Figure 8.12 Transconjunctival lower lid blepharoplasty. The figure shows patient (A) before and (B) following treatment.

FURTHER READING

Baylis HI, Long JA, Groth MJ. Transconjunctival lower eyelid blepharoplasty. Technique and complications. Ophthalmology 1989; 96:1027–1032.

Cook TA, Derebery J, Harrah ER. Reconsideration of fat pad management in lower lid blepharoplasty surgery. Arch Otolaryngol 1984; 110:521–524.

Goldberg RA, Fiaschetti D. Filling the periorbital hollows with hyaluronic acid gel: initial experience with 244 injections. Ophthal Plast Reconstr Surg 2006; 22:335–341; discussion 341–343.

Goldberg RA. Transconjunctival orbital fat repositioning: transposition of orbital fat pedicles into a subperiosteal pocket. Plast Reconstr Surg 2000; 105:743–8; discussion 749–751.

Klatsky SA, Manson PN. Separate skin and muscle flaps in lower-lid blepharoplasty. Plast Reconstr Surg 1981; 67:151–156.

McKinney P, Zukowski ML, Mossie R. The fourth option: a novel approach to lower-lid blepharoplasty. Aesthetic Plast Surg 1991; 15:293–296.

Trepsat F. Periorbital rejuvenation combining fat grafting and blepharoplasties. Aesthetic Plast Surg 2003; 27:243–253.

Wolfey DE. Blepharoplasty: the ophthalmologist's view. Otolaryngol Clin North Am 1980; 13:237.

Zarem HA, Resnick JI. Minimizing deformity in lower blepharoplasty: the transconjunctival approach. Clin Plast Surg. 1993; 20:317–321.

Chapter 9 Lateral brow lift with superficial temporal fascia plication

Amir M. Karam

INDICATIONS/PATIENT SELECTION

Aging of the eyebrow

There have been many trends in surgical brow lifting over the past 20 years; most of them lifting the entire brow (medial, central, and lateral). Historically, the key surgical brow elevation was the coronal brow lift. Despite decades of use, the invasive nature of the procedure, as well as the morbidity related to sensory disruption, change in forehead length, and scarring, led to the development of the endoscopic approach. This less invasive method quickly gained popularity but, over the last 10 years enthusiasm for this approach has been decreasing. The primary reason has been related to questions about the durability of the results, as well as the value and utility of lifting the entire brow (medial and lateral segments). Also, in some cases, brow elevation can be too excessive, and correction of such deformities can be very difficult (Ridgeway & Larabee 2010).

Recognizing the specific changes that affect the eyebrow during the aging process is the first step in formulating a restorative plan. In this chapter, we discuss the aging changes of the eyebrow and the technical aspects of the lateral brow lift with superficial plication. This is a new and relatively underutilized method of brow rejuvenation, and is the author's preferred technique as it addresses the changes that occur with aging without changing the individual's look and identity (a major concern expressed by patients when considering eyebrow lifting procedures).

The first step is to evaluate photographs of the patient when younger to understand how the eyebrows have aged. The eyebrow tends to descend with age, but not the entire eyebrow. The lateral brow begins to descend during the 40s and 50s in most individuals, while the medial brow remains essentially in the same position. Recognizing this helps guide the surgeon in restoring the brow position back to its original position, avoiding the creation of a 'new look' or a 'surprised look' which results from the unnatural elevation of the medial and central brow region. The eyebrow is a cutaneous structure. In young individuals, the medial brow position is characteristically at the level of the medial orbital rim (**Figure 9.1**). It is typically lower than the tail of the eyebrow. The corrugator muscle is attached to the bone at the level of the medial glabella and travels subcutaneously as it interdigitates to the overlying skin along the medial and central eyebrow. This relationship helps tether the medial brow at a stable position. This may explain why there is very little to no change in the medial brow position with aging.

The lateral eyebrow is different. During youth, the tail of the eyebrow is slightly above the level of the superior orbital rim. The vector of the tail of the eyebrow is more horizontal. This brow segment has no direct muscular attachments with the bone to support its position. Instead, the brow sits over the underlying lateral orbicularis oculi muscle and superficial temporal fascia. What is notable about this is that the superficial temporal fascia is continuous with the superficial musculoaponeurotic system (SMAS), inferiorly. As the SMAS descends inferomedially, it pulls the lateral brow with it. Also, the lateral brow sits over the temporal fat pad and the brow fat pad, as these structures lose volume, the lateral brow segment moves inferiorly. The combination of these changes (descent of the lateral brow with fixation of the medial brow) results in a C-shaped brow that is consistent with the aged appearance.

The net effect of these changes results in heaviness and hooding along the lateral eyelid region and shortening of the distance between the tail of brow and the lateral canthus (**Figure 9.2**). During examination, placing the fingers along the temple and lifting will illustrate the degree of laxity and replicate the effect of a vertical and direct lift at this level. With this maneuver, it is often surprising how much loose and inferior displaced tissue there is. The laxity and heaviness make the eyes look tired and less 'fresh.' When the examiner lifts this region with the patient looking in the mirror, the patient is able to see the potential improvement. In contrast, when elevating the medial brow,

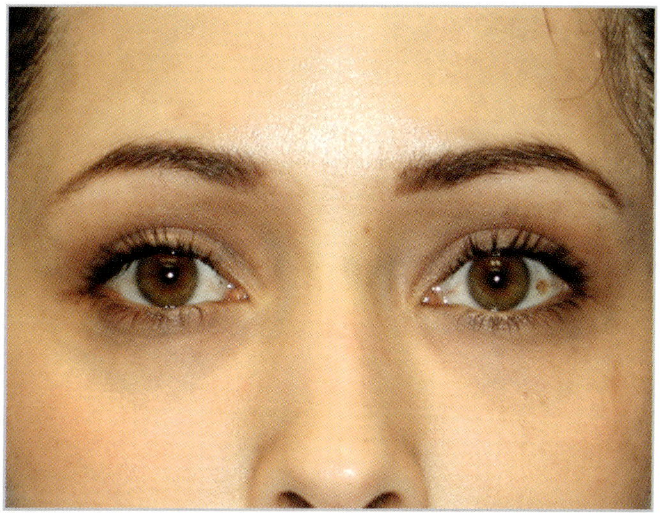

Figure 9.1 A youthful eye and brow. Note the medial brow position at the medial orbital rim. The lateral segment of the eyebrow sits just above the lateral aspect of the superior orbital rim.

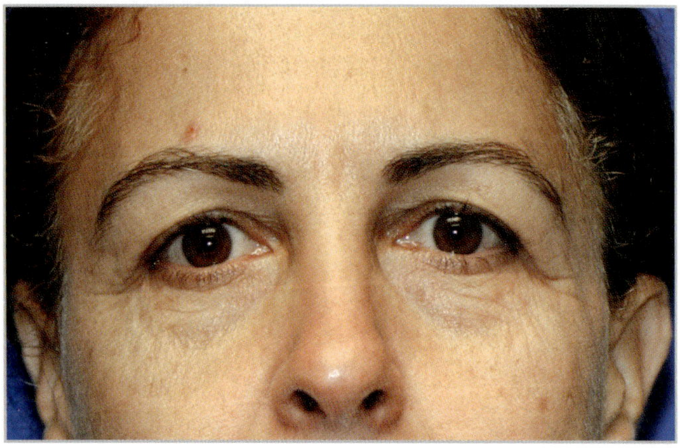

Figure 9.2 An aging eye and brow. Note the medial brow continues to persist at the level of the orbital rim; however, laterally the brow is descended below the rim and reduced the distance between the brow and lateral canthus.

the look is not as attractive. Examining the faces of women in their 20s and 30s can help guide which segment of brow merits lifting (low brows have been found to be the most attractive). Several published population-based studies confirm this and cite that the most esthetically pleasing configuration is a low medial brow that ascends slightly as it crosses the midpupil position (Yaremchuk et al. 2007). Troilius et al. (2004) have noted that surgeons are creating too many unnaturally high brows when compared with young models. Also, most brow lift procedures tend to create brows that are much higher than they were during youth, and can leave the patient looking older and different, not younger and rejuvenated.

Although subcutaneous brow lifts have been described, they are not widely used. A compelling argument for a subcutaneous approach can be easily made by considering that the eyebrow is a subcutaneous structure, and the most direct approach to elevation of a ptotic brow is an advancement of the skin with fixation of the underlying fascia. Surgically, this is based on the same principles as a rhytidectomy. This is the author's principal method of brow rejuvenation, and in this chapter, we focus on the technical aspects of this approach.

PREOPERATIVE CONSIDERATIONS (ANATOMY, HISTORY, AND CONTRAINDICATIONS)

Surgical anatomy of the lateral brow

The lateral brow is a cutaneous structure that extends beyond the lateral orbital rim. Directly underlying the brow is a layer of subcutaneous fat. The muscular relationship of the lateral brow is with lateral and descending segments of the orbicularis oculi muscle. Enveloping the muscle and extending beyond laterally is the superficial temporal fascia. Beneath this layer is the deep temporal fascia, which is a dense fibrous layer that does not slide. Beneath this is the temporal fat pad that loses volume with age. Directly below the brow is the retro orbicularis oculi fat pad, which also diminishes with age.

Facial nerve (CNVII)

As the temporal branch of the facial nerve (CNVII) exits the parotid gland, it travels beneath the SMAS (Guyuron 2006). The SMAS is continuous with the superficial temporal fascia. Ascending superiorly over the zygoma, the temporal division courses within the superficial temporal fascia on its way to innervating the muscles of the upper face. At the level of the lateral orbital rim, the nerve can be found within the fascia approximately 2 cm lateral and superior to the rim. At this point, the nerve has multiple branches extending medially innervating the orbicularis oculi, frontalis, and corrugator supercilii. The procerus muscle is innervated by the buccal division of the facial nerve.

CONSULTATION

Discussion about the brow lifting can be sensitive, but comparing old photographs with more recent will help the patient recognize the changes they want to be made. Showing before and after examples of the outcomes will also help to relieve anxiety. The results should be subtle with no change in their general identity or eye shape. Often, the brow lift is suggested as part of an overall facial rejuvenation strategy such as a face lift or blepharoplasty. Discussion of this procedure in the context of a broader strategy can be found in Chapter 14.

Next, a thorough medical history and focused physical examination are conducted. Like other cutaneous procedures, special attention is placed on medical and social history issues that could increase the risks of perioperative and postoperative complications. Histories of hypertension and smoking are potentially the two most important issues to elucidate prior to surgery. Other comorbidities that could affect wound healing such as diabetes, chronic corticosteroid use, or immunosuppression should be evaluated. Uncontrolled hypertension can result in increased risk of postoperative hematoma and intraoperative bleeding, as well as prolonged edema and ecchymosis.

Other important issues are related to the use of herbal medications that affect coagulation pathways and increase the risk of bleeding. A list of medications and herbal supplements that can interfere with coagulation should be given to the patient. The patient should stop taking all herbal supplements and medications known to increase bleeding between 7 and 10 days prior to surgery and up to 2 weeks after surgery.

OPERATIVE TECHNIQUE

Markings

The incision line is outlined with a surgical marking pen (**Figure 9.3**). Careful evaluation regarding the vector and extent of the lateral brow lift is conducted with the patient in the sitting position. Typically, the incision is drawn starting at the top of the temple hairline down toward the superior attachment of the ear. The length of the incision will vary depending on how much laxity there is in a particular case. The average incision length is between 4 and 6 cm. The more laxity there is, the longer the incision. The line is placed 3 mm behind the anterior edge of the temporal hairline in order to allow enough hair follicles to subsequently grow through the incision line to help further camouflage the scar. The follicles will start growing after approximately 3–4 months.

Operative technique

This procedure is well tolerated under local anesthesia with oral or intravenous sedation. After the patient is brought into the operating room, the area to be undermined is infiltrated with 0.25% lidocaine hydrochloride with 1:400,000 epinephrine using a 25-gauge spinal needle, administered carefully so that the solution remains in the subcutaneous space. Next, the face is prepped with povidone-iodine solution or other surgical prep solution.

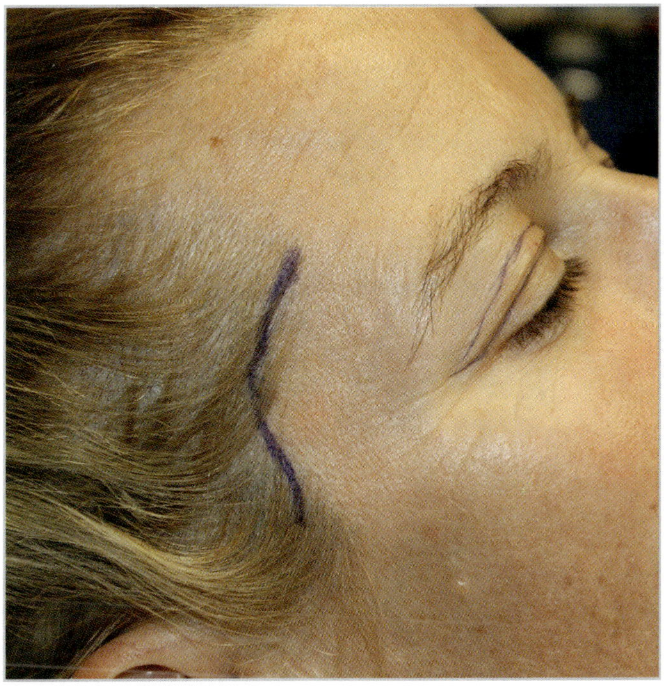

Figure 9.3 Incision design.

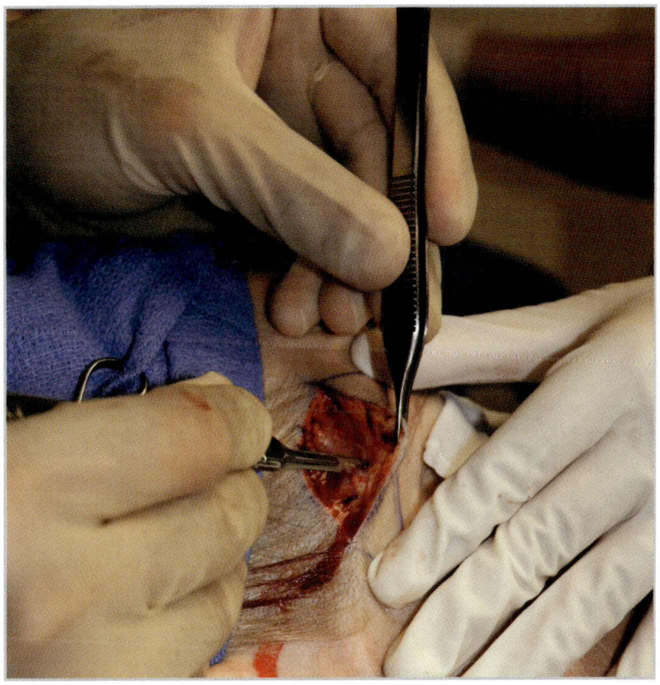

Figure 9.4 Elevation of the skin flap over the superficial temporal fascia.

Enough time is given for vasoconstriction to take place. With the patient in the supine position, the incision is initiated at the temporal hairline. The bevel is kept at 45° angle in the opposite direction, so that the hair follicles anterior to the incision will be preserved. Undermining is begun with a Bard-Parker no. 15 blade. The newly created flap is grasped with forceps and pulled away from the temporal forehead region and towards the surgeon (**Figure 9.4**). The assistant spreads his or her fingers on the lateral orbital rim skin and pulls the lower brow away from the surgeon with the thumbs. This tension helps keep the skin turgid so that accurate undermining can be performed. As this vector of tension is created, undermining is performed with face lift scissors in the area immediately over the superficial temporal fascia. This is done with extreme care, as the facial nerve courses below. The flap is elevated down to approximately 1 cm above the orbital rim. Care is taken to stay superficial to the orbicularis oculi muscle. Upon completion of all of the undermining, thorough hemostasis is accomplished.

Next, the loose superficial temporal fascia is grasped with a Brown-Adson forceps and retracted superiorly toward the incision line. Using a 4-0 polydioxanone suture (Ethicon, USA), a horizontal mattress suture is used to fix this mobile fascia to the underlying deep temporal fascia at the level of the incision line (**Figure 9.5**). This is where facial nerve injury is most likely to occur. Intimate knowledge of the facial nerve anatomy and course is essential to minimize this complication. Two to three plication sutures are placed starting at the inferior aspect of the wound and ending toward the medial aspect. This elevates the flap superiorly resulting in overlap of approximately 1–1.5 cm of skin beyond the incision line (**Figure 9.6**).

Thorough hemostasis is established and the excess skin is excised. An inwardly beveled incision is made during excision. The skin edges are then sequentially sutured together using a combination of 4-0 PDS and 5-0 Monocryl. After all deep sutures are placed, the skin is sutured with a running 6-0 Prolene. A Penrose drain is placed to allow egress of fluid during the postoperative period.

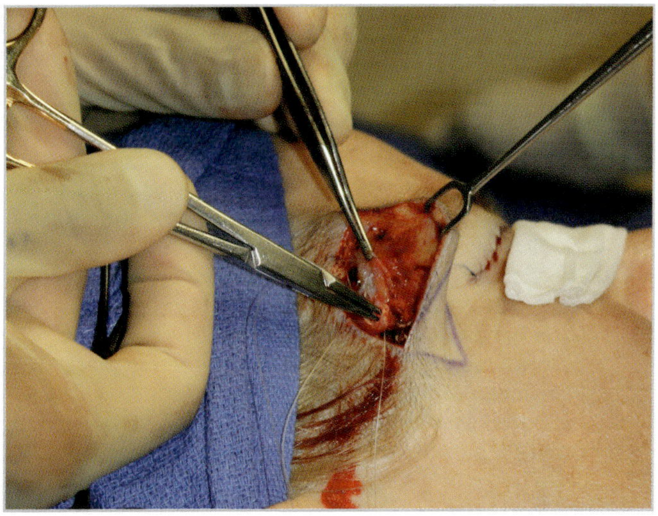

Figure 9.5 Plication of the loose superficial temporal fascia using a 4-0 PDS horizontal mattress suture to fix this fascia to the underlying deep temporal fascia at the level of the incision line.

POSTOPERATIVE CONSIDERATIONS

Postoperative care

Antibiotic ointment is applied to all incisions. A mild pressure dressing is applied and the patient is seen the next day. The patient is seen on postoperative day 1, at which point the dressings are removed and the flaps are checked for ischemia and the presence of a hematoma. After the first day, no further dressings, other than ointment, are required. Patients are allowed to shower on postoperative day 2.

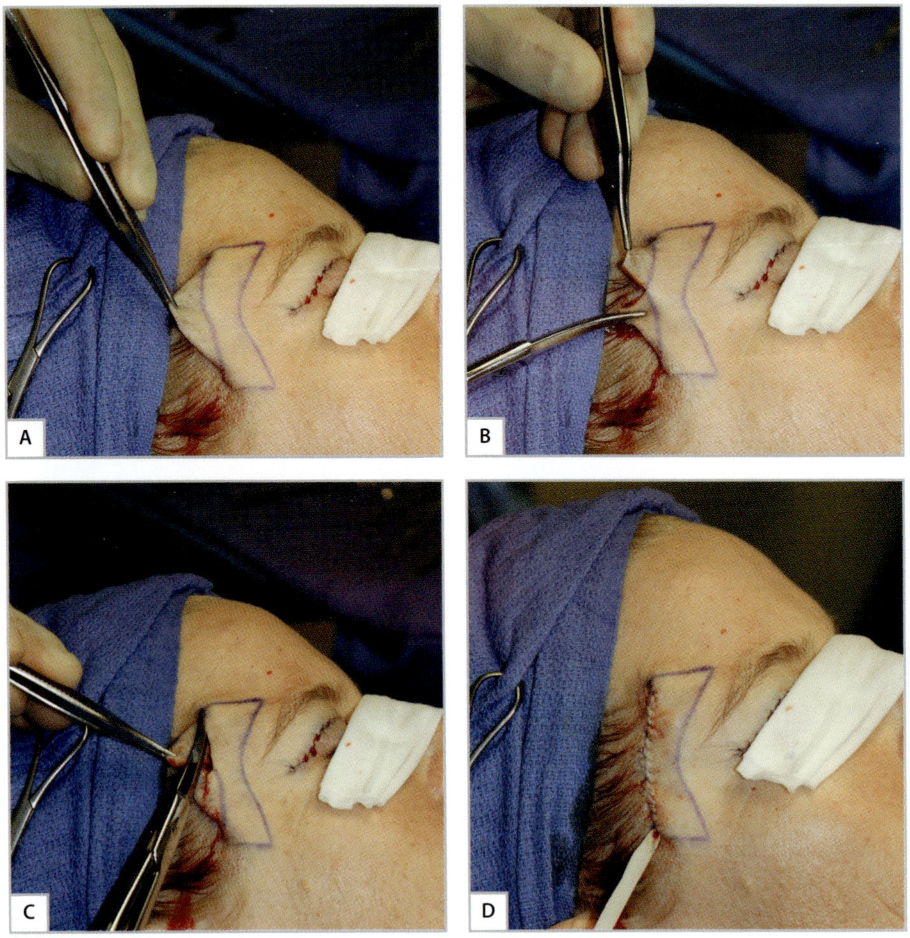

Figure 9.6 Photographic series illustrating the degree of skin overlap following advancement of the underlying fascia. Note that approximately 1–1.5 cm of skin overlaps beyond the incision line.

Antibiotic ointment or petroleum jelly is applied to all incisions for 4–5 days. Antibiotics are taken as directed. Cold compresses are used for the first 2–3 days. At 1 week, the patient can apply water-based makeup to all incision sites. Patients are seen on postoperative day 6 or 7 for suture removal. Follow-up appointments are then set up for 1 month, 3 months, 6 months and 12 months. These appointments are important to follow the healing process and to offer any reassurance needed.

Complications

Hematoma

The most common complication is hematoma. The occurrence rate is approximately 1–2%. The majority of these (95%) are self-limited and can be managed with needle drainage on postop day 1 if it has not formed a clot. If a blood clot has formed and the hematoma is small, it can be drained on postop day 7 when the clot has liquefied. Given the relatively small amount of undermining, it is uncommon to need to open the incision line completely. However, the most important consideration is whether the hematoma is causing pressure and ischemia to the overlying skin. If so, open drainage is required immediately. The key to management of any hematoma is complete drainage in order to avoid complications with prolonged healing and potential contour irregularities following clot fibrosis. As long as it is managed appropriately, long-term consequences are unlikely to result from these events.

Flap necrosis

Given the short flap length, skin necrosis is unlikely to occur. However, elevation of a thin skin flap, compromising the subdermal vascular plexus, excessive skin tension on closure, and undiagnosed hematoma are all potential technical sources that increase the risk of skin flap ischemia. Smoking and uncontrolled diabetes are other important causes of vascular insufficiency that need to be addressed preoperatively. In most cases, conservative wound care and time is all that is required as most of these cases are superficial and not full thickness. In cases of full thickness injury, thick scar following secondary closure may result requiring subsequent scar revision.

Cutaneous anesthesia

Transection of the cutaneous sensory nerve during flap elevation results in temporary anesthesia over the undermined area in all patients. This resolves in approximately 3 months. Men are encouraged to use an electric razor to avoid cutting their skin due to lack of sensory feedback.

Facial nerve injury

Injury to the temporal branch of the facial nerve is the most serious complication following a lateral brow lift with superficial fascia plication. Loss of brow animation and forehead tone will occur. The most common maneuvers that result in nerve injury are cauterization over the nerve path, inadvertent dissection within the superficial temporal fascia, and suturing the nerve during fascia plication line. If transection or suture entrapment occurs, permanent injury may result. In cases in which injury occurs without transection, temporary weakness can be expected to resolve between 3 weeks and 3 months in most cases.

To date, in the author's practice, the results have been extremely positive with patient satisfaction being very high. This procedure can be performed alone or in combination with other facial rejuvenation procedures (as discussed in Chapter 14). With experience, the results are consistently natural, subtle, and reliable.

ILLUSTRATIVE CASES

Case 1: Lateral brow lift with superficial fascia plication

A woman with descent of the lateral brow, resulting in shortening of the brow-canthal distance and hooding of the lateral orbital region. **Figure 9.7A** shows the patient before a lateral brow lift with superficial fascia plication was performed, and **Figure 9.7B** shows the patient after the treatment. Note the improvement in the overall shape and vector of the brow.

Case 2: Lateral brow lift with superficial fascia plication

A woman with lateral brow descent. **Figure 9.8A** shows the patient before lateral brow lift with superficial fascia plication, and **Figure 9.8B** shows the patient after the treatment. Note the natural rejuvenation of the region.

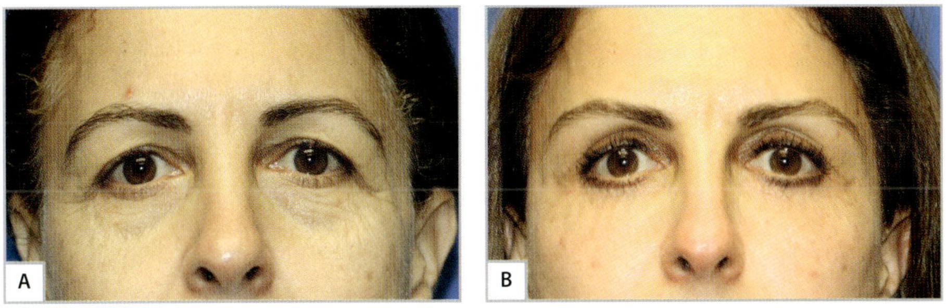

Figure 9.7 Lateral brow lift with superficial fascia plication. The figure shows the patient (A) before and (B) after treatment.

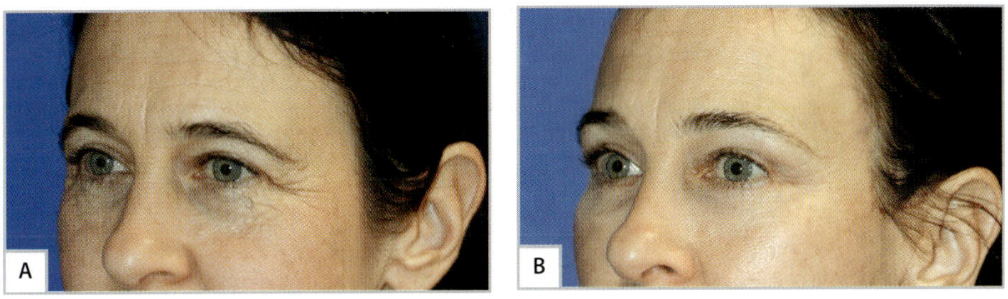

Figure 9.8 Lateral brow lift with superficial fascia plication. The figure shows the patient (A) before and (B) after treatment.

REFERENCES

Guyuron B. Endoscope forehead rejuvenation: limitations, flaws, and rewards. Plast Reconstr Surg 2006; 117:1121–1131.

Ridgeway JM, Larabee WF. Anatomy for blepharoplasty and brow-lift. Facial Plast Surg 2010; 26:177–185.

Troilius C. Subperiosteal browlifts without fixation. Plast Reconstr Surg 2004; 114:1595–1603.

Yaremchuk MJ, O'Sullivan N, Benslimane F. Reversing brow lifts. Aesthet Surg J 2007; 27:367–375.

Chapter 10 Short-incision vertical face lift and neck lift

Amir M. Karam

INDICATIONS/PATIENT SELECTION

As the smooth, firm contour of the jawline and neck is replaced by the formation of jowls, cervical laxity, medial platysmal bands, and increased submental adiposity, many patients will seek the help of an aesthetic surgeon to restore a more youthful cervical-facial appearance (**Figure 10.1A** and **Figure 10.1B**).

Despite the increased availability of novel and sophisticated non-invasive treatments for facial rejuvenation, surgery of the lower face and neck remains the favoured management option. The gold standard procedure for correction of the senescent jawline and neck is a rhytidectomy (face lift) and neck lift.

For many patients, the term 'face lift' conjures images of the overly pulled (windswept) and 'fish-mouth' faces, and there are concerns for a prolonged recovery period. In recent years, the clinical evolution of face-lifting techniques has seen a shift in consumers' attitude, and patients are increasingly interested in approaches that require lower risk, less invasive surgery and a corresponding reduction in recovery time.

In addition, patients are requesting these procedures be performed under local anesthesia, to minimize the potential risks associated with general anesthesia. Despite these trends, patients still expect a significant improvement in the jawline and neck following any rhytidectomy and it is important the surgeon discusses the limitations of certain techniques (e.g. mini lifts and so-called 'weekend lifts') with each patient prior to surgery. The goal of any face lift technique should be to reposition the soft tissues of the lower face and neck back to its youthful configuration.

Historical highlights of the face lift operation

Skin-only face lift

The first operation described to correct the sagging jawline was a short incision (SI) skin-only rhytidectomy. This was a short skin flap, which was performed without treatment of the underlying fascia or platysma. This technique was published in the early 1900s in both the United States (Joseph 1921) and Europe (Lexer 1910). The operation was technically simple and low risk; however, it was also relatively ineffective and short lasting.

Superficial musculoaponeurotic system face lift

With time and experience, the level of incision and degree of skin undermining increased. However, the fundamental operation did not change until 1976 when Mitz and Peyronie published their description of the superficial musculoaponeurotic system (SMAS) (Mitz & Peyronie 1976). This was the first major shift in technique since the inception of the face lift operation. Once this important anatomic layer

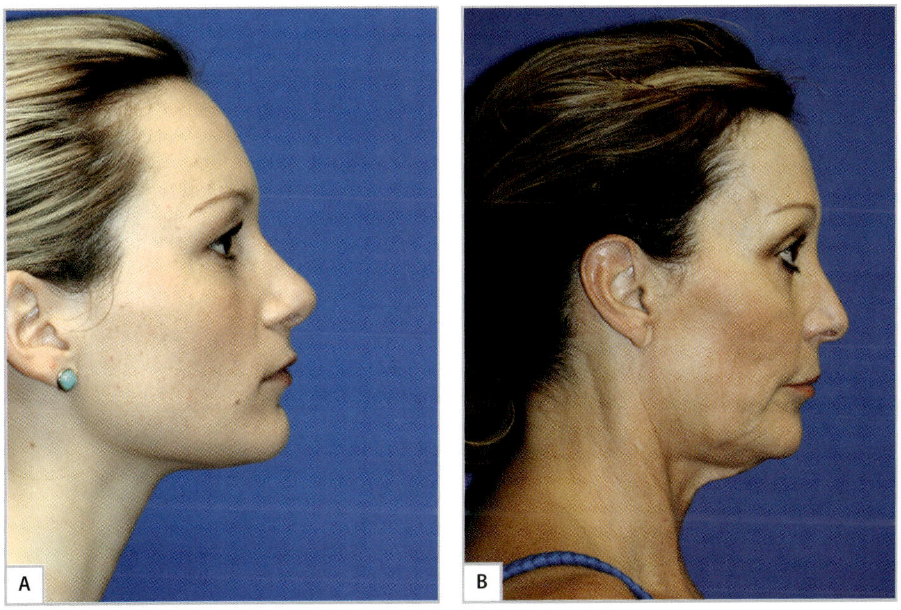

Figure 10.1 The effects of cervicofacial aging. An example of a mother and daughter. (A) The daughter in her early 20s and (B) her mother in her late 50s. Note the presence of sagging tissue of the jawline and neck.

was identified and described, surgical advances in procedure followed. Surgeons began to manipulate the SMAS to change the general contour of the lower face and neck. The early SMAS rhytidectomy techniques involved incision of the SMAS followed by undermining and repositioning (imbrication) or folding the SMAS over itself and suturing it in place (plication). An incision is made in the temporal region, in front of the ear, post auricularly, and then into the occipital hair-bearing region (**Figure 10.2**). These types of incisions are termed 'full length.'

With these techniques, the vector of SMAS advancement was largely horizontal (or posterior), but the horizontal vector did not effectively address the neck. Therefore, a midline platysmaplasty was performed in conjunction to improve the cervicomental angle. Despite the longer lasting improved aesthetics of SMAS treatment, however, the incidence of facial nerve injury, tissue necrosis, hematomas, and extended postoperative morbidity also increased.

Deep-plane face lift

By the mid-1990s, surgeons were looking for ways of rejuvenating not just the lower face and neck but the midface in the same operation. The deep-plane face lift was among the first techniques attempted to achieve this, and appeared to be a more elegant, technically advanced procedure. The deep-plane technique involves a full-length skin incision, and then a short skin flap followed by a sub-SMAS dissection over the masseteric fascia in the lower face and over the zygomaticus major and minor muscles in the upper cheek. The advantages include a robust composite flap that decreases the chance of flap ischemia and necrosis. The vector of elevation in the face is superolateral, which results in a more favorable repositioning of the soft tissue. When the flap is advanced, the malar fat pad is repositioned over the malar region and the midface volume is enhanced. Extensive training and significant experience is essential to perform this procedure effectively, as there is a high risk of facial nerve injury, especially in the buccal and zygomatic distribution. Although most nerve injuries tend to be temporary, complications can potentially last for months and can be very difficult for both patient and surgeon. Additionally, dissection in the deep plane can result in relatively significant postoperative edema, requiring extended recovery periods. Nevertheless, in experienced hands, this procedure has had excellent cosmetic results and gained popularity throughout the 1990s.

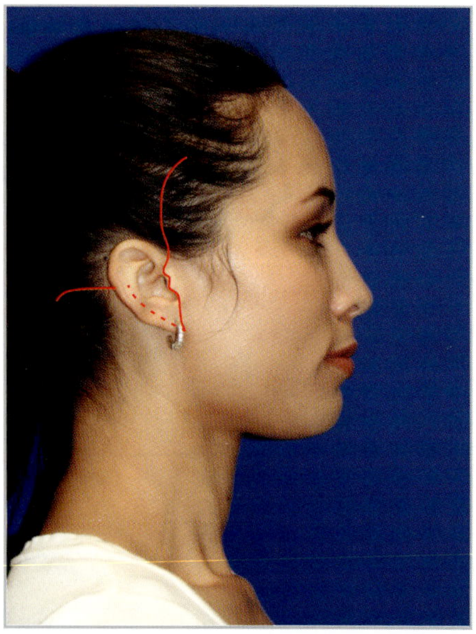

Figure 10.2 A traditional or full-length face lift incision.

The composite face lift

Hamra (1992) described another advanced technique, the composite rhytidectomy. The composite rhytidectomy technique was perhaps the most intricate and complex of the face lift techniques to date. The aim of this procedure was to provide a comprehensive rejuvenation of the lower face, midface, forehead, and lower eyelid region (by repositioning the fat pads and orbicularis muscle). In many ways, this procedure represented the peak of surgical innovation and complexity as the quest for the perfect face lift continued.

As with any technically intricate operative procedure, the learning curve was steep and the complication rate for this technique high. The technically demanding nature of this procedure coupled with relatively high morbidity meant that few surgeons felt confident enough to adopt these techniques.

Purse-string plication

Zia Saylan published his report of the S-lift in 1999 (Saylan 1999). The S-lift SMAS plication technique was intended to provide a minimally invasive face lift procedure and was the first procedure of its kind. It utilized an SI, short flap, and double purse-string sutures that were anchored to the lateral zygoma. The procedure was intended to be performed under local anesthetic, which appealed to many patients. Though the technique was considerably more conservative than previous procedures, it delivered efficacious results for both men and women between the ages 40 and 60. The biggest disadvantage of this procedure was the inability to significantly improve the cervicomental angle and overall neck laxity.

Short-scar lateral SMASectomy

By the mid- to late 1990s, many questioned the effectiveness of the more complex, and invasive, approaches to facial rejuvenation. In 1997, Daniel Baker introduced the lateral SMASectomy, which later evolved to include a short-scar incision (Baker 1997). Baker's short-scar lateral SMASectomy with platysma resection involves a preauricular incision limited to the base of the lobule and which extends along the temporal hairline - in some cases directly into the temporal hairline. Through this incision, a variable width of SMAS (1–3 cm) is excised along an angle extending from the malar region to the angle of the mandible. No deep dissection (sub-SMAS) is required. The cut edges of the SMAS are sewn together resulting in the lift. The vector of elevation is largely superolateral. This vertically oriented vector results in a natural restoration of the youthful contour of jaw line, neck, and malar region. The results of Baker's lateral SMASectomy were consistent, naturally rejuvenating, and effective. By elevating over the SMAS, this procedure also proved to be less risky with respect to the facial nerve and patients required less downtime to recover. This operation achieved a balance between efficacy and morbidity, and could be performed on patients of all ages and neck types. The key advantage of these techniques was the relative simplicity, safety, reproducibility, and rapid recovery. These methods challenged traditional views and approaches, and many surgeons were questioning whether it was possible to achieve satisfactory and lasting results without SMAS undermining, and a general move towards less-invasive techniques. In this chapter, we will focus on our preferred approach, which is the SI vertical face lift and neck lift.

Short-incision vertical face lift with neck lift

This procedure is most similar to the short-scar lateral SMASectomy described above. It involves a few modifications, but the principal concepts are the same. The submental removal of the interplatysmal fat pad followed by vertical repositioning of the platysma and SMAS has a powerful rejuvenation effect on jawline and neck. Much like other supra-SMAS face lift techniques, the advantages of this approach are safety, surgical expediency, preservation of soft tissue volume, and long-lasting results.

Because the SMAS is not being undermined, the potential for facial nerve transection is markedly reduced. With plication techniques, there is still a chance for inadvertent entrapment of the facial nerve; however, these injuries are often temporary in nature and would most likely involve small peripheral distributions. Also, the more prominent vascular anatomy remains below the SMAS, and therefore there is less risk of arterial hematoma formation postoperatively.

Without the need to raise an SMAS flap, the surgical time required is far less than conventional imbrication techniques. The reduction in operative time means that these procedures can be performed under local anesthesia quite comfortably. Volume augmentation is essential when attempting to rejuvenate the aging face. SMAS repositioning in a vertical fashion restores soft tissue bulk in anatomically important areas (e.g. lateral buccal and lateral malar regions). With the superior advancement of the soft tissue into the mid- and upper-cheek, the youthful (heart-shaped) facial structure can be restored simultaneously.

Finally, the creation of the folds within the SMAS (following tightening of the SMAS) allow an opportunity for fibrosis to form between the ridges of the folded SMAS, helping to maintain long-term correction. Finally, the excision of skin in the vertical vector further adds support to the deep tissue repositioning. The SI vertical face lift and neck lift can be performed in 1–2 hours with local anesthesia, while creating significant long-term improvements in the neck, jowl, midface, and periorbital regions, with minimal morbidity and complication. To date, in the author's practices, the results over the last 8 years (approximately 200 face lifts per year) have been extremely successful.

The advantages of SI vertical face lift with neck lift approach include:

- Naturally restoring results
- Consistency and reliability
- Low complication rate
- Vertically oriented lifting vector
- Ability to address the midface and malar fat pad
- Minimal incision length (relative to a 'full-length incision')
- No sub-SMAS dissection
- Supra-SMAS treatment of the supporting superficial cervicofacial fascia
- Treatment of the submental subplatysmal fat pad
- Decreased morbidity and downtime
- Surgical expediency
- Ability to use local anesthesia
- 2-week downtime
- Longevity (5–10+ years)

Though excellent results can be achieved with other approaches, the SI vertical vector face and neck lift offers a balance between excellent results, low risk, and less recovery time.

PREOPERATIVE CONSIDERATIONS

Consultation

Like any other cosmetic surgery, the first step in the preoperative consultation is establishing a good understanding of the patient's expectations. The most common reason patients seek facial rejuvenation is that they feel younger than they look. They expect good results, but are anxious that their procedure will result in a 'pulled or overly tight look.' They emphasize that they do not want to look different but refreshed.

After the initial consultation, a thorough medical history and focused physical examination are conducted, with special attention placed on any medical and social history issues that could increase perioperative and postoperative risks. Specifically, a history of hypertension and smoking are the two most important issues to elucidate prior to surgery. Uncontrolled hypertension can result in increased risk of postoperative hematoma and intraoperative bleeding, as well as prolonged edema and ecchymosis. Smoking can negatively impact cutaneous circulation and potentially cause partial flap necrosis. Other comorbidities that could affect wound healing include diabetes, chronic corticosteroid use, or immunosuppression.

Other issues to consider are related to the use of herbal medications that could affect coagulation pathways and increase the risk of bleeding. A list of medications and herbal supplements that can interfere with coagulation should be offered to the patient. The patient should be asked to stop all herbal supplements and medications known to increase bleeding between 7 and 10 days prior to surgery and for up to 2 weeks after. Many patients, who would not have been acceptable candidates for general anesthesia, can safely proceed if the procedure is able to be performed under local anesthesia.

Patient anatomic considerations

The SI vertical face lift with neck lift procedure is versatile and can correct the full spectrum of age-related changes to the lower face and neck. Although this procedure can be offered to patients of any age or cervicofacial type, there are certain anatomic features that are considered better suited for most face and neck lift procedures.

The ideal cervical facial characteristics are (**Figure 10.3**):

- Strong, well-defined mandibles
- Good chin position
- High hyoid position
- Thin cervicofacial tissues

The following features are considered less ideal (**Figure 10.4**):

- A less-defined mandibular structure
- Low hyoid position
- Microgenia
- Heavy cervicofacial tissues

Although patients with these characteristics typically do not achieve the full aesthetic benefits of a face and neck lift, they will achieve a notable improvement from their preoperative state.

Patient evaluation

Whether the patient should have a face lift alone or a combined face and neck lift depends on the extent of submental laxity and adiposity.

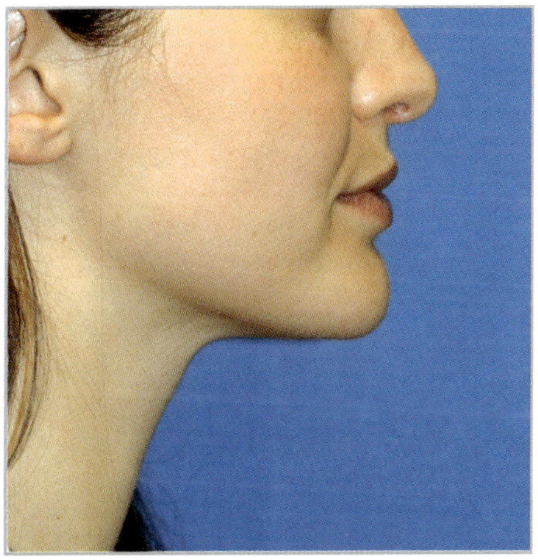

Figure 10.3 A patient with favorable anatomic features for rhytidectomy. Note the strong well-defined mandible, good chin position, high hyoid position, and thin cervicofacial tissues.

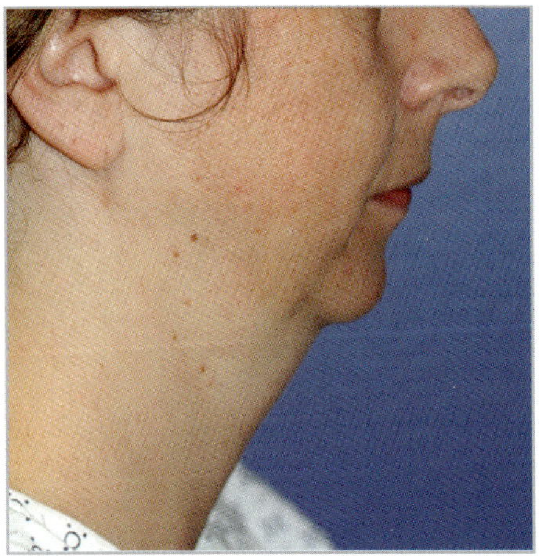

Figure 10.4 A patient with unfavorable anatomic features for rhytidectomy. Note the poorly defined mandibular contour, low hyoid position, microgenia, and heavy cervicofacial tissues.

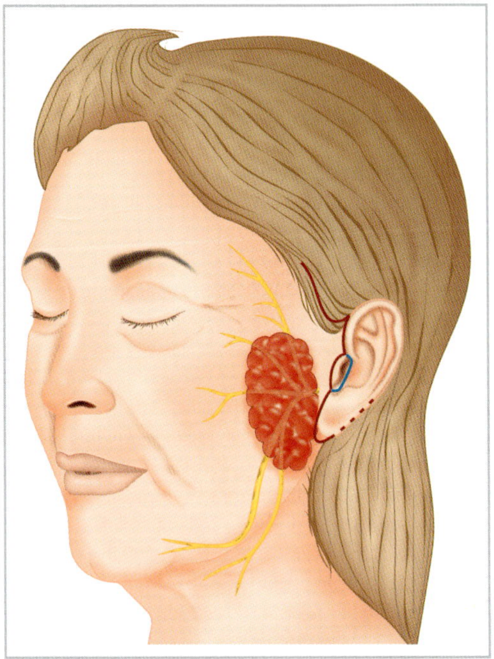

Figure 10.5 The course of the facial nerve. Upon exiting the mastoid bone, the nerve divides into its divisions and subsequently branches further on its way to innervating the facial musculature.

In cases in which minimal submental neck aging-related changes exist, an SI vertical face lift without a neck lift can be performed.

The ideal candidate for SI vertical face lift alone has:

- Early jowling
- Early cervical laxity
- Minimal cervical skin excess
- Presence of mild or no supraplatysmal submental fat
- Good skin elasticity

Patients who would benefit from an SI vertical face lift with neck lift have:

- Moderate-to-heavy jowls
- Moderate-to-heavy skin laxity
- Presence of moderate-to-severe submental fat

Although the lateral brow lift will be discussed in detail in Chapter 15, and its integration with the overall facial rejuvenation plan was discussed in Chapter 9, it is important to note here that if a significant vertical lift and mobilization is achieved, the addition of lateral brow lift will become necessary to ensure smooth redraping of the upper temple and management of the laxity in the superficial temporal fascia that often accompanies the inferomedial SMAS and platysma displacement. Without incorporation of the lateral brow lift, a vertical lift will result in a bunching at the level of the lateral canthus.

Surgical anatomy

The course of the facial nerve and the relationship of the SMAS and platysma are the key anatomic features.

Facial nerve

The main branch of the facial nerve exits the mastoid bone approximately 1–1.5 cm interior and deep to the tragus. It travels within the parotid fascia and shortly after exiting the foramen it splits into its five main branches and begins to course through the parotid gland and travel more superficially (**Figure 10.5**). As it leaves the parotid gland, the nerve travels deep into the SMAS and platysma on its way to the various muscular targets. Once it exits the protection of the parotid gland, the nerve is superficial and very close to the posterior aspect of the SMAS. Extreme care is required to avoid injury to the branches of the facial nerve during surgical manipulation of the SMAS. Injuries have been noted even in cases in which SMAS undermining was not performed as a nerve branch can be entrapped by a plication suture. Buccal branches are vulnerable to SMASectomy techniques along the superior medial segment of the SMAS excision.

SMAS/platysma

The principle anatomic source of lower face laxity is vertical elongation and redundancy of the SMAS. The SMAS is the fascia layer that envelops the cervical-facial musculature and is located beneath the subcutaneous adipose tissue. It is also important to note that the platysma muscle interdigitates with the SMAS above the level of the mandible. Superiorly, the superficial temporal fascia is continuous with the SMAS. Conceptually, the SMAS can be divided into the fixed and mobile segment (**Figure 10.6**). The fixed segment overlies the parotid gland. This segment has very little mobility. Medial to the edge of the parotid gland, the SMAS is no longer firmly attached to any fixed soft tissue structures and therefore can be mobilized in order to elevate and restore the soft tissue platform back to its youthful position. The mobile SMAS is the target of interest and manipulation of this segment is essential to facial reshaping.

Preoperative protocol

A complete blood count [prothrombin time/partial thromboplastin (PT/PTT)] and should be obtained in all patients prior to surgery. Oral arnica montana is started 1 day prior to surgery and given for 1 week following surgery. The author recommends taking a combination of vitamins and amino acids to help with wound healing postoperatively by starting them 2 weeks prior to surgery and 2 weeks after surgery. Patients are asked to stop taking any medications that increase the risk of bleeding. Foods rich in vitamin K are encouraged 1 week prior to surgery to enhance blood clotting, and oral antibiotics are prescribed.

The night before the procedure the patient should wash their hair and face with antibacterial solution (e.g. povidone-iodine). In the morning, the patient again washes the scalp and face with antibacterial solution before reporting to the surgical facility.

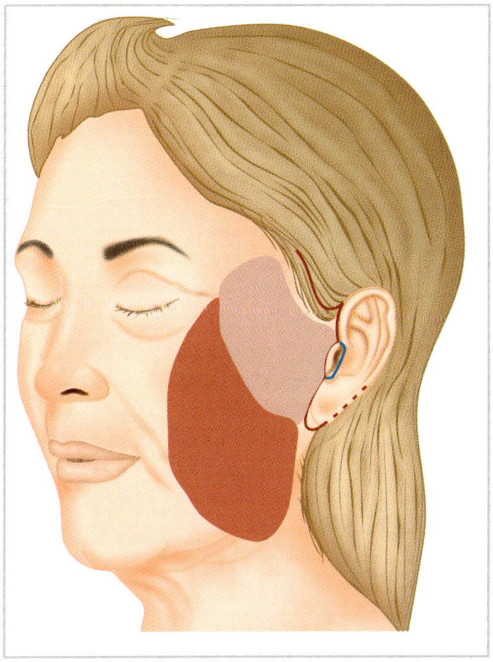

Figure 10.6 The immobile (lighter shade) and mobile (darker shade) facial SMAS. The immobile SMAS is directly over and adherent to parotid gland.

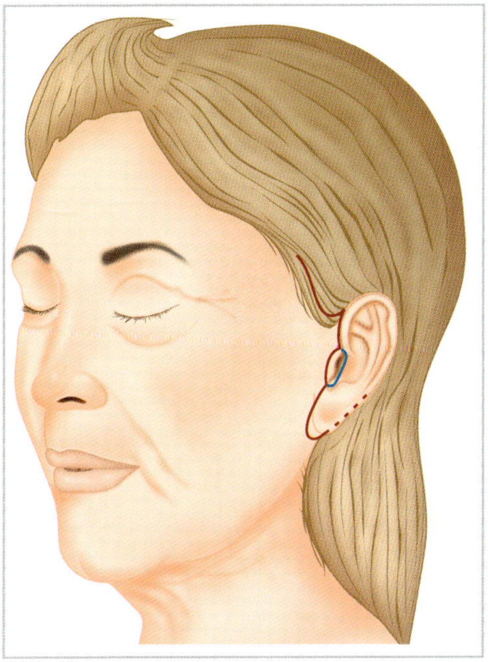

Figure 10.7 The markings are begun on the tragus and extend along the front of the ear and 3 mm behind the temporal hairline. Note how the line meanders along the anatomy of the ear. This creates a much less detectable scar. The line is extended 2 mm above the posterior earlobe crease and is 4 cm in length.

OPERATIVE TECHNIQUE

Surgical markings

The proposed incision line is outlined with a surgical marking pen (**Figure 10.7**). The incision line is drawn starting at the top of the temple hairline down to the preauricular region (superior attachment of the ear). The line is placed 3 mm behind the anterior edge of the temporal hairline; this is because this area will normally cover enough hair follicles to make a 45 bevel technique effective at camouflaging the scar. The trapped hairs will begin to regrow 3 months postoperatively.

Next, the incision is carried down along the preauricular region. From that point, the anatomy of the ear is followed so that a straight line is not drawn in the preauricular region. This pattern ensures there is little visibility of the postoperative scar. The line continues from the superior aspect of the tragus to the lobule in a pretragal or post-tragal fashion depending on the tragal anatomy and surgeon's preference. In the postauricular region, the marking is brought 2 mm above the earlobe crease for a distance of 2–4 cm.

The undermining points are then drawn 6 cm anterior to the tragus incision line, 6 cm anterior to the earlobe along the angle of the mandible, and 6 cm inferior to the earlobe. The point 6 cm below the earlobe is then connected to the end of the area behind the ear (**Figure 10.8**).

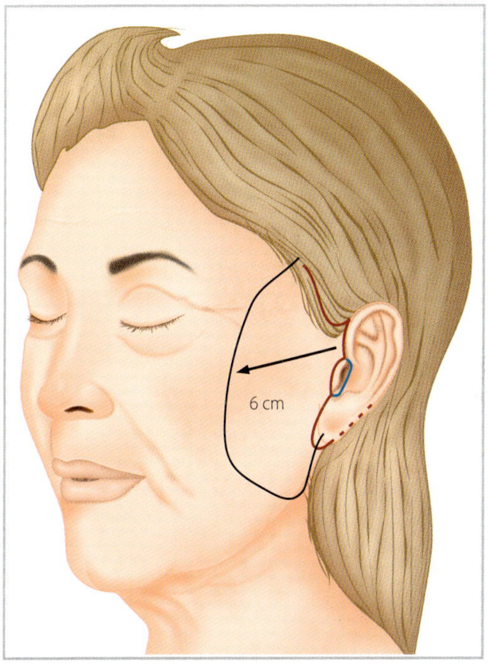

Figure 10.8 The undermining should be 1 cm below the inferior border of the brow, 6 cm anterior to the tragus, 6 cm anterior to the earlobe along the mandible, and 6 cm directly inferior to the earlobe.

Anesthesia

The choice of anesthesia is down to both surgeon and patient preference. Many patients favor local anesthesia with oral or intravenous sedation due to concerns about general anesthetic complications and recovery. If local anesthesia is chosen, the surgeon must feel comfortable that their technique is sufficiently proficient to maintain a calm and smooth surgical experience for the conscious patient. The following technique and essentially any other face and neck lift technique can be performed using local anesthesia. In the author's practice, all of these procedures are performed using local anesthesia, with oral or intravenous sedation.

After the patient is brought into the operating room, the face is prepped with povidone-iodine solution or other surgical prep solution. The area to be undermined is infiltrated with 0.2% lidocaine hydrochloride with 1:200,000 epinephrine using a 21-gauge spinal needle, administered carefully so that the solution remains in the subcutaneous space.

Submental neck lift

In cases in which a submental modification is required, a neck lift is performed in addition to the face lift. The purpose is to manage the excess subplatysmal fat pad, general cervical subcutaneous adiposity, and platysma laxity. Firstly, submental liposuction is carried out using a 3 mm suction cannula. Liposuction is approached bilaterally and from the submental region. A 4–5 cm incision is then made in the submental crease, and skin undermining is carried out just below the level of the hyoid. Next, the subplatysmal fat is grasped, retracted anteriorly, and excised sharply using face lift scissors (**Figure 10.9**). Care is taken not to over-resect this fat pad, which would result in submental contour irregularity. In cases in which the platysma is divergent >2–3 cm, the platysma is plicated medially using a 4-0 PDS suture down to the level of the cervicomental angle. Hemostasis is meticulously achieved. In cases of significant vertical skin excess, a 0.5–1.0 cm ellipse of skin is excised in the anterior–posterior direction upon closure. Submental modification is performed in 85–90% of current patients and has shown to improve the contour of the submental region and cervical-mental angle significantly.

SI vertical face lift

The incision is initiated at the temporal hairline with a 45° angle towards the inferior aspect of the cheeks, so that the hair follicles anterior to the incision are preserved. This continues to the superior aspect of the attachment of the pinna. At that point, the bevel is changed in the opposite direction throughout the remainder of the incision to create maximal eversion upon closure. The skin is undermined for 2–3 cm with a Bard-Parker No. 15 blade. The flap is then grasped with an Alice clamp and retracted toward the surgeon while the assistant creates countertraction. As this vector of tension is created, the undermining is performed with face lift scissors. The assistant spreads the skin with their fingers and pulls the lower skin away from the surgeon. This tension helps keep the skin turgid so that accurate undermining can be performed in the supra SMAS plane. Tunnels are made 1 cm apart and the 1 cm bridges are then transected with a face lift scissor. The flap must be thick at the top of the superior point of the preauricular section and temple. This region is most susceptible to necrosis and should be as thick as possible. Following completion of all of the undermining, thorough hemostasis is accomplished throughout.

At this point in the procedure, a line is connected between the malar bone and just below the angle of the mandible. Depending on the degree of laxity and thickness of the SMAS, a 1–3 cm excision of the SMAS is made along this line (**Figure 10.10**). The excision is based on the medial side of the line in order to ensure excision of the mobile portion of the SMAS. Care has to be taken not to cut too deep, as this will violate the parotid fascia and expose the superior lobe of the parotid. The SMASectomy is medial to the parotid gland where the facial nerves exit the gland, as they innervate the facial muscles. This is where facial nerve injury is most likely to occur. Intimate knowledge of the facial nerve anatomy and course is essential to minimize this complication.

Next, the lateral-superior aspect of the platysma is mobilized vertically and sutured to the preauricular SMAS using a 2-0 Mersilene suture. Next, two to three more sutures are used to anchor the SMAS superiorly, in a vertical vector, using deep interrupted 2-0 Mersilene sutures. This redrapes and elevates the SMAS/platysma into a more youthful position (**Figure 10.11**). In most cases, a running 3-0 PDS is used to plicate and level the SMAS edges. Once the SMAS-platysma elevation and fixation is completed, thorough hemostasis is accomplished and the excess skin is excised (**Figure 10.12**). The step during the skin removal is to grab the skin of the superior insertion of the ear with an Adson forceps and mildly pull in a superior direction. The skin flap is incised down to the level of the superior helix and sutured us-

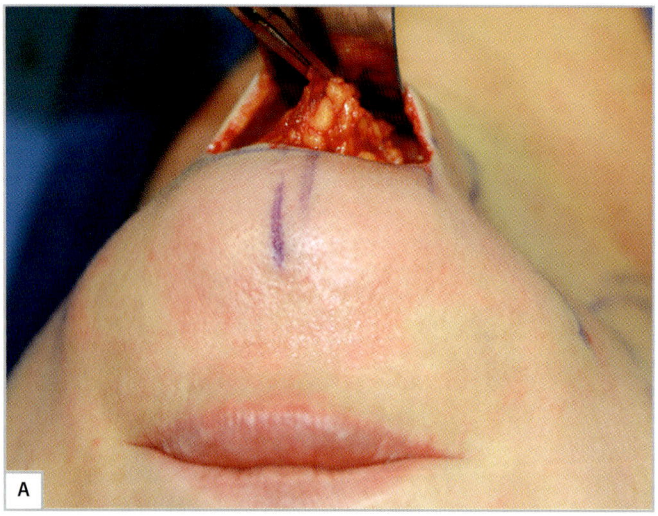

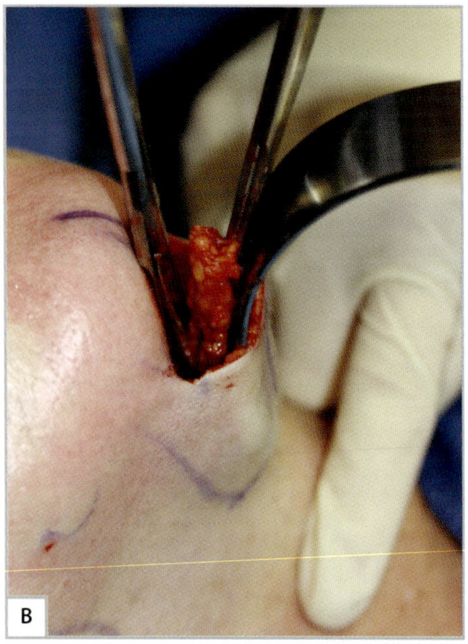

Figure 10.9
Submental neck lift. (A) A 4–5 cm incision is made in the submental crease followed by undermining down to the level of the cervicomental angle. The inter- and subplatysmal fat pad is mobilized. (B, C) Excision of the fat pad.

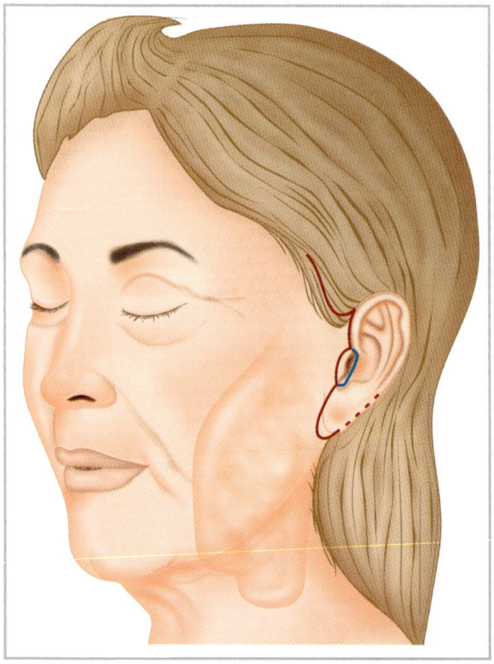

Figure 10.10
Skin flap undermined.

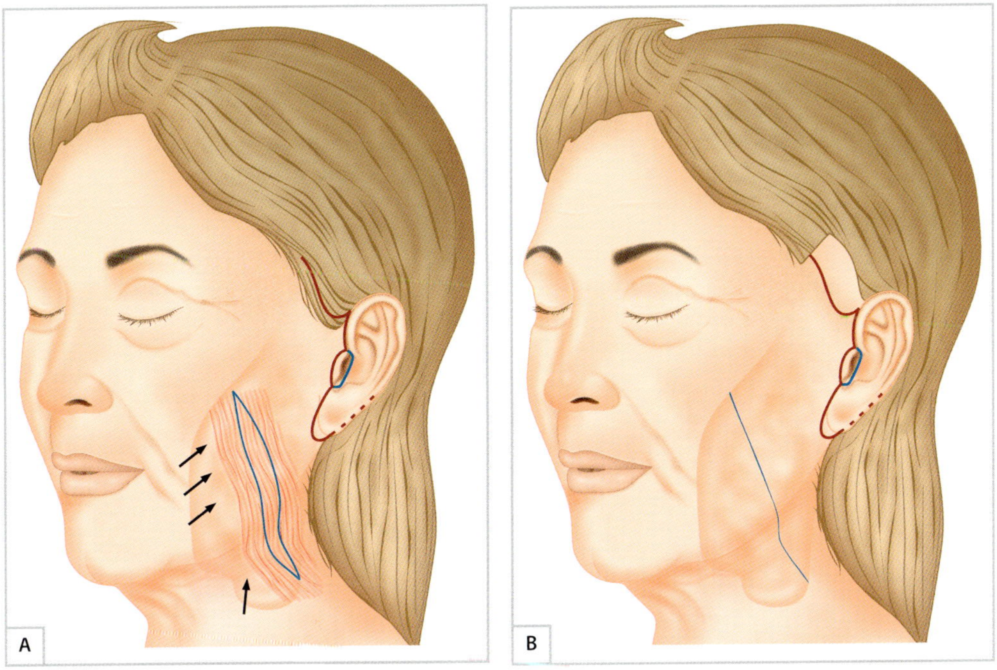

Figure 10.11 SMASectomy and suture fixation. (A) Angle of lateral SMAS resection. (B) Suture fixation of the SMAS-platysma to the immobile preauricular fascia.

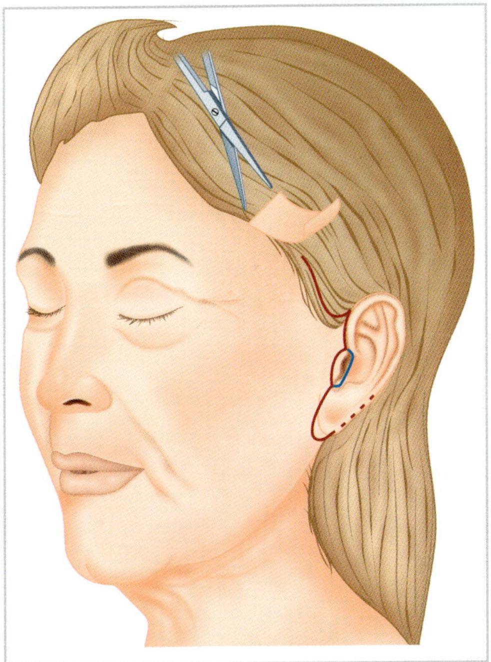

Figure 10.12 Skin excision once the SMAS/platysma have been elevated and secured.

ing a 3-0 PDS. Next, the skin flap is elevated and the skin is marked to show the line of excision. An inwardly beveled incision is then made at this marking, and the skin edges are sequentially sutured together using a combination of 4-0 PDS along the temple incision line and 5-0 Monocryl along the preauricular incision line.

The rest of the flap inset is done by looking beneath the flap and excising the excess skin. At the region behind the earlobe, the skin is excised conservatively to avoid medial–inferior displacement and pixie ear formation postoperatively. A 4-0 PDS suture is placed in the postauricular incision to support the earlobe during healing. Depending on how much excess skin needs to be removed, the length of the postauricular incision is modified and sometimes combined with an occipital hairline incision. This is not needed commonly as most of the cervical-facial skin excess is excised along the temple and preauricular regions, given the vertical vector of lift.

After all areas are sutured into their appropriate positions, the remaining deep sutures are placed from the temporal hairline and preauricular region using 5-0 Monocryl sutures. After all deep sutures are placed, the skin is sutured with a running 6-0 Prolene for the preauricular and temple incision lines and 5-0 fast absorbing gut for the postauricular. A Penrose drain is placed to allow egress of fluid during the postoperative period. The drain is typically placed in the superior aspect of the incision.

POSTOPERATIVE CONSIDERATIONS

Antibiotic ointment is applied to all incisions. A gauze circumferential head wrap pressure dressing is applied and the patient is discharged. On postoperative day 1, the patient is seen and the dressings are removed and the flaps are checked for ischemia and the presence of a hematoma. A lighter dressing consisting of a chinstrap or Ace wrap is reapplied. Patients are allowed to shower on postoperative day 2. Antibiotic ointment is applied to all incisions for 4–5 days. Antibiotics are taken as directed. A cold compress is placed under the chinstrap for the first 2–3 days. Patients are seen on postoperative day 6 or 7 for suture removal. At 1 week, the patient can apply water-based make-up to all incision sites. For the majority of patients, 2 weeks are required to get through the bulk of the healing and feel so that they can return to work or social life. Healing continues for 3–4 months. By this point, the majority of healing-related issues have resolved. Persistent reassurance is required during the postoperative visits to help the patient get through the healing phases. Appointments are set at 1 week, 1 month, 3 months, 6 months, and 12 months.

Complications

Hematoma

As with all face lift approaches, the most common complication is hematoma. The occurrence rate is approximately 1–2%. The majority of these (95%) are self-limited and can be managed with needle drainage on postoperative day 1, if it has not formed a clot. If a blood clot has formed and the hematoma is small, it can be drained on postop day 7 when the clot has liquefied. The most important consideration is whether the hematoma is causing pressure and ischemia to the overlying skin. If so, open drainage is required immediately. On very rare occasions, especially in the case of poorly controlled hypertension, an expanding hematoma can occur, requiring immediate exploration and hemostasis. In either of the above scenarios, all of the blood needs to be drained in order to avoid complications with prolonged healing and potential contour irregularities following clot fibrosis. As long as it is managed appropriately, long-term consequences are unlikely to result from these events.

Flap necrosis

Skin necrosis at the level of the superior helix can occur. Elevation of a thin skin flap, compromising the subdermal vascular plexus, excessive skin tension on closure, undiagnosed hematoma, and extensive neck undermining are all potential technical sources that increase the risk ofskin flap ischemia. Smoking and uncontrolled diabetes are other important causes of vascular insufficiency that need to be addressed preoperatively. In most cases, conservative wound care and time is all that is required as most of these cases are superficial and not of full thickness. Evacuation of hematoma and release of an overly tight closure are technical measures that can improve the likelihood of uneventful resolution. In cases of full-thickness injury, thick scar following secondary closure may result requiring subsequent scar revision.

Hypertrophic scars

Hypertrophic scarring is most likely to occur in the postauricular region. In the majority of cases, this can be managed with steroid injection and observation, without complication or need for scar revision.

Cutaneous anesthesia

Transection of the cutaneous sensory nerve during flap elevation results in temporary anesthesia over the undermined area in all patients. This resolves in approximately 3 months. Men are encouraged to use an electric razor to avoid cutting their skin due to lack of sensory feedback.

Facial nerve injury

Facial nerve injury is the most serious complication following rhytidectomy. If the nerve is transected, permanent injury can result. Knowledge of the depth of dissection is essential. However, even in cases of SMAS plication, injury can occur if the nerve is entrapped by a suture. In cases in which injury occurs without transection, temporary weakness can be expected to resolve between 3 weeks and 3 months in most cases.

To date, the results have been extremely positive with patient satisfaction being very high. The durability of the results has also been excellent. Several studies have evaluated the concept of outcome durability in comparative studies. Aston and colleagues (Ivy et al. 1996) performed a prospective comparison of limited incision and limited dissection techniques (lateral SMASectomy and standard SMAS) to more extensive techniques (composite and extended SMAS face lifts). Their results did not demonstrate a detectable difference in outcomes between these techniques; and concluded that the increased morbidity, surgical risks, and convalescence associated with these more extensive approaches may not be warranted in the average face lift patient. Prado et al. (2006) published a split-face study comparing the lateral SMASectomy with the MACS lift (purse string face lift), which showed that, at 2 years, there was no detectable difference in result durability between the SMASectomy and the purse string face lift side.

ILLUSTRATIVE CASES

Case 1: SI vertical face lift without a neck lift

Case 1: SI vertical face lift without a neck lift
A 49-year-old woman who noticed progressive laxity of her jawline and neck. **Figure 10.13A–C** shows the patient before an SI vertical face lift without a neck lift, and **Figure 10.13D–F** shows the patient 2 years after the procedure. Note the stability and lack of aging in the face and neck; and also the lack of obvious incisional scars.

Case 2: SI vertical face lift with a neck lift (patient 1)

An example of a patient with laxity of the jawline and neck with a significant amount of submental fat. **Figure 10.14A–C** shows the patient before an SI vertical face lift with neck lift. **Figure 10.14D–F** shows the patient 1 year after the procedure. Note the improvement of the jawline contour and submental angle.

Case 3: SI vertical face lift with a neck lift (patient 2)

Figure 10.15A shows the patient before SI vertical face lift with neck lift. The submental fat was excised and platysmaplasty with vertical redraping of the platysma muscle was performed. **Figure 10.15B** shows the patient 1 year following the procedure.

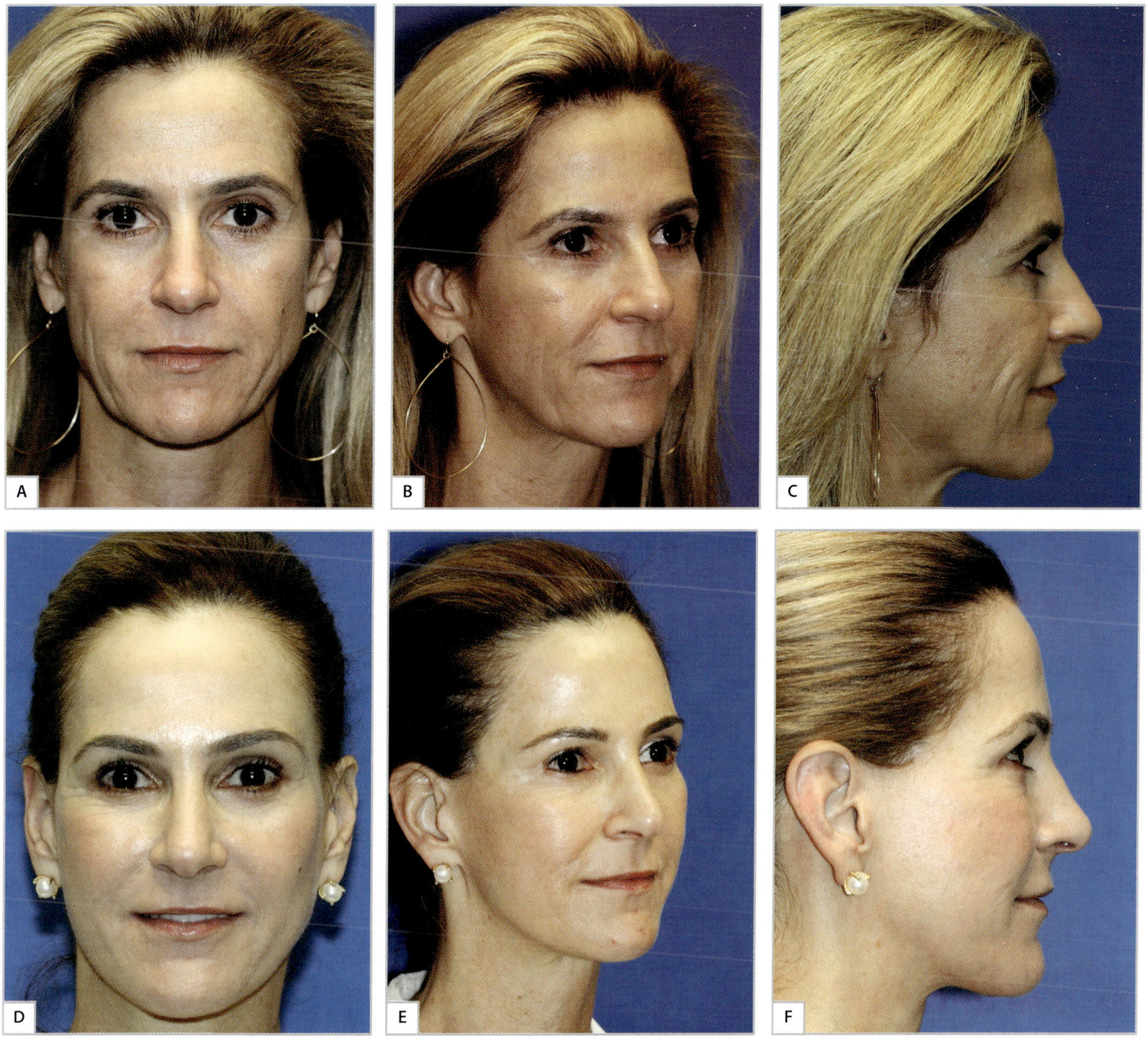

Figure 10.13 SI vertical face lift without a neck lift before (A–C) and (D–F) 2 years after the procedure.

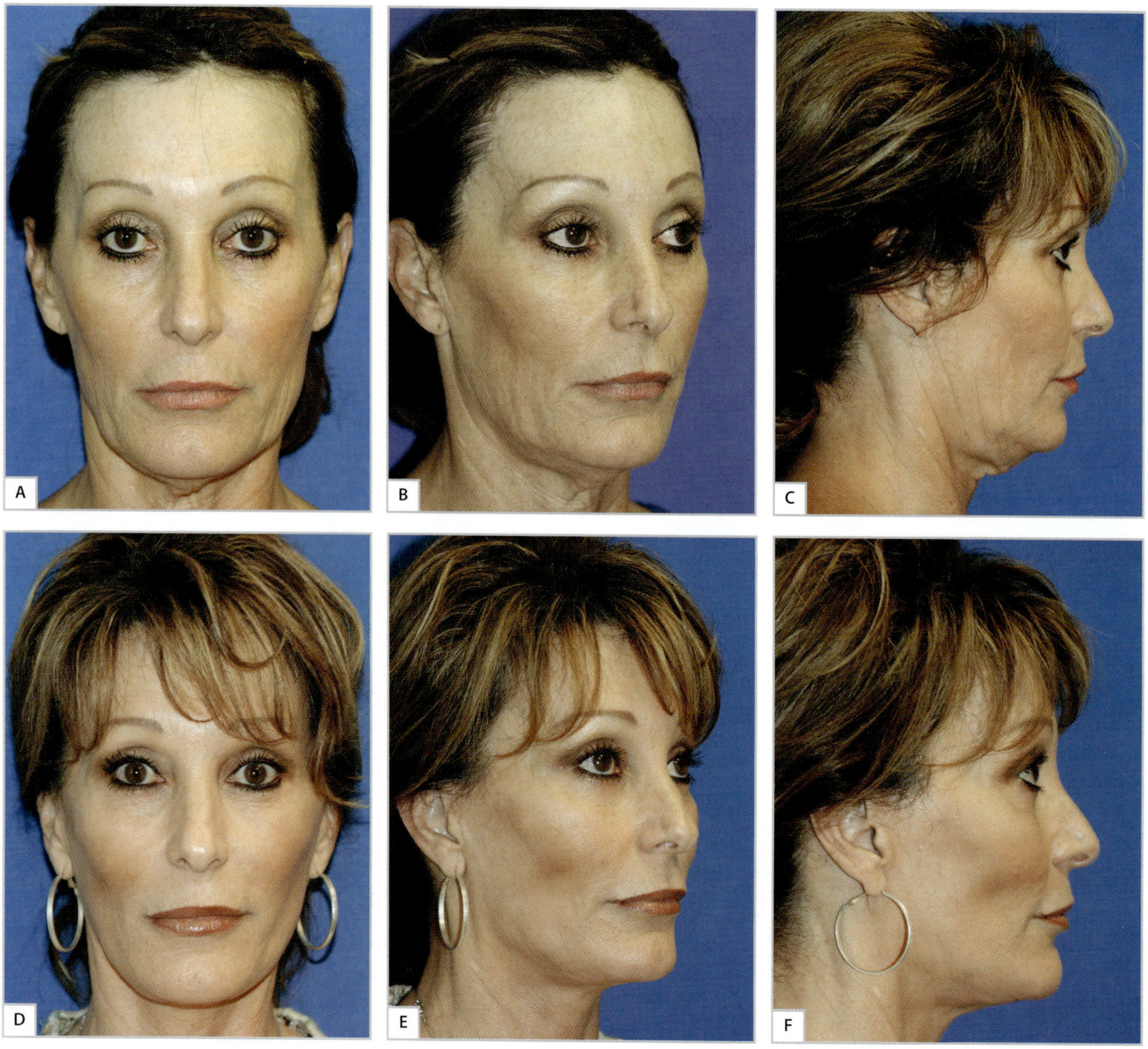

Figure 10.14 SI vertical face lift with a neck lift (patient 1) before (A–C) and (D–F) 1 year after the procedure.

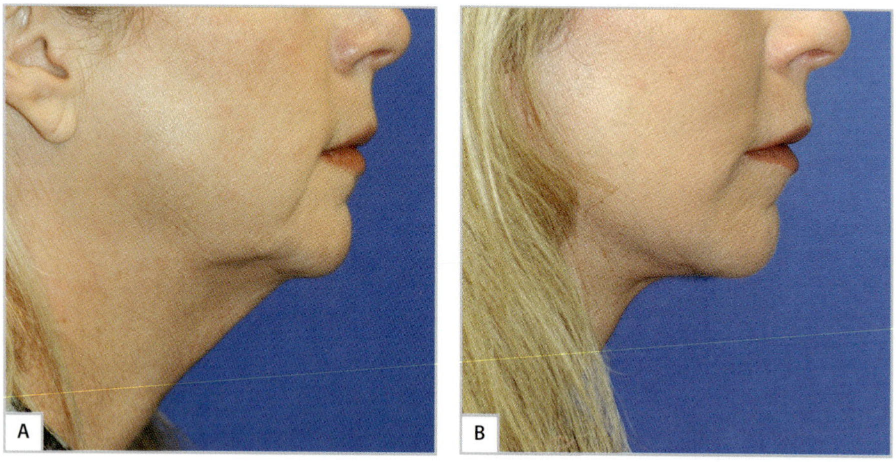

Figure 10.15 SI vertical face lift with a neck lift (patient 2) before (A) and (B) 1 year after the procedure.

REFERENCES

Baker DC. Lateral SMASectomy. Plast Reconstr Surg 1997; 100:509–513.

Hamra ST. Composite rhytidectomy. Plast Reconstr Surg 1992; 90:1–13.

Ivy EJ, Lorenc ZP, Aston SJ. Is there a difference? A prospective study comparing lateral and standard SMAS face lifts with extended SMAS and composite rhytidectomies. Plast Reconstr Surg 1996; 98:1135–1143.

Joseph J. Plastic operation on the protruding cheek. Dtch Med Wochenschr 1921; 47:287.

Lexer E. Zur Gesichtplastik. Arch Klin Chir 1910; 92:749.

Mitz V, Peyronie M. The superficial musculo-aponeurotic system (SMAS) in the parotid and cheek area. Plast Reconstr Surg 1976; 58:80–88.

Prado A, Andrades P, Danilla S, et al. A clinical retrospective study comparing two short-scar face lifts: minimal access cranial suspension versus lateral SMASectomy. Plast Reconstr Surg 2006; 117:1413–1425; discussion 1417–1426.

Saylan Z. The S-lift for facial rejuvenation. Int J Cosm Surg 1999; 7:18–23.

Chapter 11 Neuromodulators

Derek H. Jones

DIFFERENTIATING NEUROTOXINS AND MECHANISM OF ACTION

Botulinum neurotoxin-producing bacteria (clostridium botulinum) were first identified in 1895. They were first studied clinically for ocular spasticity disorders (strabismus, blepharospasm). Carruthers and Carruthers published the first study considering cosmetic use for glabellar lines in 1992. Botox (onabotulinum toxin) was approved by FDA specifically for glabellar lines in 2002, while Dysport (abobotulinum toxin) and Xeomin (incobotulinum toxin) were approved for glabellar lines in 2009 and 2011, respectively. In 2013, Botox received FDA approval for the treatment of lateral canthal lines (crow's feet).

Neurotoxins, produced by the gram-positive, anaerobic *Clostridium botulinum* bacteria, are incredibly potent. Seven serotypes exist (A–G), and each serotype works slightly differently at the molecular level. They all block release of acetylcholine from the presynaptic terminal, creating local and temporary flaccid paralysis of muscle fibers specific to the treated neuromuscular junction. All seven clostridial neurotoxin serotypes have a two-chain structure (a heavy and a light chain). However, they differ antigenically and their binding sites, enzymatic reactions, and pharmacodynamics also differ.

Onabotulinum toxin and abobotulinum toxin have complexing proteins, which wrap around the 150 kDa core heavy and light chains. Incobotulinum toxin has no accessory proteins and consists of only the heavy and light chain. Once the powdered or dried neurotoxin is mixed with normal saline, the complexing proteins dissociate from the 150 kDa heavy and light chain in the vial. Disassociation is pH and time dependent, with most agreeing that it occurs in <1 minute. The complexing proteins do not appear to affect diffusion of active neurotoxin compared with the free form, and they do not contribute to stability of the neurotoxin upon reconstitution and injection. Complexing proteins probably confer an evolutionary advantage to the neurotoxin, stabilizing, and protecting it from stomach acid when ingested with rotten food. However, complexing proteins do not appear to contribute to the stability of the injectable neurotoxins once the vial is reconstituted with normal saline, as the 150 kDa core becomes dissociated from the complexing proteins. Injectable neurotoxins (onabotulinum toxin, abobotulinum toxin) associated with complexing proteins need to be stored frozen and kept refrigerated after reconstitution. Incobotulinum toxin lacks accessory proteins and may be stored at room temperature before and after reconstitution. Although on-label injection suggests that product should be injected within a number of hours after reconstitution, studies suggest that potency is maintained for days to weeks with proper storage and handling.

Potency units between FDA-approved neurotoxins are not equivalent and units are not considered interchangeable. The potency of each unit is determined with a proprietary assay particular to the respective pharmaceutical company. However, onabotulinum, abobotulinum, and incobotulinum toxin are all FDA approved for treating glabellar lines at doses of 20, 20, and 50 units, respectively. Although there is a dearth of large head-to-head, controlled, blinded studies between toxins, a majority of clinical data suggest that 1 unit of onabotulinum toxin is roughly equivalent to 1 unit of incobotulinum toxin and 3 units of abobotulinum toxin. Some argue that at this dose conversion the action halo of abobotulinum toxin may be larger and that incobotulinum toxin may produce a softer and shorter duration of effect. However, larger head-to-head trials across a number of therapeutic and cosmetic indications dispute this.

Onset of action for all three toxins is evident by day 3 and maximum at day 7. On average, duration of effect is 3–4 months and is dose dependent, with larger doses lengthening both the duration and degree of relaxation and spread of effect.

COSMETIC INDICATIONS AND PATIENT SELECTION

All three toxins (onabotulinum, abobotulinum, and incobotulinum toxins) are FDA approved to treat dynamic (movement related) wrinkle and furrows related to underlying contraction of the corrugator and procerus muscles. On a obotulinum toxin was recently FDA approved to treat crow's feet that results from contraction of the orbicularis oculi muscle. Off-label indications of all three toxins include treatment of horizontal forehead lines, nasal furrows ('bunny lines'), vertical lip lines, gingival smile, dimpled chin, hypertrophic masseters, depressed corners of the mouth, and platysmal bands. Sharpening the jawline (the 'Nefertiti lift') and widening the aperture of the eye are also common off-label indications. Each indication will be discussed separately in this chapter.

PRETREATMENT CONSIDERATIONS – ANATOMY, HISTORY, AND CONTRAINDICATIONS

All three toxins are indicated for dynamic lines and wrinkles. Contraindications include disorders of the neuromuscular junction such as Eaton–Lambert syndrome, myasthenia gravis, and amyotrophic lateral sclerosis. Male patients with thicker and stronger muscles of expression often achieve a better result with higher doses. Patients should avoid anticoagulants such as nonsteroidal anti-inflammatories and fish oil for 7–10 days prior to treatment to avoid purpura.

A thorough knowledge of the anatomy of muscles of facial expression is a mandatory prerequisite for any injector. Each indication requires precisely targeting a specific muscle of facial expression, as shown in **Figure 11.1**.

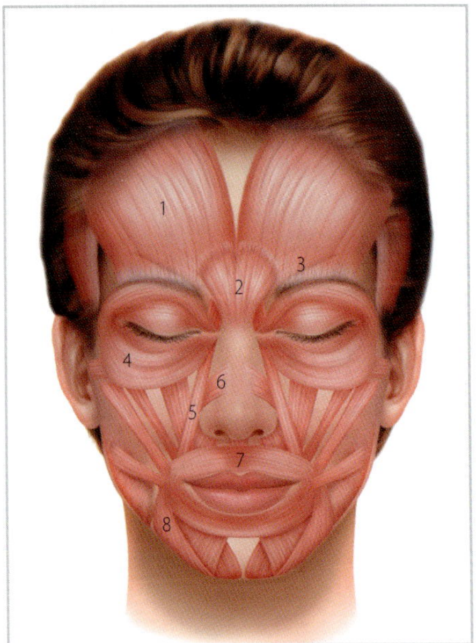

Figure 11.1
Facial muscle anatomy. 1: frontalis (lifts the brow); 2: procerus (lowers the brow); 3: corrugator (pulls the brow medially); 4: orbicularis oculi (contracts the periorbital skin circumferentially – 'crow's feet'); 5: levator labii superioris alaeque nasi (lower portion raises the lip – 'gummy smile'); 6: nasalis (elevates the nasal sidewall – 'bunny lines'); 7: orbicularis oris (puckers the lip); 8: depressor anguli oris (lowers the corners of the mouth).

INJECTION TECHNIQUE

GLABELLA (frown lines)

All three toxins, Botox, Xeomin, and Dysport carry an on-label indication for the treatment of glabellar lines and furrows at a dose of 20, 20, and 50 units, respectively. **Figure 11.2** shows the typical injection points. The author typically reconstitutes each 100 unit vial (Botox, Xeomin) or 300 unit vial (Dysport) with 2.5 mL of preservative containing normal saline. Reconstitution with preservative containing normal saline, as opposed to preservative free saline, is considered off-label and has been proven to reduce pain upon injection. The author prefers injecting with through a 31 gauge BD ultrafine syringe-needle device, which prevents waste of reconstituted product in the needle hub.

After cleansing the skin with isopropyl alcohol, grasp the corrugator muscle between the thumb and first finger to determine the extent and strength of the muscle. Approximately 4 units should be injected into each of the five injection points in **Figure 11.2A**. The medial injection points should be injected deep into the belly of the muscle at its thickest point. The lateral corrugator runs superficially beneath the dermis, and the lateral injection point should be superficial, in the immediate subdermal plane.

> In patients with significant brow laxity (especially older patients) a dose <4 units should be injected into the lateral corrugator superficially and medial to the mid pupillary line to limit excessive spread of toxin to the frontalis, which may create a medial brow ptosis or rarely eyelid ptosis.

At 1 week, ideal treatment should block the patient's ability to frown, as evidenced in **Figure 11.2**. Treatment of the glabellar complex will often create a subtle elevation of the temporal aspect of the eyebrow at rest.

FOREHEAD

The frontalis is the only muscle that lifts the brow, creating horizontal forehead rhytides. The frontalis should be envisioned in a 'tug of war' with the brow depressor muscles that include the corrugators, procerus, and lateral orbicularlis oculi underlying the tail of the brow.

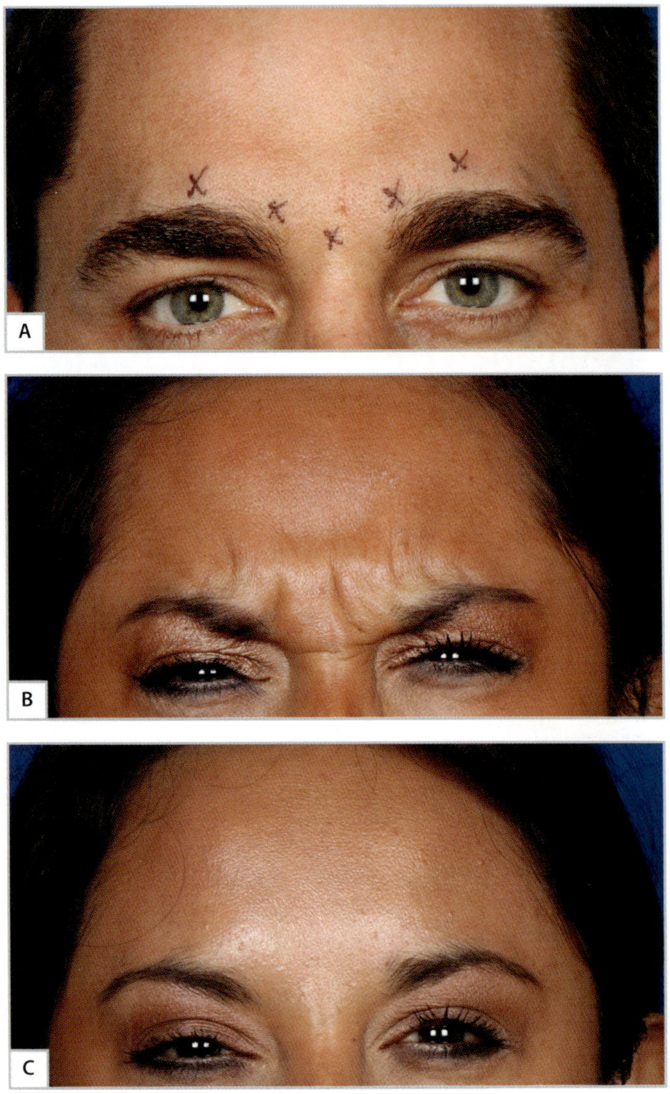

Figure 11.2 Treatment of glabellar furrows. (A) Five typical injection points for treatment of glabellar furrows. (B) Pretreatment at maximum frown. (C) Two-week post-treatment at maximum frown after 20 units of onabotulinum toxin to glabellar furrows.

If the frontalis is treated in isolation without also treating the brow depressor complex, a brow ptosis may result, especially in the older patient with skin laxity (which is different yet often confused with true eyelid ptosis, which is caused from the rarer case of diffusion to the direct elevator muscle of the eyelid, the levator palpebrae). Creation of a brow ptosis (which may create an indirect or pseudo eyelid ptosis as the frontalis upwardly lifts the brow and the eyelid skin) is a common mistake, which can be avoided by first treating the brow depressors as outlined under 'glabella' treatment. Treatment of the glabella in an on-label fashion creates a spread of effect or 'action halo' that captures and relaxes the medial and central aspect of the frontalis. This is evidenced in **Figures 11.3**. **Figure 11.3A** reveals maximum contraction of the frontalis prior to treatment of the glabellar complex, while **Figure 11.3B** reveals the maximum contraction of the frontalis 2 weeks after 20 units of Botox to the glabellar furrows. Note that the effect of 20 units of toxin to the glabella has spread to the central frontalis. Proper treatment of the frontalis therefore consists of small doses of toxin injected into the most superior portion of the frontalis. In this case, the best plan is to inject five points with 1 unit of Botox into each

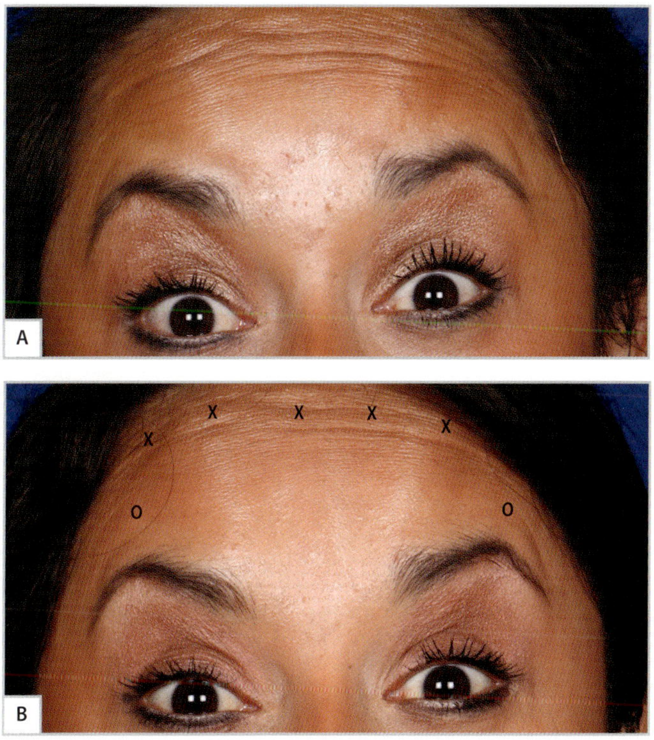

Figure 11.3 Frontalis treatment. (A) Maximum contraction of the frontalis 2 weeks prior to treatment of the glabellar complex. (B) Maximum contraction of the frontalis 2 weeks after injection of 20 units of Botox to the glabellar furrows. Note that the effect of 20 units of toxin to the glabella has spread to the central frontalis. Proper treatment of the frontalis therefore consists of small doses of toxin injected into the most superior portion of the frontalis.

point, at each 'X' in **Figure 11.3B,** 1–2 cm below the hairline along the line of maximum contraction of the superior frontalis. Furthermore, after on-label glabellar treatment, some patients may have excessive elevation of the lateral brow ('Spock brow') that may be treated by injecting 1 unit of Botox at 'O' sites in **Figure 11.3B**. When treating the frontalis, the author advocates a 5 mL dilution of the 100 unit (Botox, Xeomin) or 300 unit (Dysport) vial ('double dilution') rather than the on-label 2.5 mL dilution, which may create a softer effect. In the author's practice, usual doses for the frontalis are 5–10 units of Botox.

> Patients may often be dissatisfied or upset when the frontalis is overtreated. A good rule is to treat the glabellar complex first, and 1–2 weeks later, custom tailor the frontalis treatment.

LATERAL CANTHAL LINES ('CROW'S FEET')

> As with the frontalis, care should be taken with older patients with skin laxity. When the toxin relaxes the accordion effect of orbicularis oculi on the lateral canthal lines, shelving or festoon formation can result on the lower skin folds overlying the inferior portions of orbicularis oculi. This may be dissatisfying to patients. In such cases, once the effect has diminished, the author limits future injection of toxin to superior portions of the lateral canthal fan and lowers the dose to 3–6 units of Botox.

In 2013, Botox Cosmetic received formal FDA approval for the treatment of lateral canthal lines ('crow's feet'), at a dose of 12 units per side, injected directly into the orbicularis oculi that lies in the immediate subdermal plane. **Figure 11.4** shows a typical three-point injection pattern with 4 units injected into each point. As the periocular skin is richly vascularized and the muscle is superficial, injection should be kept superficial and almost intradermal, as shown in **Figure 11.5**, to avoid bleeding and purpura.

LOWER EYELID

Botulinum toxin A may also be used to widen the palpebral width of the eye and reduce lower lid wrinkles. This is particularly useful in cases where one eye is wider than the other, which is quite common. Two to three units of Botox may be injected into the lower eyelid 2–3 mm below the lid margin, at a point depicted in **Figure 11.6**. Doses >3 units may create dry eye or possible ectropion. A 'snap' test should be performed on the lower eyelid prior to injecting to demonstrate lower

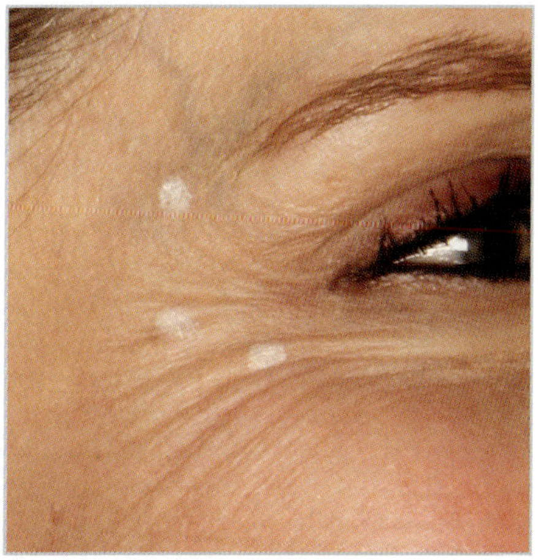

Figure 11.4 Treatment of crow's feet. A typical three-point injection pattern with 4 units injected into each point.

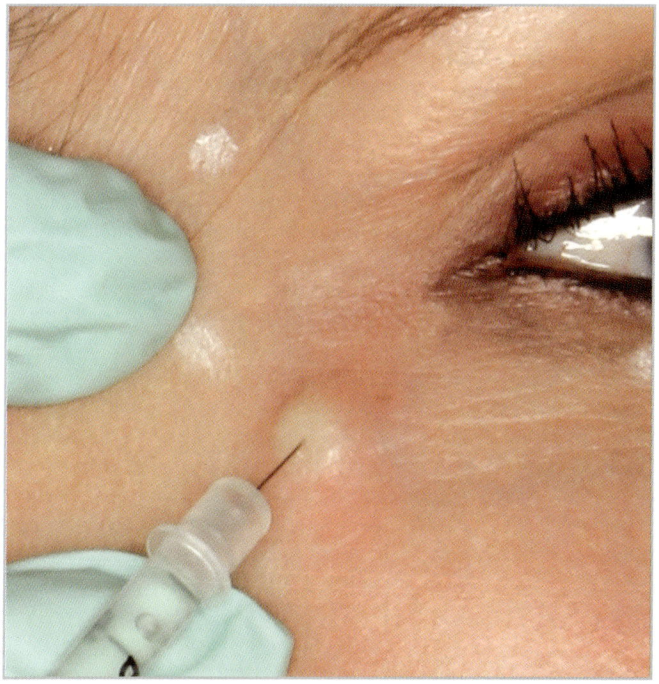

Figure 11.5 Treatment of crow's feet. As the periocular skin is richly vascularized and the muscle is superficial, injections in this area should be kept superficial, and almost intradermal.

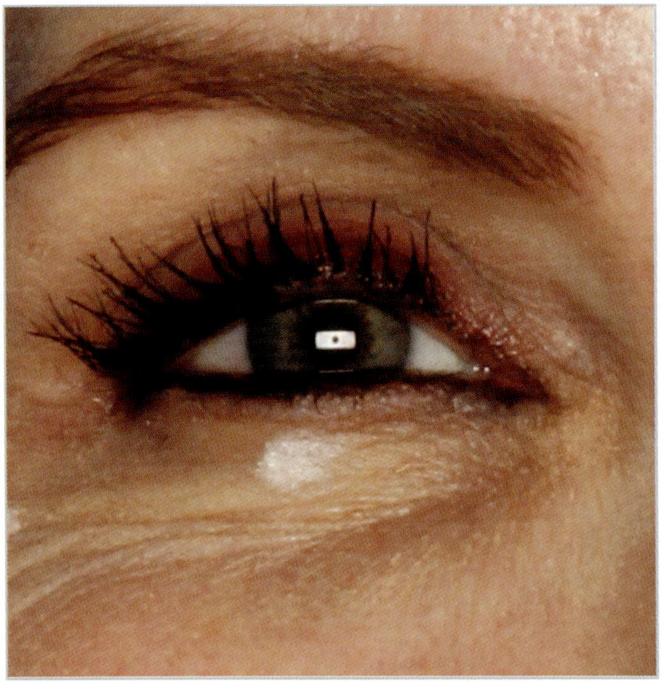

Figure 11.6 Lower eyelid. For widening the eye and relaxing lower lid wrinkles, 2–3 units of Botox may be injected into the lower eyelid 2–3 mm below the lid margin.

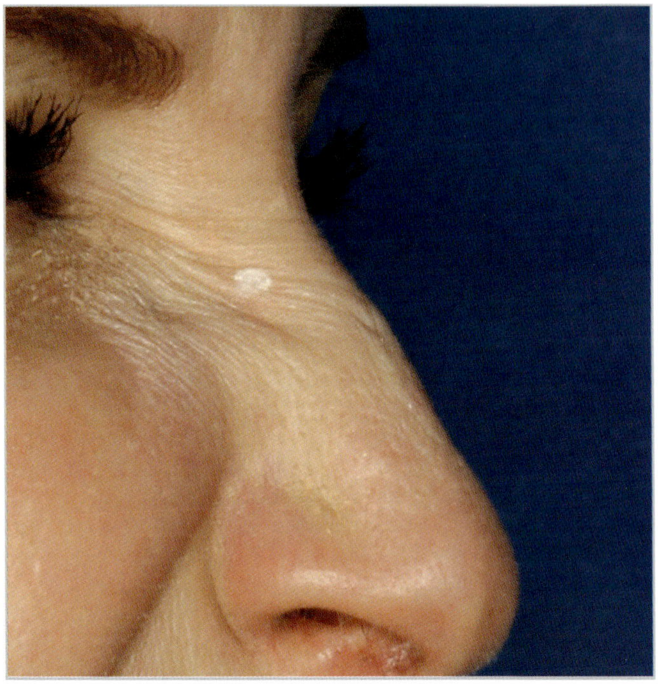

Figure 11.7 Bunny lines. Injection site for treatment of the bunny lines/nasalis.

eyelid competency and skin recoil. Patients with a delayed snap test are at higher risk of ectropion and should not be treated. As with the thin skin of the crow's feet, injections should be kept superficial and almost intradermal. Care should be taken to angle the needle away from the globe of the eye to prevent possible injury.

'BUNNY' LINES

'Bunny lines' are created on the upper nasal sidewall by the action of the nasalis and the superior portion of levator labii alaeque nasi. They are particularly irritating to females and may be more apparent after treatment of the glabella. They are treated by subdermally injecting about 4 units of Botox directly into the line as depicted in **Figure 11.7**. Avoid treating too low on the nasal sidewall as overtreatment of the levator labii alaeque nasi may cause the upper lip to drop. Some patients with a stronger muscle may require an increased dose of 6–8 units per side.

GINGIVAL ('GUMMY') SMILE

Gingival smile may be treated by injecting 2 units of Botox into the levator labii alaeque nasi 2 mm lateral to the nasal ala, in the superior nasolabial fold. Patients should be reassessed at 1–2 weeks, and the dose gradually increased by 1 unit per side if needed. Some patients with gingival smile are alternatively improved by treating the elevator labia with 2–3 units immediately inferior to the columella, or with a standard vertical lip line treatment (see below).

VERTICAL LIP LINES

Contraction of the orbicularis oris creates vertical lip lines that are more prominent in women than in men, due to the dermal support given by the hair shafts of the male beard. Vertical lip lines are commonly treated with 4 units of Botox, with 1 unit per each inch injection point depicted in **Figure 11.8**. As with the frontalis, the author prefers a 5 mL dilution of the 100 unit (Botox, Xeomin) or 300 unit (Dysport) vial ('double dilution').

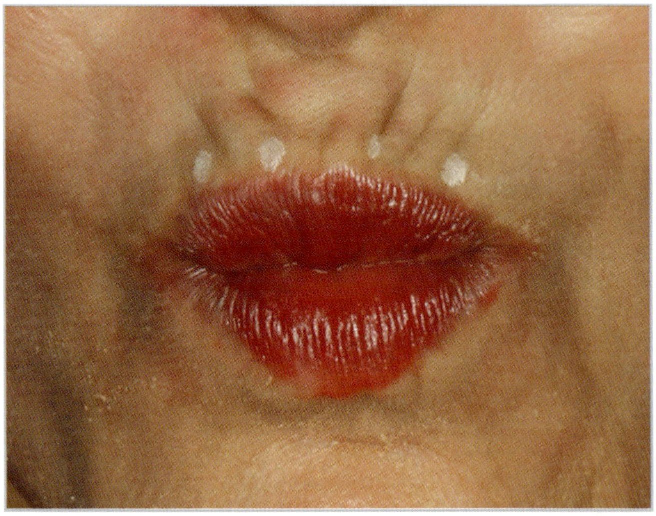

Figure 11.8 Vertical lip lines. Injection sites for treatment of vertical lip lines.

Treatment of lip lines with botulinum toxin A is often best done in combination with injection of hyaluronic acid fillers into the vermillion of the lip or directly into the vertical lines of the lip.

Patients should be instructed that at 1 week there may be a transient lip weakness that may make puckering or drinking through a straw or from a spoon more difficult, or it may rarely be difficult to pronounce the letters 'b' or 'p.' This effect usually dissipates at 2–4 weeks.

DIMPLED CHIN

As seen in **Figure 11.9**, the superficial interdigitation of fibers of the mentalis can create dimpling of the central inferior chin. Other terms include 'pebbly,' 'golf ball,' 'apple dumpling,' or 'peau d' orange' chin. For most patients, the author recommends an injection of 2–3 units of Botox at the 2 points represented in **Figure 11.9**.

As with treatment of lateral canthal lines, injections into the mentalis should be kept very superficial in this area. Injecting on a deeper plane may cause inadvertent relaxation of the depressor labii, which is also at risk when treating the depressor anguli oris (DAO).

DEPRESSED CORNERS OF THE MOUTH

The DAO depresses the corner of the mouth. Injecting the DAO helps elevate the corners of the mouth and lessen marionette lines, and is particularly useful in conjunction with injectable fillers. The inferior insertion of DAO is directly on the mandible just anterior to the border of the masseter, and it is this insertion point where toxin should be injected in a dose of 3–5 units for Botox and Xeomin. If injected too superiorly and medially, one risks inadvertently treating the depressor labii that can create a profoundly asymmetric smile that may persist for weeks.

To identify the correct injection point of the DAO, have the patient clench their teeth and then palpate the anterior border of the masseter on the bony mandible. Just anterior to this, one can then feel the DAO insertion onto the mandible by having the patient show their lower teeth. At this point, the author usually inserts the needle deep onto periosteum and, after pulling back about 1 mm, injects 3 units of Botox.

PLATYSMAL BANDS

Platysmal bands are easily treated by injecting 2–3 units about 2 cm apart along platysmal bands of the neck as shown in **Figure 11.10.** The injections should be placed immediately subdermal while pinching the skin above the muscle. Advise the patients to 'show their lower teeth' to aid in platysmal contraction and identification. Deeper injections and high doses have rarely been associated with dysphagia, dysphonia, or breathing difficulty. The author recommends keeping total doses < 50 units of Botox or Xeomin and avoiding injections in the midline. Doses of > 50 units may also make it difficult for patients to raise their head while lying down.

HYPERTROPHIC MASSETER

Hypertrophic masseter can cause squaring of the jaw. Many females, especially Asian females, may benefit from treatment of a hypertrophic masseter, as it creates atrophy that tapers the volume of lower face along a line drawn from the earlobe to the chin, helping to restore the triangle of youth. Have the patient clench their lower teeth and palpate the muscle to determine the thickness and extent of the muscle. The author prefers 16–20 units of Botox at four to five injection sites (0.1 mL at each injection site), as represented in **Figure 11.11**. Injections should be deep, directly into the belly of the muscle. Avoid treating too superiorly or medially, which may cause diffusion to the zygomaticus major muscle that can disrupt a normal smile.

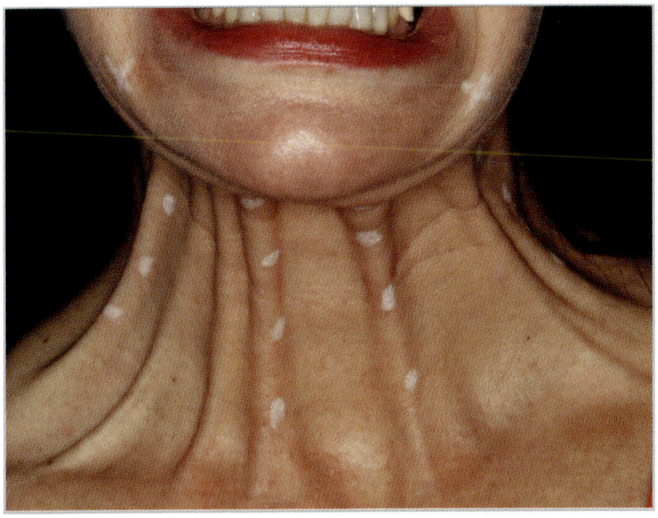

Figure 11.10 DAO and platysmal bands. The 'X' marks on the mandible are injection sites for DAO. The white dots on the neck are injection sites for platysmal bands.

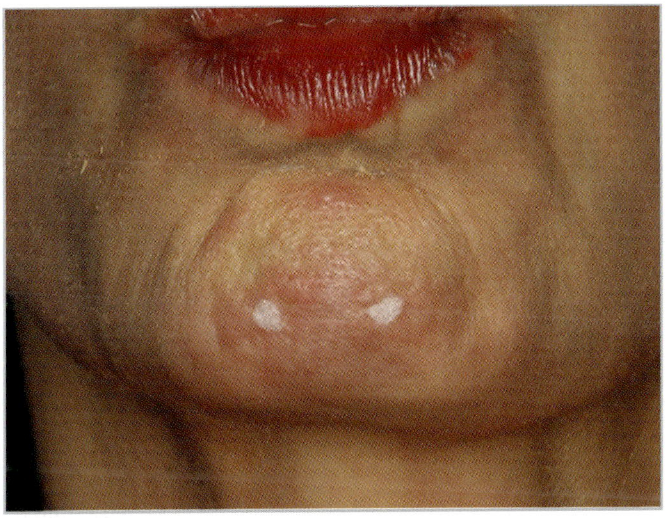

Figure 11.9 Dimpled chin. Injection sites for treatment of dimpled chin. The injections should be superficial, almost intradermal.

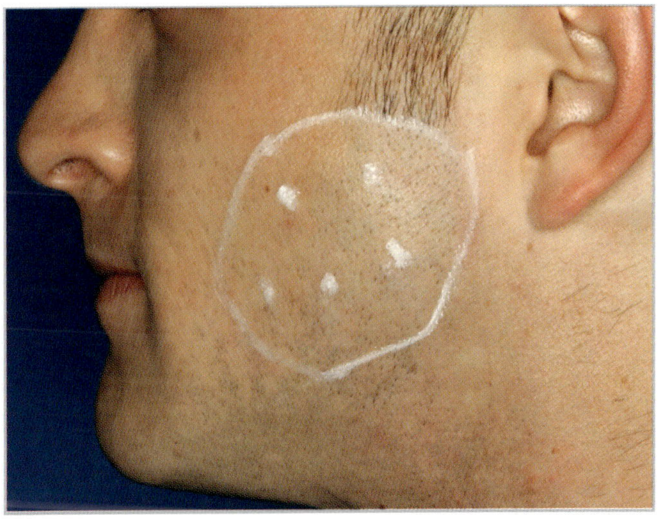

Figure 11.11 Injection sites for masseter treatment.

FURTHER READING

Ascher B, Rzany B, Grover R. Efficacy and safety of botulinum toxin type A in the treatment of lateral crow's feet: double-blind, placebo-controlled, dose-ranging study. Dermatol Surg 2009; 35:1478–1486.

Baumann L, Brandt FS, Kane MA, et al. An analysis of efficacy data from four phase III studies of botulinum neurotoxin type A-ABO for the treatment of glabellar lines. Aesthet Surg J 2009;29:S57-S65.

Benecke R, Jost WH, Kanovsky P, et al. A new botulinum toxin type A free of complexing proteins for treatment of cervical dystonia. Neurology 2005;64:1949–1951.

Brandt F, Swanson N, Baumann L, et al. Randomized, placebo controlled study of a new botulinum toxin type a for treatment of glabellar lines: efficacy and safety. Dermatol Surg 2009;35:1893–1901.

Brown M, Nicholson G, Ardila MC, et al. Comparative evaluation of the potency and antigenicity of two distinct BoNT/A-derived formulations. J Neural Transm 2013;120:291–298.

Carruthers A, Carruthers J. Treatment of glabellar frown lines with C. botulinum – a exotoxin. J Dermatol Surg Oncol 1992; 18: 17–21.

Carruthers J, Carruthers A. Aesthetic botulinum A toxin in the mid and lower face and neck. Dermatol Surg 2003; 29: 468–476.

Carruthers A, Carruthers J, Coleman W P, et al. Multicenter, randomized, phase III study of a single dose of incobotulinumtoxinA, free from complexing proteins, in the treatment of glabellar frown lines. Dermatol Surg 2013; 39:551–558.

Carruthers A, Carruthers J, Lowe NJ, et al. One-year, randomised, multicenter, two-period study of the safety and efficacy of repeated treatments with botulinum toxin type A in patients with glabellar lines. J Clin Res 2004;7:1–20.

Carruthers JA, Lowe NJ, Menter MA, et al. A multicenter, double blind, randomized, placebo-controlled study of the efficacy and safety of botulinum toxin type A in the treatment of glabellar lines. J Am Acad Dermatol 2002; 46:840–849.

Cohen J L, Dayan S H, Cox S E, Yalamanchili R, Tardie G. OnabotulinumtoxinA dose-ranging study for hyperdynamic perioral lines. Dermatologic Surgery, 2012; 38:1497–505. doi: 10.1111/j.15244725.2012.02456.x

Dressler D. Comparing Botox and Xeomin for axillary hyperhidrosis. J Neural Transm. 2010; 117:317–319.

Dressler D. Routine use of Xeomin in patients previously treated with Botox: long term results. Eur J Neurol 2009; 16:2–5.

Eisele KH, Fink K, Vey M, et al. Studies on the dissociation of botulinum neurotoxin type A complexes. Toxicon 2011; 57:555–565.

Flynn T C, Carruthers J A, Carruthers J A, Clark R E. Botulinum A toxin (BOTOX) in the lower eyelid: dose-finding study. Dermatol Surg 2003; 29:943–951.

Jost WH, Kohl A, Brinkmann S, Comes G. Efficacy and tolerability of a botulinum toxin type A free of complexing proteins (NT 201) compared with commercially available botulinum toxin type A (BOrOX) in healthy volunteers. J Neural Transm 2005; 112:905–913.

Kane MA, Brandt F, Rohrich RJ, et al. Evaluation of variable-dose treatment with a new U.S. Botulinum Toxin Type A (Dysport) for correction of moderate to severe glabellar lines: results from a phase III, randomized, double-blind, placebo-controlled study. Plast Reconstr Surg 2009; 124:1619–1629.

Kane M, Donofrio L, Ascher B, et al. Expanding the use of neurotoxins in facial aesthetics: a consensus panel's assessment and recommendations. J Drugs Dermatol 2010; 9:S7–S25.

Kerscher M, Maack M, Reuther T, et al. Diffusion characteristics of two different neurotoxins in patients with symmetric forehead lines. P291I. J Am Acad Dermatol 2007; 56:AB199. 2010; 36:2155–2160.

Kerscher M, Roll S, Becker A, et al. Comparison of the spread of three botulinum toxin type A preparations. Arch Dermatol Res 2012; 304:155–161.

Moers-Carpi M, Dirschka T, Feller-Heppt G, et al. A randomised, double-blind comparison of 20 units of onabotulinumtoxinA with 30 units of incobotulinumtoxin A for glabellar lines. J Cosmet Laser Ther 2012; 14:296–303.

May R, Maas C, Monheit G, et al. Long-term safety and efficacy of a new botulinum toxin type A in treating glabellar lines. Arch Facial Plast Surg. 2009;11:77–83.

Odergren T, Hjaltason H, Kaakkola S, et al. A double blind, randomised, parallel group study to investigate the dose equivalence of Dysport and Botox in the treatment of cervical dystonia. J Neurol Neurosurg Psych. 1998; 64:6–12.

Park M Y, Ahn K Y, Jung D S Botulinum toxin type A treatment for contouring of the lower face. Dermatol Surg 2003; 29: 477–483.

Prager W, Huber-vorlander J, Taufig AZ, et al. Botulinum toxin type A treatment to the upper face: retrospective analysis of daily practice. Clin Cosmet Invest Dermatol 2012;5:53–58.

Prager W, Rappl T. Phase IV study comparing incobotulinumtoxinA and onabotulinumtoxinA using a 1:1.5 dose-conversion ratio for the treatment of glabellar frown lines. J Cosmet Dermatol 2012; 11:267–271.

Prager W, Wissmüller E, Kollhorst B, Williams S, Zschocke I. Comparison of two botulinum toxin type A preparations for treating crow's feet: a split-face, double-blind, proof-of-concept study. Dermatol Surg 2010; 36(Suppl 4): 2155–2160.

Roggenkamper P, Jost WH, Bihari K, et al. Efficacy and safety of a new botulinum toxin type A free of complexing proteins in the treatment of blepharospasm. J Neural Transm 2006; 113:303–312.

Rubin MG, Dover J, Glogau RG, et al. The efficacy and safety of a new US Botulinum toxin type A in the retreatment of glabellar lines following open-label treatment. J Drugs Dermatol 2009; 8:439–444.

Rubin M, Dover J, Maas C, et al. An analysis of safety data from five phase III clinical trials on the use of botulinum neurotoxin type A ABO for the treatment of glabellar lines. Aesthet Surg J 2009; 29:550–556.

Rzany B, Flynn TC, Schlöbe A, et al. Long-term results for incobotulinumtoxinA in the treatment of glabellar frown lines. Dermatol Surg 2013; 39:95–103.

Sattler G, Callander MJ, Grablowitz D, et al. Noninferiority of incobotulinumtoxinA, free from complexing proteins, compared with another botulinum toxin type A in the treatment of glabellar frown lines. Dermatol Surg 2010; 36:2146–2154.

Tamura B M, Odo M Y, Chang B, Carlos Cucé L, Corcoran Flynn T. Treatment of nasal wrinkles with botulinum toxin. Dermatol Surg 2005; 31: 271–275.

Trindade de Almeida A R, Secco L C, Carruthers A. Handling Botulinum toxins: an updated literature review. Dermatol Surg 2011; 37:1553–1565.

Wabbels B, Reichel G, Fulford-Smith A, et al. Double-blind, randomised, parallel group pilot study comparing two botulinum toxin type A products for the treatment of blepharospasm. J Neural Transm 2011; 118:233–239.

Wohlfarth K, MOiler C, Sassin I, et al. Neurophysiological double blind trial of a botulinum neurotoxin type a free of complexing proteins. Clin Neuropharmacol 2007; 30:86–94.

Chapter 12 Chemical peels for aging faces of all skin types

Peter Paul Rullan, Amir M. Karam

INGREDIENTS, MECHANISM OF ACTION, AND FORMULAS

This chapter focuses on chemical peels for all skin types (Fitzpatrick 1988) (**Table 12.1**) including the lighter shades of types III and IV African Americans, Asians, Middle Easterners, and Latinos, as well as darker shades type IV in whites. We discuss new combination chemical peels (including the modified phenol peel used by one of the authors PPR). When evaluating a patient for a skin resurfacing procedure, nationality and ethnicity should not be equated with skin color type.

The versatility of chemical peels for various aspects of the aging face is based on their wide range and concentration of ingredients. Like lasers, peels can now be used to treat acne and acne scars, superficial to deep wrinkles, melasma or lentigines, white striae, hyperpigmentation or hypopigmentation, and provide skin toning or long-lasting tightening. Learning the art and science of chemical peeling requires more extensive mentoring than lasers, and teaching them to Residents of the core specialties has been lacking. This chapter exposes the cosmetic surgeon to peels and hopefully reclaims their status as the 'gold standard' in resurfacing the aging face.

Types of chemical peels and formulas

Different chemical ingredients of peels (**Table 12.2**) and other variables, such as pH, concentration, quantity applied, and concomitant use and duration of other chemicals, significantly modify wounding ability. In general, they are classified by level of injury (very light, light, medium, deep) (**Table 12.3**) and by mechanism of action (Dewandre & Tenebaum 2011) (caustic, metabolic, and toxic) (**Table 12.4**).

Table 12.1 Fitzpatrick skin classifications

Type	Color
I	Very white or freckled
II	White
III	White to olive
IV	Brown
V	Dark brown
VI	Black

Fitzpatrick (1998).

Peels based on level of injury

Very light peels penetrate to the stratum corneum and the epidermis. For very light peels, one layer of Jessner's, 30% salicylic acid, or buffered glycolic acid peels (30–70%) can be used. Light peels penetrate to the epidermis and include multiple layers of Jessner's, unbuffered glycolic acid (35–70%), 10% trichloroacetic acid (TCA), Z.O. three-step Stimulation Peel, Vi Peel, and the Melanage Peel. Medium-depth peels, which penetrate to the epidermis and papillary dermis, can be accomplished with Jessner's–TCA (20–35%), Obagi's Blue Peel (20–30% TCA), Z.O.'s Controlled Depth Peel (20–26% TCA), light phenol peels with croton oil 0.1%, 30% phenol (Hetter VL), VI Precision (30% phenol, 7% TCA with salicylic + tretinoin, but no croton oil), Radiant Peel, or Universal Peel × 2 days (30% phenol plus proprietary ingredients). Medium-depth and deep peels penetrate through the papillary dermis into the mid-to-upper reticular dermis. For deep peels, the following peels can be used: Blue Peel or Monheit Peel (>35% TCA in multiple layers), 2-day modified phenol with croton oil 0.2%, phenol 60% (Stone/Grade 2), Exoderm-Lift Phenol Peel, Baker-Gordon's Phenol Peel (can go deeper), or the Universal Peel × 3 days.

Peels based on mechanism of action

Caustic peels

The primary ingredients of caustic peels are TCA and croton oil (Crotonis Oleum).

TCA

TCA is a caustic peeling agent that coagulates skin proteins. It becomes more acidic and penetrates deeper with increasing concentration. It is commonly used to remove fine lines, wrinkles, and acne scarring. It is the most aggressive acid (lowest p*K*a) of all acids used for peels (Dewandre & Tenebaum 2011).

Croton oil

Croton oil is prepared from the seeds of Croton tiglium. It is the basis of rejuvenating chemical peels due to the caustic exfoliating (vesicant) effects it has on the dermal components of the skin. Used in conjunction with phenol solutions, it results in an intense reaction that leads to initial skin sloughing and then eventual regeneration.

Metabolic peels

Metabolic peels include arbutin, L-ascorbic acid (vitamin C), azelaic acid, citric acid, glutathione, glycolic acid, Kojic acid, lactic acid, mandelic acid, phytic acid, pyruvic acid, and retinol (vitamin A).

Table 12.2 Components of commercially available combination peels

Peel	Ingredients											
	Trichloroacetic acid	Salicylic acid	Phenol	Croton oil	Retinol	Retinoic acid	Resorcinol	Lactic acid	Azelaic acid	Mandelic acid	Kojic acid	Other
Jessner's		14%					14%	14%				
VI Peel	<12%	<12%	<12%			<0.1% pad						Vitamin C 4% pad
VI Precision Boosters	<12%	<12%	<30%									
VI Precision Plus Boosters	<12%	<12%	<30%			<0.1% pad						HQ 4%, vitamin C and HC in pad
Z.O. three-step Stimulation Peel	17%	10%			6% cream ×2 app			5%				
Vitalize-Allergan/ Skin Medica		10%			Yes		10%	10%				
Rejuvinize		15%			Yes		15%	15%				
Illuminize		Yes					Yes			Yes		Phytic acid, malic acid
PCA Enhanced Jessner's		14%					14% (varies)	14%			Yes	Citric acid, isopropyl alcohol
PCA Ultra peel I	10%							20%	Yes		Yes	
PCA Ultra Peel Forte (MD's)	20%							10%	Yes		Yes	
Progressive Peel (vivant)	7.5%	2%			10%							
Jessner's is step 1	15%	4%			10%							
Pro Peel Extra Strength (vivant)	20%	8%	2%		10%							
Apeele Light (3 steps)	10%	20%	3.5%		3% in Red	0.5% in Black		15%		10%		HQ 8%
Apeele Medium	15%	20%	5%		3%	0.5%		15%		10%		HQ 8%
Apeele Forte	20%	20%	7.5%		3%	0.5%		15%		10%		HQ 8 DAO, depressor anguli oris
Replenix MD Perfect 10 Peel		Yes			Yes (step 4)		Yes	Yes		Yes		Glycolic acid, pyruvic acid
Replenix MD Perfect 10 Peel		Yes			Yes		Yes	Yes		Yes		Glycolic acid, pyruvic acid
Melanage HP Masque (Young)						1%			10%			Arbutin 20%, HQ from precursor 14%
Melanage Gloss Peel	17%	17%			2 pads				17%			
Universal Peel		Yes	30%			0.05%			10%		Yes	Phytic acid
Cromo/Color Peel		8%					10%	Yes				
Radiant Peel	>5%	>5%	>5%	0.1% *	1% BID days 2–4			26%				
Hetter Very Light VL			30%	0.1%								
Stone 100 (Grade II)			60%	0.2%								Septisol, olive oil
Exoderm			64% *	0.7% *								12 ingredients
Baker-Gordon's			50%	2.1%								Septisol, distilled water

Other combination peels include products from Sesderma, SkinCeuticals, and Perfect Peel.

* Estimated.

Table 12.3 Peels based on level of injury

Level of injury	Peels
Very light	Jessner's Peel 30% salicylic acid Buffered glycolic acid (30–70%)
Light	Jessner's Peel Unbuffered glycolic acid (35–70%) 10% Trichloroacetic acid (TCA) Z.O. three-step Stimulation Peel Vi Peel Melanage Peel
Medium	Jessner's-TCA (20–35%) Blue Peel Light phenol peels with croton oil 0.1% Hetter VL VI Precision Radiant Peel Universal Peel × 2 days
Medium deep	Blue Peel Monheit Peel
Deep	Two-day modified phenol with croton oil 0.2% Stone/Grade 2 Exoderm-Lift Baker-Gordon's Phenol Peel Universal Peel × 3 days

Table 12.4 Peels based on mechanism of action

Mechanism of action	Peels
Caustic	Trichloroacetic acid Croton oil
Metabolic	Arbutin L-Ascorbic acid (vitamin C) Azelaic acid Citric acid Glutathione Glycolic acid Kojic acid Lactic acid Mandelic acid Phytic acid Pyruvic acid Retinol (vitamin A)
Toxic	Hydroquinone Phenol Resorcinol Salicylic acid

Arbutin

Arbutin assists in the correction of hyperpigmentation by suppressing the formation of tyrosinase and preventing melanosome maturation. It also evens existing skin tone. Arbutin is an effective antioxidant and skin conditioner.

L-Ascorbic acid

L-Ascorbic acid is a powerful water-soluble antioxidant that stimulates collagen deposition and helps even skin discoloration by interrupting the binding of copper to tyrosinase and converts L-Dopaquinone back to L-DOPA, preventing melanin formation.

Azelaic acid

Azelaic acid is an effective melanogenesis inhibitor that helps to brighten uneven complexions. Azelaic acid is antibacterial, keratolytic, and comedolytic. Its exfoliating and disinfecting properties are most effective when used in combinations with α-hydroxy acids. Azelaic acid helps normalize keratinization in the skin and is an antioxidant.

Citric acid

Citric acid is an α-hydroxy acid that is naturally found in citrus fruits. It increases the hyaluronic acid content in the dermis and epidermis, helping the skin attract and hold moisture more effectively. It can exfoliate the skin's impacted surface cells and is a natural skin brightener and softener.

Glutathione

Glutathione is a combination of three amino acids: cysteine, glutamic acid, and glycine. It is found in the tissues of all plants and animals. It is a potent and endogenous antioxidant that is produced naturally by the body to prevent cellular damage. Topical glutathione use provides maximum free radical quenching capabilities.

Glycolic acid

Glycolic acid is the smallest α-hydroxy acid. It is able to break down the bonds between the cells (desmosomes), loosening the horny layer, and causing exfoliation. It stimulates collagen growth. The strength of this peel increases as pH is lowered, concentration is increased, and exposure is increased. It can cause epidermolysis. Glycolic acids are classified as buffered or unbuffered (stronger) and range from 20% to 99% in commercial concentrations.

Kojic acid

Kojic acid is an antibacterial agent and melanogenesis inhibitor. Its ability to chelate copper from tyrosinase and decrease the number of melanosomes and dendrites makes it highly effective in reducing hyperpigmentation.

Lactic acid

Lactic acid is an α-hydroxy acid that is found in milk and sugars. It breaks bonds between cells (desmosomes) to allow for easier exfoliation of dead surface cells while hydrating the skin. It also functions as a melanogenesis inhibitor by suppressing the formation of tyrosinase.

Mandelic acid

Mandelic acid is an aromatic α-hydroxy acid, used as an antibacterial and inflammatory agent, and useful for the treatment of acne and wrinkles. It is generally well tolerated, and can also be used as a post-resurfacing agent.

Phytic acid

Phytic acid is an exfoliating agent that is considered to be gentler than α-hydroxy acids. When used at low concentrations, it does not cause peeling but helps with clearing impacted surface cells.

Pyruvic acid (Cotellessa et al. 2004)

Pyruvic acid is converted into lactic acid physiologically and possesses the ability to retain water in the epidermis. This acid strongly enhances the synthesis of collagen, elastin, and glycoproteins at the level of the dermis. A favorable feature of the pyruvic peel is its good penetration to sebaceous hair follicles because of its very small size (221 Å). Pyruvic acid is less sebolytic than salicylic acid.

Retinol

Retinol is converted to retinoic acid in the skin and helps normalize cell turnover and increases water content in the epidermis. It also stimulates the fibroblasts to produce additional collagen and elastin and evens pigmentation by inhibiting melanosomes from being transferred from the melanocytes into the keratinocytes.

Toxic peels

Toxic peels include hydroquinone, phenol, resorcinol, and salicylic acid.

Hydroquinone

This helps inhibit melanin activity in the skin while lightening existing hyperpigmentation. It suppresses the binding of copper and tyrosinase, decreases the formation of melanosomes, and induces melanocyte-specific cytotoxicity.

Phenol

Phenol (also known as carbolic acid or hydroxybenzene) is a hydrophobic, aromatic alcohol, with cytotoxic, antiseptic, and analgesic properties. It acts as a protoplasmic poison by altering cell membranes, deactivating enzymes, and producing insoluble proteinates. Phenol and its vapors are corrosive to the eyes, the skin, and the respiratory tract. The substance may cause harmful effects on the central nervous system and heart, resulting in dysrhythmia, seizures, and coma. Other phenolic compounds include aspirin, hydroquinone, resorcinol, and salicylic acid.

Resorcinol

Resorcinol is a phenolic agent with cytotoxic effects. It causes changes in cell membrane permeability, which leads to cell death and exfoliation. It is used as a keratolytic. Dr Enrique Hernández-Pérez uses his Golden Peel (53% resorcinol) or his Golden Peel Plus (Jessner's plus 53% resorcinol) to treat aging skin of the face or body, cellulite, or striae (Hernández-Pérez et al. 2007).

Salicylic acid

Salicylic acid (Gabi 2009) is an aromatic carboxylic acid that is classified as a β-hydroxy acid. It has multiple benefits and uses. It is sebolytic (lipophilic) and keratolytic, properties that are helpful in treating acne. It decreases the abnormal shedding of cells within the follicles, reducing the impactions that can exacerbate breakouts. It also acts as an anti-inflammatory agent by inhibiting arachidonic acid metabolism. It is made from sodium phenolate, is related to phenol, and thus shares certain toxic properties when used in large quantities.

Combination and commercial peels

There has been a growing emergence of commercial and combination peels on the market (**Table 12.2**) by companies such as Vitality Institute (VI), PCA Skin, SkinCeuticals, Sesderma, Z.O., and SkinMedica/Allergan. The primary precursor to these combination peels is the Jessner's Peel developed by Max Jessner, MD, in 1860. The appeal of the Jessner's Peel was the use of different substances that combined caustic, metabolic, and toxic effects (Dewandre & Tenebaum 2011). Combination peels include the Jessner's Peel, TCA Peels, modified phenol peel formulas, tretinoin peels, the VI Peel line, and the Cosmelan or Melanage Peels.

Jessner's Peel is a keratolytic, which combines salicylic acid (14 g), resorcinol (14 g), and lactic acid 85% (14 g) mixed in ethanol for a final volume of 100 mL. Modified commercial peels that are similar to Jessner's Peel include the broad line of PCA-enhanced peels and Skin Medica's VITALIZE peel.

Combination peels frequently include TCA, a protein denaturant that precipitates epidermal proteins, causing sloughing, necrosis, and dermal inflammation. These processes appear as white frosting (coagulation of epidermal keratinocyte proteins) on the skin surface. Common applications combine an α-hydroxy acid, a β-hydroxy acid, or a Jessner's Peel, followed by TCA (the Monheit Peel). Both the Controlled Depth Peel by Z.O. and Blue Peel (Obagi Medical Products, Long Beach, CA) contain a blue dye indicator that helps the physician estimate the depth of the peel penetration (**Figure 12.1**). It comprises a fixed concentration of TCA with a blue peel base containing glycerin, saponins, and a nonionic blue color base. A reduction in the surface tension of TCA, water, and glycerin occurs during the peel, which ensures slow and uniform penetration of TCA. The recommended strength of TCA is 20–35%. TCA is formulated commercially or in the office as a weight-per-volume preparation from 10% to 100%. This versatile peel can be used to achieve superficial, medium, or deep peels, depending on the skin conditioning, the strength of the acid, and the number of coats applied. Studies have shown that TCA can be safely used in nonwhite dark skin types. Safe use of TCA requires longer preconditioning of the skin, use of the lowest effective strength of TCA, and strategies for dealing with any occurrences of postinflammatory hyperpigmentation (PIH). Modified TCA formulas that are commercially available include the three-step Stimulation Peel, Fulton's (Fulton 2011) Progressive Peel, and Young's Glow Peel.

Modified phenol peel formulas typically consist of 88% phenol (carbolic acid), croton oil, hexachlorophene, olive oil, or distilled water (**Table 12.3**). Phenol disrupts sulfide bonds, resulting in keratolysis and protein coagulation. Phenol is also melanotoxic. Hexachlorophene is an antiseptic with surfactant properties, which allows a more uniform penetration by decreasing surface tension. Croton oil is a vesicant (and therefore epidermolytic) that greatly enhances the absorption of phenol. Olive oil is added to slow the cutaneous absorption rate of these agents to reduce any systemic toxicity. Commercially available phenol formulas include Hetter VL, Hetter all around, Stone 100 (compounded by Delasco) (Stone 1998, Stone & Lefer 2001), Exoderm (Fintsi 2001a, b), and Baker-Gordon.

Tretinoin (all-*trans* retinoic acid) is the acid form of vitamin A. Effects of tretinoin peels (1–5%) are similar to commercially available creams, which cause increased epidermal thickness, decreased stratum corneum, and decreased melanin content.

The Vi Peel contains TCA, phenol, and salicylic acid. The commercially available kit includes pads containing tretinoin and vitamin C for night time application. It can be used on all skin types to improve photoaging, acne, and acne scars. It can also be used for melasma but only with an established regimen for melasma. Vi Peels are also available for acne and melasma, as well as boosters with a higher percentage of phenol that are useful to increase the depth of the peel. Other peels that combine TCA with phenol include the Vi Precision Peel Boosters, Apeele, Radiant, and Propeel (Fulton 2011).

The Melanage and Cosmelan Peels are commercial versions of the Krulig Amelan Peel and are available as kits. The Melanage Peel, e.g. includes a 1% tretinoin solution, a powder formulation of hydroquinone that is mixed with 10% azelaic acid, 10% lactic acid, and 10% phytic acid, and is applied as a mask. Formulation up to a 14% hydroquinone peel (uses a precursor to HQ) can be mixed by the clinician, which

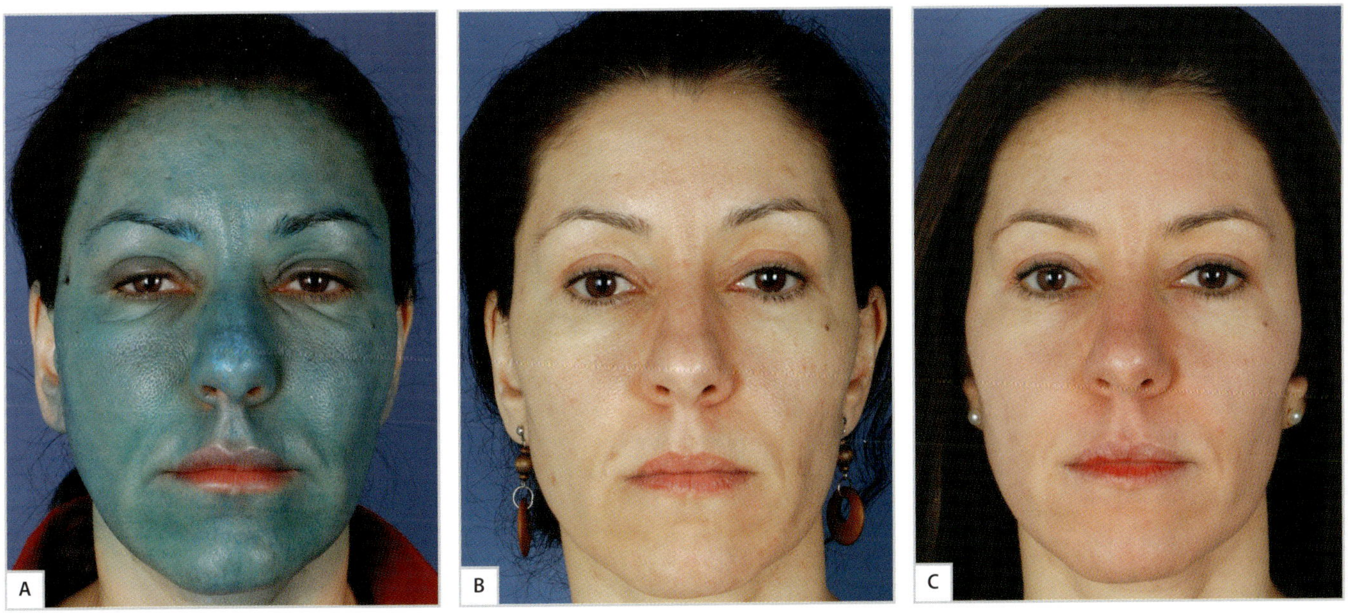

Figure 12.1 A 42-year-old white woman with amity, wrinkles, and photodamage. Skin was conditioned for 6 weeks with ZO Medical (HQ approach). (A) A designed controlled Blue Peel (CDBP 20% TCA w/ blue base) was performed. (B) Immediately after the CDBP: notice frost with no pink background. (C) The patient continued to use ZO Medical (HQ approach) for another 3 months after healing from the peel. She was then put on a ZO Skin Health maintenance program. This photograph was taken 1 year after treatment. By courtesy of Zein Obagi, Los Angeles, USA.

is left for up to 8 hours on the skin. A commercially available home regimen consists of a freshly mixed cream of 4% hydroquinone and 0.025% tretinoin with optional 0.7% hydrocortisone to treat irritation. This peel is weakly acidic, noncorrosive, minimally inflammatory, and causes no protein precipitation and is designed for dark skin types with melasma or PIH. It can be performed once yearly, and a series of three to four minipeels during the year is also an option.

PATIENT SELECTION, INDICATIONS, AND PREPEEL CONSIDERATIONS

A full personal, family, and medical history should be collected for each patient. In particular, a history of cutaneous malignancy, history of acne scarring or PIH, herpes simplex outbreaks, and use of isotretinoin in the last 12 months should be considered. Performing a deep chemical peel on a patient on or within 6 months of discontinuing isotretinoin is generally contraindicated, especially if the skin is thin and has not regained its normal sebaceous activity. Superficial peels (such as 30% salicylic acid) are routinely performed by one of the authors (PPR) while patients are on low-dose isotretinoin, but are limited to the sebaceous regions of the face.

During the initial evaluation, the physician should also assess features that may affect healing, such as sun exposure, intensity of exercise or other temperature-increasing activities, use of makeup, tendency for PIH, parents' skin color, and available downtime.

To reduce the risk of PIH and to improve the peel outcome, preparation of the skin for chemical peels requires preconditioning of the skin (Obagi & Bridenstine 2000a, b) for 2–12 weeks. Topical agents that are used to thin the stratum corneum allow rapid penetration of the peel, accelerate re-epithelization and wound healing, and decrease the risk of PIH. Bacterial infections and flares of herpes simplex should be prevented with antibacterial and antiviral prophylaxis. In contrast with laser peels, if on the day of the peel the skin is dry, has an abrasion, or is retinized, the peel will be much stronger than expected. Skin-lightening products that can be used before the peel include Replenix Eventone, Obagi Nu-Derm system, Melanolyte (Epionce), Melamin and Brightenex (Z.O.), Lytera (Allergan), Triluma (Galderma), EpiQuin (Skin Medica), Lustra, or 0.01% fluocinolone cream.

Active acne should be treated before the peel with oral and topical antibiotics, retinoid creams, acne surgery, or isotretinoin. The peel should be delayed until the patient has discontinued isotretinoin for 6 months or until the skin has regained its normal sebaceous activity.

The author's (PRR) preferred peels for specific indications are shown in **Table 12.5**.

Table 12.5 Recommended peels for select skin conditions

Indication	Peels
Acne	30% Salicylic acid
Melasma	30% Salicylic acid
Lentigines	Cosmelan
	Melanage
Mild photoaging	Z.O.'s three-step Stimulation Peel
	Vi Peel
Mild-to-moderate photoaging	Z.O.'s three-step Stimulation Peel with Vi Precision Peel periorbital and perioral (can add Hetter VL for lentigos and deeper lines)
Moderate photoaging	Z.O.'s Controlled Depth 20–26% (can add Hetter VL periorbital and taped Stone 100 to upper lip)
Moderate-to-severe photoaging	Two-day phenol with Stone and periorbital Hetter
Neck with mild elastosis	Vi Precision or Z.O.'s three-step Stimulation Peel
Neck with moderate elastosis	Hetter VL or Z.O. Controlled Depth 20%

PEEL TECHNIQUES

Glycolic acid peels

The status of the skin should be assessed for dry, scaly, oily, open sores that may have been acidified from using glycolic acid/tretinoin creams before starting a glycolic acid peel. Materials to be used include a fan, a cup with 10 mL of 10% sodium bicarbonate, a cup with 3–4 mL of the peel (usually 70% buffered), Q-tips, gauze (for drying the peel), and a stopwatch. The glycolic acid peel is stopped with sodium bicarbonate, which can be done at 2 minutes, 10 minutes, or when an endpoint is reached. Endpoints, which include pink edema (mildest), perifollicular edema, and vesiculation (the maximum safe endpoint, which can lead to crusting and possible PIH) are assessed using a magnifier visor. The next peel in the series is chosen based on the results of the previous peel. Free, unbuffered glycolic acid (pH 0.6–1.7) is recommended as a solo agent for medium-depth peels in the pigmented skin because it is associated with a lower incidence of PIH than with other peels at that depth (Grimes 2008). Erosive blisters can occur with the use of unbuffered glycolic acid (especially in the central porous face regions) and can cause scarring.

Salicylic acid peels

After cleansing the area to be treated, a 20% or 30% formulation of salicylic acid is applied. The author (PPR) routinely applies it on patients receiving low-dose isotretinoin (0.25–0.5 mg/kg) to speed the correction of active acne lesions, PIH, or melasma (>30 times per day). Each layer is applied with Q-tips from a plastic cup containing 5 mL of solution. A white pseudofrost precipitate forms immediately, which can be wiped away. Two to three coats are usually applied, but a single coat is sufficient in cases of burning. The solution can be left on for 5 minutes only or up to several hours to achieve a more drying effect. When the solution is washed off, a bland moisturizing cream should be applied and continued for 2 days.

Jessner's peels

The face is first thoroughly cleansed and degreased, and the Jessner's solution (5.0–7.5 mL) is placed in a small disposable plastic cup. Two Q-tips with wooden handles are used for application. A portable personal fan should be offered to the patient. To avoid PIH, only one coat is applied, producing a slight whitish precipitate, which achieves slight drying of acne lesions. To prepare the skin for application of TCA, a deeper peel is needed, which can be accomplished by the application of multiple coats or by leaving the single application until a patchy, slightly white frost appears. Neutralization is not generally required, but one of the authors (PPR) has used 10% sodium bicarbonate successfully for this purpose. Retin-A 0.05% solution can also be used to calm burning and to enhance the peel, allowing the oil to remain on the face overnight. Dry, retinized skin that receives multiple coats of Jessner's solution can reach the upper reticular dermis and cause a medium-depth injury.

TCA peels

TCA peels are very versatile, ranging from superficial (10% TCA) to medium to deep peels. A superficial peel with 20–30% salicylic acid followed by 15% TCA can be used for resistant melasma or mild photodamage in all skin types (Grimes 2008). For a superficial peel, a thin coat should be applied (with either a $2^2 \times 2^2$ gauze or two Q-tips) so that little or no frost appears for any combination of peels. A deeper peel can be achieved by disrupting the stratum corneum with a prior application of Jessner's solution until a frost appears (Monheit 1989), followed by an application of 20–35% TCA. The depth of the peel will depend on the number of layers of TCA applied. The Blue Peel (20–30% TCA) contains a color-sensitive reaction that will indicate the depth of the peel. To achieve a medium-depth peel to the papillary dermis with 20–30% TCA, the solution is applied until an organized white sheet with a pink background appears. For a deep peel, which occurs when the peel reaches the deepest safest level (the immediate reticular dermis), the pink background gradually diminishes (because of coagulation of blood vessels) and the sheet will appear white (Obagi 1999). Leathery and less porous skin (e.g. along the mandible) will frost more slowly, so the clinician should wait to assess level of frost before applying more coats of TCA.

Sedation and analgesia are usually necessary when applying TCA peels. Oral sedatives (diazepam), β-blockers (clonidine administered orally), nerve blocks, or ketorolac (administered intramuscularly) are used routinely by one of the authors (PPR). The area is first cleansed with hexachlorophene, alcohol, and acetone. When using Jessner's solution, one to two coats are applied to achieve a blotchy frosting. A $2^2 \times 2^2$ gauze is dipped into a cup containing the TCA solution and squeezed dry before the application. The solution is first applied laterally, then slowly to the central area, and finally to the perioral and periorbital regions. The solution should be left on the face for 5 minutes to achieve complete frost formation. Overcoating with TCA should be avoided. The peel is then feathered into the hairline and neckline just below the mandibular border. Exfoliation with redness, edema, blistering, and crusting within 24 hours will be observed. A dose of triamcinolone (20 mg administered intramuscularly) can be used to reduce swelling. Healing usually takes 7–10 days.

The 2-day phenol chemabrasion

Prepeel considerations

The 2-day phenol chemabrasion technique developed by one of the authors (PPR) is useful for deep wrinkles or acne scars (**Figure 12.2**). If, however, facial wrinkling is accompanied by laxity or volume deficiency, dermal or periosteal fillers together with cosmetic surgery may also be necessary to achieve optimal results. The preoperative procedure for this technique requires a full laboratory workup, with hepatic, renal, and cardiac tests, including a letter from their physician clearing them for the peel. The patients must have family or nursing support for the first 3 days and accept having a 'mask' on their face for 8 days, as well as being able to eat only liquefied food. A selling point of this 'only once-in-a-lifetime' procedure is the peel's well-documented life long rejuvenation of the skin.

Most physicians who perform cosmetic surgery unfortunately still equate phenol peels with the well-known Baker-Gordon Phenol Peel. Formula modifications in the last 20 years with much lower croton oil concentrations have produced less cardio toxic, less depigmenting, and less scarring peels, as long as published techniques are followed (Rullan et al. 2004).

In the case of acne scars, dark skin types IV–VI can be peeled as long as the patient understands that the face-neck skin color tones will be slightly discordant for a few months, after which the color will return to a normal 'lighter' shade and they agree to strict avoidance of sun and the chronic use of skin lighteners on the neck. The alternative peel is to do a 2-day chemabrasion only on individual ice-pick or box scars with the Stone formula or CROSS

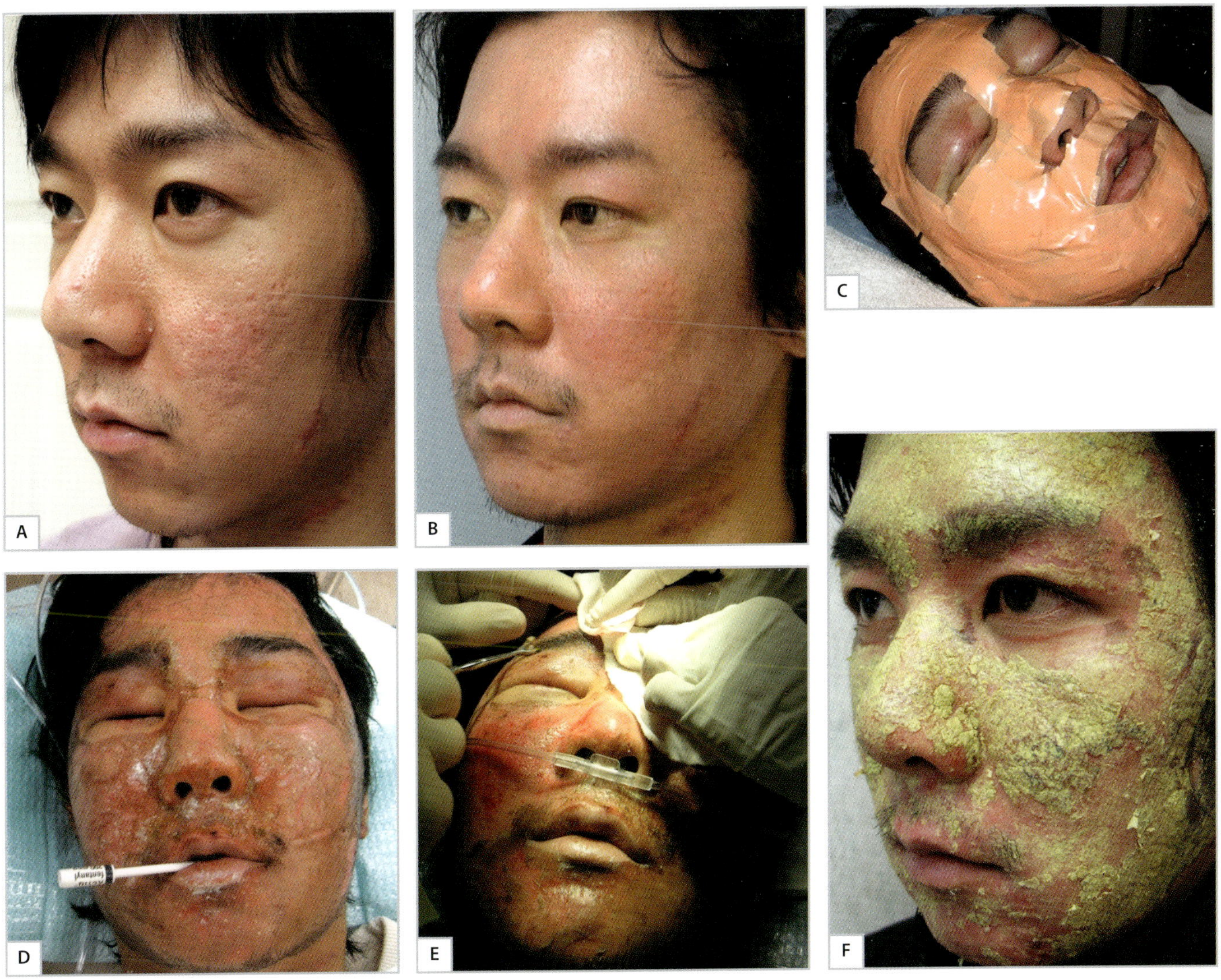

Figure 12.2 Korean male with skin type IV treated for acne scars. (A) Before treatment with subcision and Stone phenol chemabrasion and (B) 10-day postpeel fully re-epithelialized. (C) Following application of the peel, the patient's face is covered with Hytape on day 1. (D) Tape is removed on day 2 revealing the coagulum of necrotic epidermis and upper reticular dermis. (E) The coagulum is debrided with a tongue depressor or large curette. (F) The bismuth subgallate powder mask is applied on day 7 and removed on day 9.

with 30–60% TCA and then peel the rest of the face with fractional lasers or medium-depth peels.

Acne scars in all skin types may also require subcision (Rullan & Karam 2010) of rolling scars, and this can be performed weeks before, during, and after the peel. Photographic documentation should be obtained with direct lighting and shadows.

Preconditioning

As noted, preconditioning of the skin with creams and treatment of acne is required to improve the efficacy of the peel, reduce the risk of PIH, and promote healing.

Anesthesia, medications, and monitoring

Intravenous (IV) access is always required in order to comply with Advanced Cardiac Life Support guidelines for conscious sedation. Sedation can be accomplished with oral (diazepam, triazolam, or hydromorphone), intramuscular (ketorolac 30–60 mg), or IV agents (midazolam, fentanyl, propofol, or ketamine). The use of facial nerve blocks is effective at reducing the need for or quantity required of systemic medication. The use of epinephrine has been avoided or minimized in these blocks to reduce the risk of tachycardia and arrhythmias. Clonidine (0.1–0.2 mg), which is orally used as a preoperative medication, also reduces this risk and provides mild sedation. General anesthesia is not recommended because of respiratory and pH issues. The PO_2 must be kept at >90% throughout the procedure, and sinus tachycardia must be brief and minimized. The patient is discharged home with diazepam, hydromorphone, triazolam, and ondansetron for nausea. Acyclovir is started 1 day before the peel (400 mg TID × 10 days), but if antibiotics are prescribed, they should not be used until the third day to avoid nausea. The IV access should be maintained overnight and the nurse or family member must be trained in assisting with medications.

Day 1

Ringer lactate (1–2 L) is infused for 2 hours. The face is thoroughly cleansed and degreased as described previously. For a full-face peel, preformulated Stone formula (Delasco, Council Bluffs, IA) is applied with regular Q-tips, which are rolled against the edge of the stainless-steel cup to remove excess fluid. The formula is applied to five anatomic areas (forehead, two cheeks, perioral and chin, and periorbital and nose), spending 10–15 minutes per area so that application of the peel takes approximately 60 minutes. Ice-pick scars receive an additional peel application with a fine paintbrush to ensure complete wetting of the lesion. A complete, organized frost must be achieved in each area, and a yellowish edematous appearance indicating epidermolysis should be noted after 15–30 minutes. The face is completely taped (except the upper lids) with 1-2-inch strips of waterproof Hy-Tape (Hy-Tape International, Patterson, NY USA) (**Figure 12.2C**) and covered with a surgical face net. Patients can only drink fluids through a straw or poured into the mouth through a long-tipped water bottle for the next 8 days. For regional acne scars, the authors suggest applying Stone 100 Phenol Peel only on ice-pick and box scars, using a fine paintbrush to deliver the solution directly into the scars. The rest of the face is then peeled with a lighter acid or with fractional CO_2 ablative resurfacing. Subcision can also be performed at this visit.

Day 2

The patient is usually groggy but pain free when returning to the clinic. The Hy-Tape is easily removed (**Figure 12.2D**). Additional sedation and analgesia are sometimes given if the condition is severe and aggressive abrasion is expected. The necrotic coagulum is debrided using a tongue blade or a large 6 mm Fox curette (**Figure 12.2E**). Ice-pick scars and box scars or deep wrinkles are debrided using 1-2 mm chalazion-type curettes to achieve punctate bleeding inside the scars to ensure de-epithelialization of these types of lesions. The goal is to create a true open wound within the lesions to induce secondary healing and wound closure. An antiseptic, anti-inflammatory powder, bismuth subgallate (Delasco or Spectrum Pharmaceuticals, Irvine, CA), is applied to the entire face except the upper lid and the patient is discharged home (**Figure 12.2F**). The mask dries out and stays in place for the next 7–8 days. The authors call it the protective 'green cocoon.'

Days 3–8

The patient is restricted to home and is not allowed to shower until the mask is removed. On approximately the eighth day, the mask separates because of skin re-epithelialization. Vaseline is then applied over the entire mask, allowed to soak in, and left on overnight. The mask is gently removed the next morning by applying more Vaseline while showering, under the slowly separating mask. Medical barrier creams (Epionce) or Aquaphor ointment (Eucerin, Beiersdorf AG, Hamburg, Germany) are used until the skin is no longer tender or red. Most patients are 99% re-epithelialized by day 9 (**Figure 12.2B**). There has been no incidence of infections following this procedure in the authors' clinic.

Touch-up

Two to three months after the peel has healed, a regional or lesional peel can be repeated, even in skin types IV–VI. These lighter skin types can tolerate a regional peel. The intent is to recreate an open wound inside the ice-pick scars, adding new collagen to the inside of the scars so they eventually fill in almost completely.

Postoperative care

With all peels, the immediate postoperative procedure is similar. Cool compresses (water or dilute white vinegar) or oral analgesics should be used for pain. A bland moisturizer should be applied and the skin washed with a soap-free cleanser (CeraVe, Cetaphil). Sweating should be avoided until the redness subsides and sunscreens should be applied once the skin has re-epithelialized (powder makeup is an option for coverage). More deeply peeled areas should be treated with Aquaphor. Previous skin conditioning can be reinitiated once the skin is no longer sensitive, red, and peeling. Fluocinolone 0.01% cream can be used when the reaction is stronger, PIH is noted, or when persistent redness is observed.

Full-face phenol peels are not always necessary, and regionalizing the peels by combining deeper and lighter peels can result in sufficient improvement without the risk of dyschromias or prolonged downtime. The technique has been described elsewhere in detail (Rullan et al. 2004, Rullan & Karam 2010).

Selecting the best peel according to problem and skin type

Peels for aging skin for skin types I–IV are selected according to the severity of the wrinkling, laxity, and length of the patient's downtime. The addition of dermal fillers and rejuvenating creams can provide acceptable cosmetic improvement if the patient only wants a superficial peel. Patients should know that multiple superficial peels will improve but not correct deep wrinkles. Combinations can be used with deeper peels for the perioral wrinkles, medium depth for periorbital and upper-neck skin, and superficial peels for less sun-damaged skin like the lateral cheeks, lower neck, chest, and forehead.

Patients with darker skin often seek correction of minor textural changes (fine wrinkles), PIH, melasma, acne vulgaris and scarring, lentigos, dermatosis papulosa nigra, and seborrheic keratosis. Careful diagnosis at the initial evaluation of patients with dark skin is important. Brown lesions must be distinguished as truly melanocytic (e.g. lentigos) versus hyperkeratotic nonmelanocytic pigmented lesions (e.g. seborrheic keratoses). Misclassification can lead to ineffective ablative treatments that can worsen the complexion, whether these peels are from light sources or chemicals. Pigmentary changes are common features of photoaging in Asians (Chung et al. 2001): lentigos are common in Asian women and seborrheic keratoses are the major pigmentary lesions seen in Asian men. Clinicians therefore need to individualize treatments to different types of lesions.

When treating lentigos, intense pulsed laser (IPL) or long-pulsed 532-nm neodymium:yttrium-aluminum-garnet laser treatment has been shown to be more effective and be associated with a lower incidence of PIH in darker skinned patients than other modalities including TCA peels (Chan et al. 2000). IPL is used for the treatment of lentigines and freckles in Asians (Negishi et al. 2002) but would not be effective in patients with an incorrect diagnosis of seborrheic keratoses, which is commonly seen in this population. Modified phenol formulas for spot peels of lentigines (e.g. with Hetter VL) has been routinely practiced by one of the authors (PPR) in skin types I–IV and non-Asians. Benign dermal tumors (e.g. syringomas) must be identified and treated with techniques that carry a lower risk of PIH and scarring, such as fine-needle tipped electrocautery (Karam & Benedetto 1997).

Melasma is a dysfunction of the pigmentary system that is associated with increased vascular changes in the skin (Kim et al. 2007) that cannot be cured with any type of peel (Ortonne & Bissett 2008). Melasma is usually worsened by unimodal aggressive chemical or laser peels. It requires a multimodal approach (Goldman et al. 2011). Unless powerful steroid creams or Triluma are used after a laser peel, the melasma will worsen with aggressive peels. The treatment of melasma with lasers generally yields suboptimal results (Malcom & Soriano 2007). Prescription creams are recommended to address the existing melanophages, the lability of the melanocytes, melanin synthesis, and to increase cellular turnover. Protective measures require blocking of UV-B, UV-A, and infrared (heat) radiation with physical sunblocks like zinc oxide. Inflammation in melasma can be treated with 0.01% fluocinolone cream twice daily, together with sun and heat protection. Salicylic acid (30%) peels done biweekly or monthly are routinely performed by one of the authors (PPR) with safe and reliable results (**Figure 12.3**). Other superficial peels can cause PIH, so resurfacing modalities should be noninflammatory in order to minimize the risk of PIH (Grimes 2008). Macular PIH, another common condition, can be treated with intralesional injections of dilute triamcinolone (2 mg/mL) or fluocinolone instead of peels.

Acne scars are classified as ice-pick, box, rolling, atrophic, or hypertrophic (Jacob et al. 2001). In pigmented skin, ice-pick scars can be treated with precise intralesional injury, which reduces the risk of PIH. This is accomplished with chemical reconstruction of skin scars (CROSS) using a pointed toothpick or a very fine paint brush to apply the acid (Lee et al. 2002, Yug et al. 2006). TCA 30% (thin skin), 60% (medium skin), or 100% (thick skin) is the most commonly used, but one of the authors (PPR) uses Stone 100 Phenol Peel for CROSS of deeper ice-pick scars. Shallow lesions (e.g. wider box scars) can be effectively treated with ablative or pulsed-dye laser or chemical peels. Rolling scars (e.g. atrophic scars with adhesions) require treatment with subcision and dermal fillers. Hypertrophic scars require treatment with intralesional steroids, occlusion, and pulsed-dye laser therapy.

Treating acne scars with deeply ablative devices with a strong thermal effect leads to greater inflammation and increases the risk of PIH if performed on skin of color (Ruiz-Esparza et al. 1998). One of the authors (PPR) has performed >60,000 chemical peels in a population that is >50% Hispanic, black, Filipino, or mixed race. In this referral center, superficial, medium, and deep chemical peels are often combined in the same patient. For example, a strong solution can be applied for individual ice-pick scars using the CROSS method, medium-depth laser or chemical peels can be used for scarred sebaceous areas, and superficial agents can be used on thinner skin overlying bony prominences.

White striae are most commonly treated with fractional ablative devices. The Color or Chromo Peel is a trademarked resorcinol, salicylic acid, and lactic acid combination peel used in South America for treating white striae. It can be augmented by microdermabrasion and by low-strength TCA (e.g. 10–15%). Eight to 10 sessions are recommended. Tretinoin or glycolic creams can be used after the skin heals between peels. Microneedling is another new technique for treating white striae.

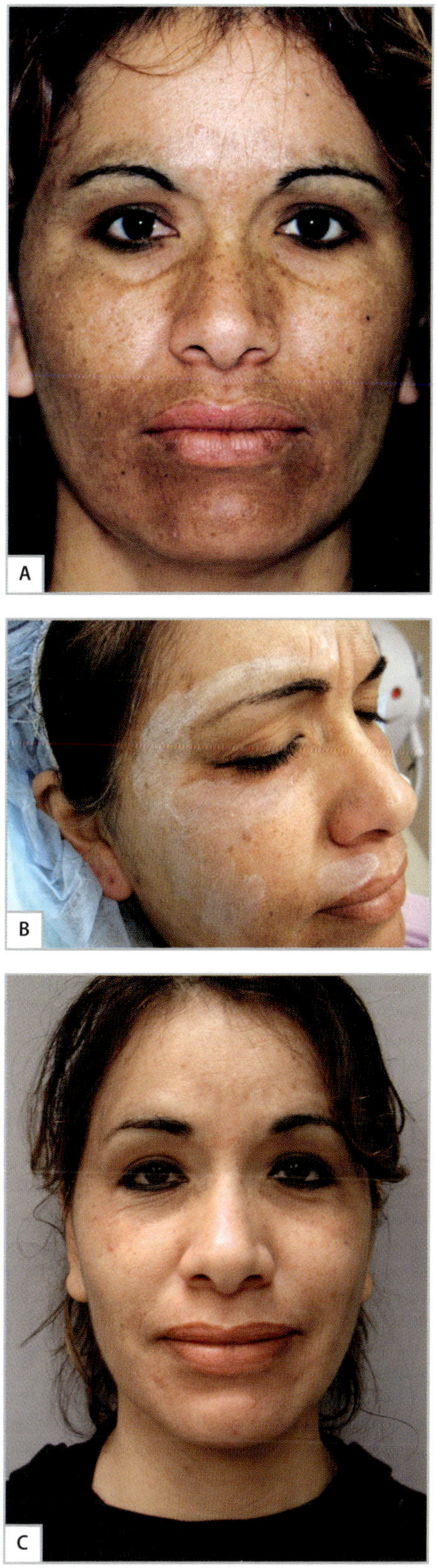

Figure 12.3 A 35-year-old hispanic woman with skin type IV. (A) Before treatment for melasma, (B) during treatment with a 30% salicylic acid peel, and (C) showing much improvement after a series of peels. A 30% salicylic acid was performed every 2–4 weeks for 12 weeks, along with broad-spectrum zinc oxide sunblock, 0.01% fluocinolone cream twice daily for 12 weeks, and 4% hydroquinone lotion with arbutin and kojic acid at bedtime. The patient is aware this condition recurs until menopause and will require maintenance.

Post peel considerations (post peel care, complications, follow-up)

Superficial peels

Acute burning sensations are best treated with cool compresses of water with white vinegar (1 tablespoon in 1 cup of water) two to four times daily. The skin should be washed and lubricated with a gentle, soap-free product (e.g. CeraVe and Cetaphil) twice per day. The patient should avoid irritating the skin with sun, sweat, or acidic creams. An ointment (e.g. Aquaphor) is applied until the skin peels and recovers a strong epithelial layer (usually 5–7 days). Soothing gentle barrier-repair cream systems (e.g. aloe vera and hydrocortisone cream) can be used. Once the skin has re-epithelialized, Cetaphil plus sunblocks can be used.

Medium and deep peels

If the peeled skin presents as an open wound, the burning sensations are treated with cool compresses of water with white vinegar (1 tablespoon in 1 cup of water) two to four times daily. Oral analgesics are usually necessary. Oxygen facials with a medical aesthetician can be used. Exposure to sun and heat should be avoided to reduce the risk of PIH and persistent redness. Increased body heat from exercise can lead to redness on the face. Colorescience powder can be used to cool and protect the skin. Gentle cleansers and barrier-repair creams

(Epionce, Cetaphil, Cerave or Elta MD), and sunblocks with clear zinc oxide (Elta MD or Epionce), should be used. Some patients may require acne facials for milia postpeel, but these may increase bruising. Pulsed-dye lasers may be considered for persistent redness or telangiectasias. Class VI steroid creams (desonide) may also be considered. Injection of fillers or Botox will cause bruising more easily during the first month after peel.

Complications

All skin types can have complications following a peel. The early recognition and treatment of these complications are essential. The major complications of peels include PIH, hypopigmentation, milia, acneiform eruption, infections, scarring, toxicity, premature peeling, and persistent erythema.

PIH

PIH is the most common complication following a peel, especially in patients with darker skin types. Regional deep peels outside a cosmetic unit should be avoided on dark skin types because of this risk. PIH usually develops when the pink stage of healing starts to fade. The use of sunblocks (e.g. Colorescience products), heat avoidance, and the early use of class V or VI steroid creams (e.g. 0.01% fluocinolone twice a day) can be effective in reversing the first signs of PIH. Retinoids, hydroquinones, steroids, azelaic acid, and antioxidants (alone or in combination) are used to treat PIH (Grimes 2008). Steroid creams can be discontinued and replaced with barrier-repair creams as PIH improves. If the pigmentation progresses, however, the use of hydroquinones alone (Eventone) or in combination with a glycolic or retinol cream (e.g. Lustra and Epiquin) can be used at bedtime. Aggressive use of tretinoin is not recommended because it can irritate the skin and worsen the PIH, particularly with heat. Light peels that do not create as much inflammation (e.g. salicylic acid 30% solution) may be used every 2 weeks to treat PIH.

Hypopigmentation

Hypopigmentation can be very persistent and difficult to treat. It is caused by the destruction of melanocytes in the hair follicles with reticular peels. Most patients with this complication need to use cosmetics to camouflage the hypopigmented areas.

Milia

Milia can appear in up to 20% of patients after chemical peels, usually 8–16 weeks after the procedure. Milia can be treated with electrosurgery or facials.

Acneiform eruption

This is fairly common after chemical peels and usually appears immediately after re-epithelialization. The etiology of acneiform eruption is multifactorial and is related to either exacerbation of previously existing acne or overgreasing of newly formed skin. It can be treated with oral antibiotics such as tetracycline or minocycline.

Infections

Infections occur more often with medium and deep peels, thus increasing the risk of scarring. Infections can be bacterial (more commonly staphylococci and streptococci), viral (herpes simplex), and fungal (candida). They must be treated appropriately with topical and oral antibiotics, antiviral, and antifungal agents, respectively. Patients with a history of herpes simplex infection should be treated prophylactically with acyclovir or valacyclovir until full re-epithelization is achieved.

Scarring

Scarring remains the most dreadful complication of chemical peels. It is rare in superficial peels; however, there is an increased risk of scarring in patients with a history of poor healing and keloid formation, patients who have been treated with isotretinoin (especially in the previous year), patients undergoing deep peels or a second peel very soon after a previous peel or surgery without waiting for adequate skin healing, and patients who develop an infection during the peel. Most scars result from other complications such as infection or premature peeling. Delayed healing and persistent redness are important signs for forthcoming scarring. Careful monitoring of the patient in the postpeel phase is very important for early detection and treatment of such complications. Also, proper skin preparation before the peel and choice of peeling agent can help to prevent this complication. Hypertrophic scars and keloids can be treated with potent topical (Cordran Tape) or intralesional corticosteroids. Resistant scars may be treated with dermabrasion or pulsed-dye laser followed by compressive silicone sheeting therapy.

Premature peeling increases the risks of infection, persistent erythema, PIH, and scarring of the underlying skin. It may occur accidentally or may be the result of picking at the peeling skin. If tissue is exposed before re-epithelialization, patients should receive regimens of oral antibiotics until re-epithelialization occurs. The use of topical antibiotics and hydrocolloid dressings should be included in the care management. Topical steroid creams can be used if epithelialized bright red skin is exposed on premature peeling.

Cardiotoxicity

Cardiotoxicity is associated with some peels. Phenol peels have the potential to cause both cardiotoxicity and renal toxicity. Patients should be hydrated during the peripeel period and monitored for cardiac arrhythmias. To avoid these side effects, the peels should be administered slowly in a subunit approach. Typically, peel administration should span 60–90 minutes. Although rare, toxicities can occur with resorcinol, salicylic acid, and phenol peels.

SUMMARY

Table 12.4 summarizes the preferred peels of the authors. The commercial peels have the added benefit of postpeel kits, as well as color indicators to assess the depth of a chemical peel. However, excellent peels are achieved with just skill and using traditional ingredients such as Jessner's and TCA in the Monheit Peel. For cosmetic surgeons interested in learning to do chemical peels, the authors suggest live courses, one-on-one mentoring, and starting with full-face superficial-to-medium peels and only spot or regional peels with deeper wounding agents.

ILLUSTRATIVE CASES

Case 1: Perioral rhytides and marionette lines

A 70-year-old woman with severe wrinkling and elastosis, with perioral rhytides and marionette lines (**Figure 12.4**). **Figure 12.4A** and **B** shows the patient before Stone 100 Phenol Peel, and **Figure 12.4C** and **D** shows the patient 3 months after Stone 100 Phenol Peel, with dramatic skin quality improvement, visible tightening, smoother skin, and correction of challenging deep perioral wrinkle and marionette lines.

Case 2: Elastosis and laxity, with marionette lines

A 68-year-old woman with elastosis and laxity, with marionette lines and jowls (**Figure 12.5**). **Figure 12.5A** shows patient before Stone 100 Phenol Peel, and **Figure 12.5B** shows the patient 4 years after her Stone 100 Phenol Peel, showing long-term correction and significant improvement of wrinkles and laxity.

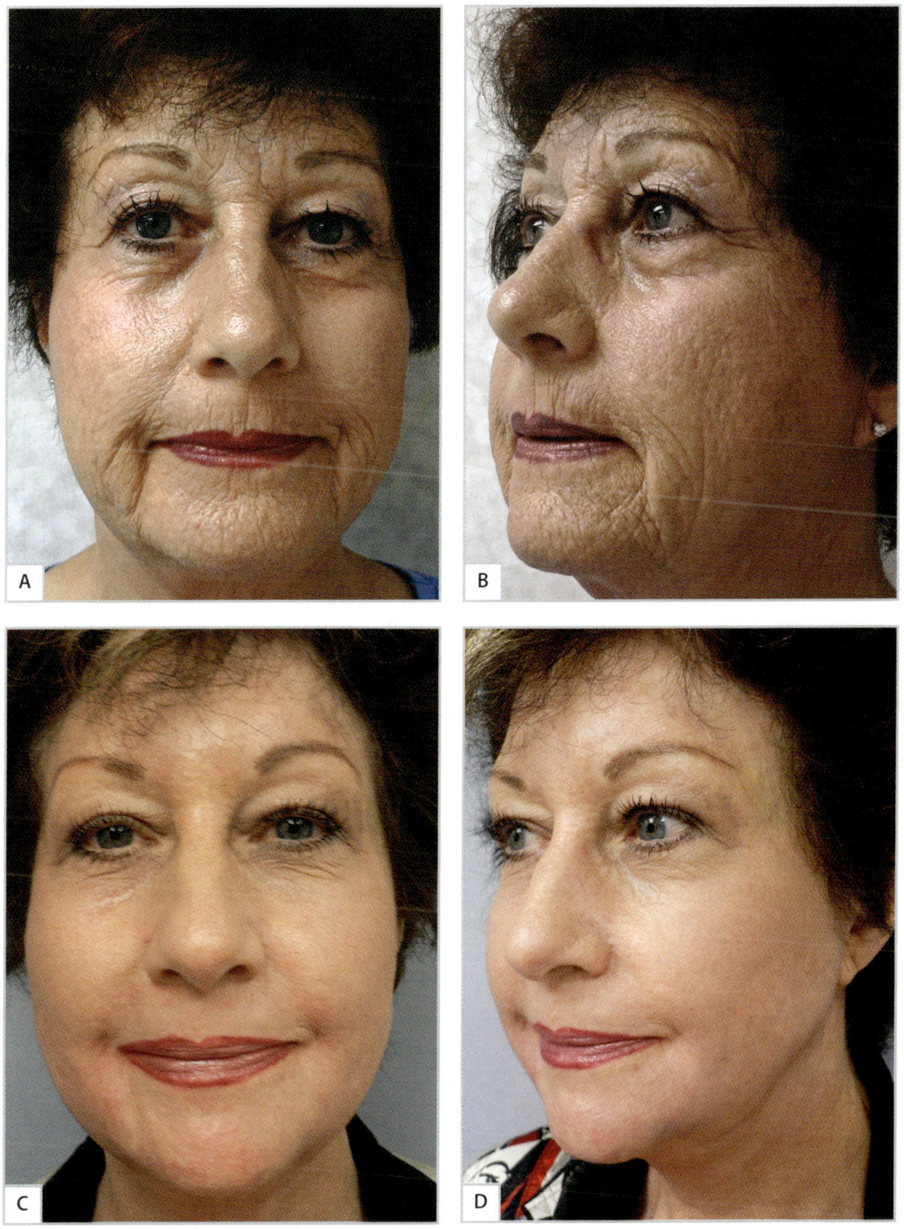

Figure 12.4 A 70-year-old woman with severe wrinkling and elastosis, with perioral rhytides and marionette lines. (A, B) Before Stone 100 Phenol Peel and (C, D) 3 months after treatment.

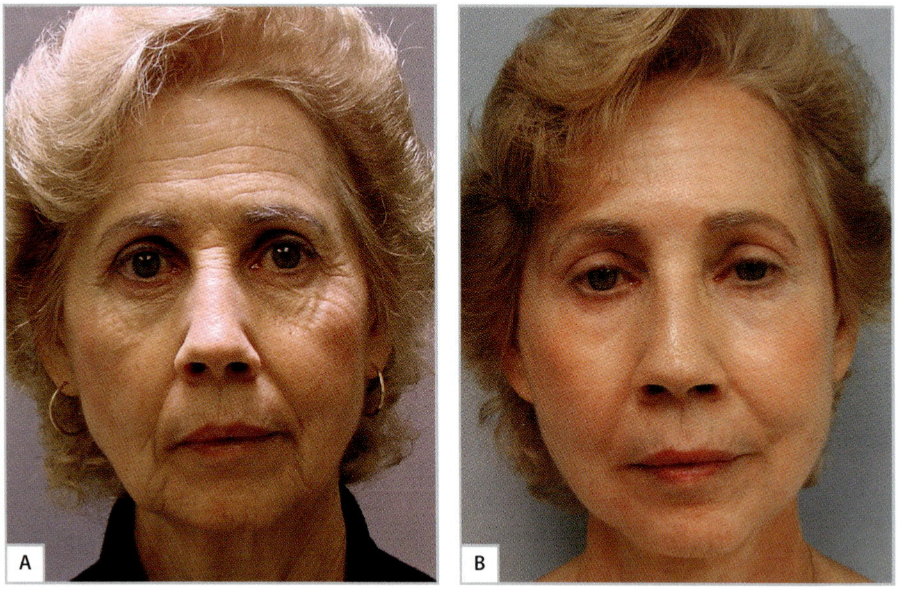

Figure 12.5 A 68-year-old woman with elastosis and laxity, with marionette lines and jowls. (A) Before Stone 100 Peel and (B) 4 years after treatment.

REFERENCES

Chan HH, Fung WK, Ying SY, et al. An in vivo trial comparing the use of different types of 532 nm Nd:YAG lasers in the treatment of facial lentigines in Oriental patients. Dermatol Surg 2000; 26:743–749.

Chung JH, Lee SH, Youn CS, et al. Cutaneous photodamage in Koreans: influence of sex, sun exposure, smoking, and skin color. Arch Dermatol 2001; 137:1043–1051.

Cotellessa C, Manunta T, Ghersetich I, et al. The use of pyruvic acid in the treatment of acne. J Eur Acad Dermatol Venereol 2004; 18:275–278.

Dewandre L, Tenebaum A. The chemistry of peels. In: Tung R, Rubin MG (eds), Procedures in Cosmetic Dermatology Series: Chemical Peels, 2nd edn. Philadelphia: Saunders, 2011.

Fintsi Y. Exoderm – a novel, phenol-based peeling method resulting in improved safety. Int J Cosmet Surg 2001a; 1:40–44.

Fintsi Y. Exoderm chemoabrasion original method for the treatment of facial acne scars. Int J Cosmet Surg 2001b; 1:45–52.

Fitzpatrick TB. The validity and practicality of sun-reactive skin types I through VI. Arch Dermatol 1988; 124:869–871.

Fulton J. The progressive peel: The combined Jessner's, TCA, Retinoid Peel. In: Tung R and Rubin MG (ed.), Procedures in Cosmetic Dermatology Series: Chemical Peels, 2nd edn. Philadelphia: Saunders, 2011.

Gabi G. Benzoyl peroxide and salicylic acid therapy. In: Webster GF, Rawlings AV (ed.), Acne and its therapy. CRC Press; 2009.

Goldman MP, Gold MH, Palm MD, et al. Sequential treatment with triple combination cream and intense pulsed light is more efficacious than sequential treatment with an inactive (control) cream and intense pulsed light in patients with moderate to severe melasma. Dermatol Surg 2011; 37:224–233.

Grimes PE. Aesthetics and Cosmetic Procedures in Darker Racial Ethnic Groups. Philadelphia, PA: Lippincott Williams & Wilkins; 2008.

Hernández-Pérez E, Khawaja HA, Ubau KV. Golden Peel Plus in cellulite and gluteal-lift. Cosmetic Dermatol 2007; 20:516–520.

Jacob CI, Dover JS, Kaminer MS. Acne scarring: a classification system and review of treatment options. J Am Acad Dermatol 2001; 45:109–117.

Karam P, Benedetto AV. Intralesional electrodesiccation of syringomas. Dermatol Surg 1997; 23:921–924.

Kim EH, Kim YC, Lee ES, et al. The vascular characteristics of melasma. J Dermatol Sci 2007; 46:111–116.

Lee JB, Chung WG, Kwahck H, et al. Focal treatment of acne scars with trichloroacetic acid: chemical reconstruction of skin scars method. Dermatol Surg 2002; 28:1017–21; discussion 1021.

Malcom KE, Soriano T. Laser therapies for disorders of pigmentation. In: Grimes PA (ed.), Aesthetics and Cosmetic Surgery for Darker Skin Types. Philadelphia: Lippincott Williams & Wilkins; 2007.

Monheit GD. The Jessner's 1 TCA Peel: a medium depth chemical peel. J Dermatol Surg Oncol 1989; 15:945–950.

Negishi K, Wakamatsu S, Kushikata N, et al. Full-face photorejuvenation of photodamaged skin by intense pulsed light with integrated contact cooling: initial experiences in Asian patients. Lasers Surg Med 2002; 30:298–305.

Obagi S. Obagi Skin Health Restoration and Rejuvenation. New York: Springer, 1999.

Obagi S, Bridenstine JB. Chemical skin resurfacing. Oral Maxillofac Surg Clin North Am 2000b; 12:541–553.

Obagi S, Bridenstine JB. Lifetime skin care. Oral Maxillofac Surg Clin North Am 2000a; 12:531–540.

Ortonne JP, Bissett DL. Latest insights into skin hyperpigmentation. J Investig Dermatol Symp Proc 2008; 13:10–14.

Ruiz-Esparza J, Barba Gomez JM, Gomez de la Torre OL, et al. UltraPulse laser skin resurfacing in Hispanic patients. A prospective study of 36 individuals. Dermatol Surg 1998; 24:59–62.

Rullan P, Karam AM. Chemical peels for darker skin types. Facial Plast Surg Clin North Am 2010; 18:111–131.

Rullan P, Lemmon J, Rullan JM. The 2-day phenol chemabrasion technique for deep wrinkles and acne scars. Am J Cosmet Surg 2004; 21:199–210.

Stone PA. The use of modified phenol for chemical face peeling. Clin Plast Surg 1998; 25:21–44.

Stone PA, Lefer LG. Modified phenol chemical face peels: recognizing the role of application technique. Clin Plast Surg 2001; 28:13–36.

Yug A, Lane JE, Howard MS, et al. Histologic study of depressed acne scars treated with serial high-concentration (95%) trichloroacetic acid. Dermatol Surg 2006; 32:985–990; discussion 990.

Chapter 13 Fractionated CO_2 laser resurfacing and ablative skin rejuvenation

Jennifer D. Peterson, Mitchel P. Goldman

THE NEW PARADIGM

Reversing the clinical signs of aging is a process that often takes a variety of techniques. One needs to understand the process of aging literally from the 'inside out.' Deepest age-related changes are due to chronologic loss of muscle, adipose tissue, and bone mass and density, which are treated with a variety of volumizing and excisional techniques. Loss of dermal collagen and elastic fibers secondary to both chronologic aging and accelerated by ultraviolet damage can be minimally treated with a variety of topical 'antiaging' creams and lotions. A variety of lasers, some with nearly no down time, have also been promoted by their respective companies to stimulate collagen and elastic fiber production. Many of these lasers have strong scientific evidence showing histologic proof that biostimulation occurs. Unfortunately, the clinical evidence for this biostimulation is often below the expectations of both patient and physician. Many physicians have forgotten the adage, 'if it's too good to be true – it is.' Many laser companies play upon the lack of expertise in laser surgery of the growing population of physicians entering the field of esthetic medicine.

This chapter should not serve as a replacement for understanding laser physics and the text book *Cutaneous and Cosmetic Laser Surgery*. The reader should consider reading the textbook by the same name to gain a more complete understanding of the wide variety of options available for rejuvenating the skin. The following is an up-to-date evaluation of laser resurfacing and the latest advance in fractionated resurfacing. While we have strived to be as complete as possible, new technological advancements are sure to follow. Understanding the process of laser resurfacing will enable the reader to properly evaluate new fractionated resurfacing technologies as they become available.

BACKGROUND

Even after the loss of fat volume in the aging face is replaced and sagging muscle and skin are redraped following a rhytidectomy, epidermal changes secondary to sun exposure remain as stigmata of the aging face. Photoaging refers to the sun-induced, age-related alterations to the skin. These changes include fine wrinkles resulting from loss of the epidermal–dermal collagen and elastic fibers, hyperpigmented spots secondary to dystrophic melanocytic function combined with suboptimal exfoliation of melanin granules, and telangiectasias that arise through a process of neovascularization stemming from angiogenic factors secondary to ultraviolet exposure and dilatation of existing blood vessels due to loss of the perivascular elastic lamina from ultraviolet damage (Goldman 2006).

Telangiectasias are treated most effectively with vascular-specific lasers and/or intense pulsed light (IPL) devices. These treatments selectively thermocoagulate visible blood vessels. At first, the pulsed dye laser (PDL) at 585 or 595 nm with pulse durations of 0.5–40 ms was used to eliminate facial blood vessels. These machines have become reliable and produce excellent results. The PDL is delivered through either a 3-, 5-, 7-, 10-, 12-, or 15-mm-diameter spot size. Multiple treatments are usually necessary to clear telangiectasia, with on average two sessions required to achieve adequate clearing. Other 'long-pulse' vascular lasers using a Nd:YAG at 532 or 1064 nm can also be effective, but spot sizes at effective energies are smaller, ranging from 1 to 6 mm in diameter. Again, multiple treatments are usually necessary. In any case, the development of telangiectasias reflects a constant process that must be closely monitored, as repeat treatments are often indicated when the pathology returns, sometimes months to years later (Goldman 2006).

IPL has been found to produce the quickest results and has the advantage of also treating hyperpigmentation, such as solar lentigines. The efficacy of the IPL for both vascular and pigmented lesions is due to the broad spectrum of light that is delivered (usually between 560 and 1200 nm). This wavelength spectrum encompasses the absorption spectrum for blood vessels (532–595 nm) as well as for pigmented lesions (<700 nm). A large variety of IPL devices are presently available with some requiring five or more treatments to be effective and others requiring one to two treatments (Goldman 2006). Spot sizes vary between IPL device companies as well as operative discomfort and speed of delivery. We prefer the Lumenis M22 (Lumenis, Santa Clara, CA, USA) that can produce quick, reliable results.

Other pigment-specific lasers can be used such as the Q-switched or millisecond-pulsed ruby (694 nm), Alexandrite (755 nm), or Nd:YAG (532 nm) to vaporize pigmented lesions. These lasers usually create some degree of purpura and are slightly more painful than the IPL (Goldman 2006). Since all laser and IPL devices are expensive, it is usually best to have one device that can treat multiple conditions. Pigmented lesions can also be treated with vaporization of the skin.

Vaporization of the skin can be performed in a confluent or fractionated manner. This chapter will discuss skin vaporization, which patients do better with which procedure, expectation of results and downtime, as well as combining the external rejuvenation of the skin with facial plastic surgical procedures.

CO_2 laser resurfacing

The modern era of carbon dioxide (CO_2) laser resurfacing began in 1994 with the development of the Ultrapulse CO_2 laser by Coherent Medical (now Lumenis, Inc., Santa Clara, CA). This laser delivers peak fluences above the ablation threshold of cutaneous tissue (5 J/cm^2) with tissue-dwell times shorter than the 1-ms thermal relaxation time of the epidermis. These new generation CO_2 lasers limited tissue-dwell time by either shortening the pulse duration (i.e. UltraPulse) or using scanning technology to rapidly sweep a continuous-wave CO_2 laser beam over the tissue such that the laser beam does not remain in contact with any particular spot on the tissue for longer than 1 ms (i.e. SilkTouch, Sharplan Laser Corporation, now Lumenis, Inc., Santa Clara, CA). These high peak-power, short-pulsed, and rapidly scanned CO_2 laser systems allow laser surgeons to precisely and effectively ablate 20–30 μm of skin per pass while leaving in its wake a considerably smaller residual zone of thermal damage (up to 150 μm) than that left behind by the previous generation of continuous-wave CO_2 lasers (up to 600 μm). Clinically, this technological advancement translates into superior clinical results and a much more favorable safety profile than seen previously with the continuous-wave CO_2 lasers (Hobbs et al. 1987, Lowe et al. 1995, Fitzpatrick et al. 1996, Goldman et al. 2000a, Goldman 2006).

The thermal effect of the CO_2 laser acts on dermal collagen stimulating neocollagenesis and tightening of facial skin. Successful ablation maximizes thermal stimulation of the dermis while limiting nonspecific thermal damage. Another method used to decrease thermal damage is to follow a session of CO_2 laser ablation with the Er:YAG laser. With this technique, the residual nonspecific thermal damage left from the CO_2 laser is vaporized by subsequent passes with an Er:YAG laser that leaves little if any nonspecific thermal damage (Goldman et al. 2000b).

Given the impressive clinical results achieved with the high peak-power, short pulsed, and rapidly scanned CO_2 lasers, they quickly replaced chemical peels and dermabrasion as the treatment of choice for cutaneous resurfacing. However, the impressive results achieved with these new generation CO_2 lasers were not without drawbacks. Re-epithelialization can take 5–14 days and postoperative erythema and/or postinflammatory hyperpigmentation can last from 1 to 6 months depending on both the depth of laser ablation, amount of residual nonspecific thermal damage, and patient skin type. Finally, there is the risk of fungal, viral, and bacterial infections on the denuded skin as well as permanent hypopigmentation from destruction of melanocytes and resultant scarring. Minimizing these potential adverse effects requires excellent postoperative care and is time consuming for both the patient and physician (Hobbs et al. 1987, Lowe et al. 1995, Fitzpatrick et al. 1996, Goldman et al. 2000a, Goldman 2006). These side effects, as well as the significant 'downtime' typically associated with CO_2 laser resurfacing and extensive postoperative care are unacceptable to many patients and significantly dampened the initial enthusiasm associated with their use.

Since the CO_2 laser typically operates near its tissue ablation threshold (5 J/cm^2) in most resurfacing applications, a large fraction of its energy is invested in heating rather than ablating tissue. Consequently, the CO_2 laser produces relatively large residual thermal damage zones and causes significant desiccation of the target tissue after only a few passes. With each subsequent pass, the amount of vaporized tissue decreases while thermal damage increases and a 'plateau' of ablation is typically reached after the fourth pass. Nonspecific thermal damage has a negative impact not only on the CO_2 laser's ablative capacity but also on its side-effect profile. Our research suggests that the relatively large thermally induced residual zone of necrosis (up to 150 μm) left behind by the CO_2 laser is one of the main factors contributing to its adverse sequelae including prolonged erythema, postoperative pain, delayed healing, infection, hypopigmentation, and scarring (Fitzpatrick et al. 1996, Goldman 2006).

Er:YAG laser resurfacing

To minimize the issues resulting from a large residual thermal zone, the Er:YAG laser was introduced for resurfacing. While it was successful in reducing thermal damage, it was unable to penetrate beyond papillary dermis due to poor hemostatic properties. A multimode Er:YAG system, the tunable resurfacing laser (TRL), was developed (Sciton, Inc., Palo Altio, CA) that allows the user to blend a variety of ablation and thermal coagulation depths by extending the pulse duration of the Er:YAG laser that is typically <0.5 ms. Extending the pulse duration to 4–10 ms allowed for less flash vaporization and more prolonged thermal heating. The TRL can be tuned for pure ablation or CO_2-like thermal injury or almost any point in between (Goldman 2006).

Modifications of technical protocols have continued to improve clinical outcomes. Combination therapy with CO_2 immediately followed by Er:YAG lasers allow cosmetic surgeons to capitalize on the unique benefits of each laser system and to minimize their disadvantages. Er:YAG laser treatment can be used to bypass the ablation 'plateau' characteristic of CO_2 resurfacing to ablate deeper into the dermis. Improved postoperative healing can also be attained when the short-pulsed Er:YAG laser is used to remove the residual zone of thermal necrosis left behind after CO_2 resurfacing (Goldman et al. 2000a, b).

Additionally, the ablative lasers have turned out to be extremely versatile therapeutic tools. Cosmetic surgeons now regularly combine ablative laser resurfacing with other problem-specific nonablative technologies to address multiple cosmetic concerns for the patient in a single treatment session. The efficacy of Q-switched lasers in the treatment of pigmented lesions is enhanced when these lasers are used after ablative resurfacing. Treatment of vascular lesions with the PDL or other vascular lasers has been shown to be extremely successful when performed prior to skin resurfacing with an ablative laser. Despite early reports advising against it, full-face laser resurfacing is now safely being combined with rhytidectomy and autologous fat transfer to achieve a more comprehensive approach to facial rejuvenation.

Pretreatment and post-treatment protocols have improved as well. Although some controversy remains surrounding the topic of antibiotic prophylaxis, a number of studies in the last decade have provided relevant information on common pathogens, effective antibiotic prophylaxis regimens, and clinical situations at increased risk for infection after cutaneous laser resurfacing (Manuskiatti et al. 1999). Improved laser wound care regimens have reduced recovery time and decreased morbidity after laser skin resurfacing. The benefits of occlusive dressings in accelerating laser wound healing have been well established in a number of studies (Goldman 1997a, b, Goldman et al. 2002). Timely institution of topical medications in the postoperative period is now allowing surgeons to effectively address a number of expected postoperative symptoms and complications including postoperative erythema and edema, pruritus, and postinflammatory hyperpigmentation (Goldman 1997a,b, Goldman et al. 2002, Sriprachay-anunt et al. 2002).

Fractionated ablative laser resurfacing

Because of the prolonged and meticulous postoperative care in addition to potential adverse effects, as well as the advancement in minimally invasive procedures with rapid healing times, confluent CO_2 and/or Er:YAG ablative resurfacing is rarely necessary. The current consensus among patients is to embrace a treatment modality, which delivers maximum results with minimal downtime. The development of fractionated lasers that treat a percentage of the skin while leaving the intervening areas untreated allows for the more dramatic results of a variety of laser wavelengths including the 10,600 nm CO_2 laser to be associated with quicker healing times and less postoperative sequelae.

Fractionated laser technology was developed to overcome the homogenous thermal damage typically created after treatment with standard CO_2 and/or Er:YAG lasers and instead create microscopic thermal wounds which spares the tissue surrounding each wound. A 2.1% linear shrinkage of periorbital rhytides was noted at 3 months with this nonablative fractionated laser which is much less than that achieved with standard ablative CO_2 and/or Er:YAG laser resurfacing (Manstein et al. 2004). It did not take long for fractional photothermolysis to be applied to ablative lasers, allowing for a more aggressive treatment option.

Interestingly, physicians have had the ability to perform fractionated CO_2 laser resurfacing since the development of the scanning Ultrapulse handpiece in 1995. This scanner was developed to deliver precisely overlapped laser pulses that occurred in a Gaussian distribution uniformly to ablate and/or vaporize the epidermis. Recognition that one could use this scanner with a negative 10% overlap along with the development of smaller laser spot-sizes (0.1 and 1.2 mm) produced the first fractionated CO_2 laser.

A quadrant study by Latowsky et al. compared four ablative fractionated lasers for the treatment of photodamaged facial skin. The four devices selected for this study were three fractionated 10,600 nm CO_2 lasers (Active/Deep FX, Fraxel Repair, and Quadralase) and the 2790 nm Er:YSGG (Pearl Fractional). Subjects were evaluated for the improvement of rhytides, lentigines, texture, and pore size. No statistical differences were seen in the clinical results, adverse events profile, intraoperative pain scores, or histological features between the four devices. Intraoperative bleeding was highest with the Fraxel Repair (Latowsky et al. 2012).

There are an ever-increasing variety of both fractionated CO_2 and Er:YAG lasers to assist in facial rejuvenation. **Tables 13.1** and **13.2** summarize the available lasers by company, wavelength, spot size, treatment area, density, speed, power, and maximal depth (if known). The remaining portion of this chapter will discuss the available systems at the time of this writing (Spring 2013).

INDICATIONS AND PATIENT SELECTION

When consulting with a patient for any resurfacing procedure, it is paramount to take a thorough history and physical examination (**Table 13.3**). We make sure to inquire about a prior history of hypertrophic scars, any active infection, herpes simplex virus (HSV) history, Koebnerizing skin conditions, isotretinoin over the past 12 months, or immunosuppression. A history of unusual pilosebaceous density

Table 13.1 Available fractionated CO_2 lasers

Company	Product	Wavelength (nm)	Spot size (μm)	Treatment area (cm)	Max. depth (μm)	Density	Power (W)	Delivery	Microdot delivery	Pulsed delivery	Consumables
Lumenis	DeepFX	10,600	120	10 × 10	4000	5–45%	60	Scanned Stamping	Sequential	Ultrapulsed	Tip
Lumenis	ActiveFX	10,600	1300	10 × 10	300	55–100%	60	Scanned Stamping	Random – CoolScan	Ultrapulsed	None
Lumenis	ScaarFX	10,600	120	10 × 10	4000	5–45%	60	Scanned Stamping	Sequential	Ultrapulsed	Tip
Lumenis	Acupulse	10,600	120 and 1300	10 × 10	1000/ pulse	5–60%	40	Scanned Stamping	Sequential – AcuScan	Superpulse	Tip
Solta	Fraxel re:pair	10,600	135 600	15 × 15	1600 202	5–70% 30–70%	40	IOTS Paintbrush	Sequential	Superpulsed	Cartridge and tip
Alma	Pixel CO_2	10,600	125	11 × 11	400	15–20%	70	Stamping	Random	Superpulsed	None
Alma	iPixel CO_2	10,600	125	11 × 11	500	1–15%	70	Rolling	Sequential	Superpulsed	None
Lasering	Mixto SX SlimE30	10,600	180 300	12 × 12 20 × 20	2050	5–40%	30	Scanned Stamping	Nonsequential – Z-based algorithm	Superpulsed, Chopped CW mode	None
Energist Group	MedArt FRx	10,600	300	10 × 10	1660	7–20%	20	Scanned Stamping	Sequential	Pulsed	None
Deka	SmartXide DOT	10,600	350	15 × 15	2000	5–31.8, 100%	30 – DOT 50 – DOT HP	Scanned Stamping	Random – Hi-Scan DOT	Super pulsed	None
Cynosure	Smart Skin	10,600	350	15 × 15	350	5–100%	30	Scanned Stamping	Random	Super pulsed	None
Lutronic	eCO_2	10,600	120 200 1000	10 × 10	750	1–100%	60	Scanned Stamping	Sequential	Pulsed	Optional reusable or consumable hand piece
Eclipse Med	Equinox CO_2	10,600	350	15 × 15	2500	2–40, 100%	30	Scanned Stamping	Sequential or random	Pulsed	None
Ellipse	Juvia	10,600	500	10 × 10	400	49, 81, or 121 MTZ/ cm^2	15	Scanned Stamping		Superpulsed	None

Table 13.2 Available fractionated Er:YAG and Er:YSGG lasers

Company	Product	Wavelength (nm)	Spot size (μm)	Treatment area (cm)	Max. depth (μm)	Density	Delivery	Microdot delivery	Pulsed delivery	Consumables
Palomar	Lux2940	2940	100	20 × 20	>1000	55–100%	Stamped	Sequential	Ultrapulsed	None
Palomar	Groove Optic	2940	100–300	6 × 6	500	25–50%	Stamped	Sequential	Ultrapulsed	None
Sciton	ProFractional	2940	250	20 × 20	1500	1.5–30%	Scanned Stamping	Sequential	Pulsed	None
Sciton	ProFractional XC	2940	430	7 × 7 11 × 11 20 × 20	1500	5.5, 11, or 22%	Scanned Stamping	Sequential	Pulsed	None
Alma	Pixel	2940	200	11 × 11	<300	49 or 81 pixel array	Stamped	Sequential	Superpulsed	Hand piece
Alma	iPixel Er	2940	200	11 × 11	<300	1–15%	Rolling	Sequential	Superpulsed	Hand piece
Cutera	Pearl fractional	2790	300	10 × 14	1400	10–30%	Stamped	Sequential	Ultrapulsed	Cartridge and tip

Table 13.3 Relevant past medical history for ablative laser resurfacing

- Hypertrophic or keloidal scars
- Active infection(s)
- HSV history
- Koebnerizing skin conditions
  - Psoriasis
  - Lichen planus
  - Vitiligo
- Isotretinoin in past 12 months
- Immunosuppression
- Unusual pilosebaceous density
  - History of radiation
  - Second- or third-degree burns
  - Prior scars
- Prior procedures
  - Injectable fillers
  - Resurfacing procedures
  - Plastic surgery
- Allergies
  - Topical anesthesia
  - Injectable anesthesia

and healing should be elucidated that includes a history of radiation, second- or third-degree burns, or prior scars in the treatment area. Prior procedures, prior injectables, and allergies to any component of topical or injectable anesthesia should be noted. Patients with Fitzpatrick skin types I–III are routinely treated with fractionated ablative laser resurfacing; however, treatment of skin types IV and V should be restricted to advanced and experienced laser surgeons.

While assessing the patient's facial skin, we note the degree and distribution of fine lines, deeper folds, and hyperpigmentation. Because technology is expanding and patients are investing in rejuvenating their facial skin, an abrupt transition may result between the treated facial skin and the skin of the neck and chest. Contemporary women's clothing often exposes the neck and chest areas; therefore, some patients find this transition disconcerting and seek alternative wardrobe choices to conceal this disparity. To ensure a seamless cosmetically appealing transition between these areas, rejuvenation of the neck and chest may also be necessitated.

The quality (atrophy, rolling, boxcar, ice-pick, hypertrophy, hyperpigmentation, and hypopigmentation) and distribution of scarring are assessed. Hypopigmented and ice-pick scarring can be more resistant to improvement of resurfacing and realistic expectations that full correction may not be obtainable should be reviewed with the patient. We assess the pore size, skin texture, erythema, and telangiectasias. It is also imperative to examine the skin carefully for signs of any other underlying dermatological condition (acne vulgaris, vitiligo, rosacea, psoriasis, HSV, etc.) that might be exacerbated by resurfacing. Lastly, realistic expectations of the benefits, alternatives, side effects, and the possibility of multiple procedures must be thoroughly discussed.

We find that it may take three separate treatments with the fractionated CO_2 laser to achieve the same results with nonfractionated CO_2 laser resurfacing. The advantage of the fractionated approach is that the procedure can be performed entirely under topical anesthesia supplemented with cold air cooling as opposed to standard CO_2 laser resurfacing that requires general anesthesia or the use of a large number of nerve blocks and/or tumescent anesthesia. In addition, postoperative healing is far easier with the fractionated approach. Patients do not require a Silon TSR dressing (Bio Med Sciences, Inc., Bethlehem, PA) and do not have to be as diligent with vinegar water soaks. There is minimal serous exudate or crusting. Finally, patients are able to wear makeup 3–4 days postprocedure and are usually completely healed and look good without makeup within 5–7 days.

AVAILABLE TECHNOLOGIES

Fractionated CO_2 lasers

Active/deep FX

The active and deep FX fractionated CO_2 laser delivers the equivalent of 240 W to the tissue compared to the other 30 and 40 W systems. The nature of the 240-W square-wave pulse of the ultrapulse makes it about eight times the power of competitive CO_2 laser systems. This is said to result in a cleaner ablation. The Active FX handpiece has a spot size of 1.3 mm and ablates up to 300 μm of tissue (**Figure 13.1**). We use the Active FX in Cool Scan mode that randomly distributes a pattern of ablation in order to decrease bulk heating and improve patient comfort. The Deep FX handpiece has a 120-μm-diameter spot size that can ablate tissue from superficial to up to 4 mm depending on the power density chosen as well as whether the individual pulses occur as a single, double, or triple pulse (**Figure 13.2**). As described below, the Deep FX is used to treat individual scars and/or wrinkles (see **Figures 13.7 and 13.8**). This is followed by the Active FX that is used to treat the entire face rejuvenating the epidermis.

We have evaluated the histological and clinical effects of varying pulse energies and densities on ex vivo tissue as well as in vivo with the fractionated CO_2 laser (Ultrapulse Encore Active FX, Lumenis, Santa Clara, CA). A distinct stippled-gray, fractional epidermolysis pattern is apparent during the procedure followed by erythema. Ery-

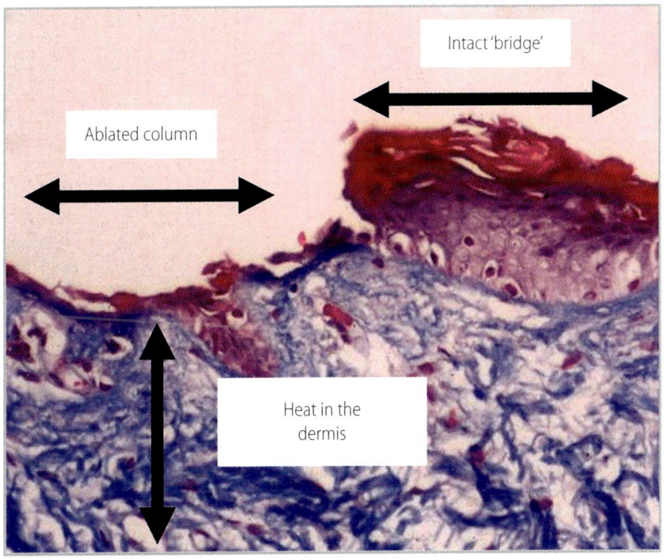

Figure 13.1 Histology of Active FX laser impulse at 100 mJ. Zone of ablation is within the epidermis and the zone of coagulation extends to the upper papillary dermis.

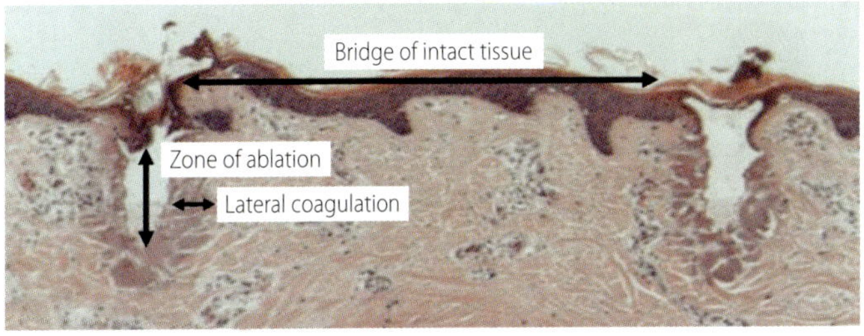

Figure 13.2 Histology of Deep FX laser impulse at 17.5 mJ. Zones of ablation are created, leaving bridges of intact tissue to aid in regeneration. Lateral and vertical coagulation stimulate a tissue regeneration response between the ablated columns.

thema lasts for about 3 days for patients treated with ~10% overlap and increases by approximately 1 day for each increased density setting. Edema persists for a little more than 1 day. The level of satisfaction at 1 month is relatively high, averaging 6 on a 1–10 scale. In a survey of our patients, nearly all patients would recommend this procedure for a family member or friend.

Weiss has conducted a split face study to evaluate the efficacy of the Active compared to the 1550-nm Fraxel Er:YAG laser (Reliant Technologies, Mountain View, CA). The Active FX was used at 80 mJ for a depth of 300 μm and the 1550 Fraxel was used at a final depth of 800 μm per microthermal zone (MTZ) with a density of 1000 MTZs/cm^2. The entire face is pretreated with topical anesthesia for 30 minutes and cold-air cooling was used during treatment. Pain was higher with the 1550-nm side. Erythema lasted 1–2 days on the 1550-nm side and 4–6 days on the CO_2 side. The CO_2 side had an average of 75% improvement, while the 1550-nm side had an average improvement of 25% (Weiss et al. 2008).

Scaar FX

Scaar FX is an abbreviation for Synergistic Coagulation and Ablation for Advanced Resurfacing. This new handpiece attaches to the UltraPulse platform, allows the highest energy of 150 mJ/pulse to be delivered to tissue, and creates ablation depths up to 4 mm. This technology is applicable to surgical, acne, and burn scar resurfacing. Qu et al. demonstrated that changes in levels of types I and III procollagen, MMP-1, TGF-b2, -b3, bFGF, and miRNAs were associated with clinical improvement following treatment of mature, third-degree burns with the Scaar FX (Qu et al. 2012).

Acupulse

The Acupulse was introduced by Lumenis as a 40-W machine and can deliver up to 200 W of peak power to tissue. The Acupulse uses a single scanning handpiece with a 120-μm spot size to create patterns of deep, dermal ablation while in SuperPulse mode and superficial, epidermal ablation channels of 1.3-mm diameter while in continuous-wave mode. This allows the physician to administer treatments analogous to the Active FX, Deep FX, or Total FX. Gold and Biron investigated 15 patients with photodamaged skin of the face and Fitzpatrick skin types II–V and achieved improvement in pigmentation and texture, without any unexpected or significant side effects (Gold & Biron 2012).

Fraxel Re:Pair

The second-generation fractionated resurfacing laser from Solta uses a CO_2 laser instead of the 1550-nm Er:YAG laser. First, a 135-μm spot size with a large treatment area of 15 x 15 mm in dimension was introduced with a depth of laser effects to 1.6 mm. Later, a 600-μm spot size has become available to allow superficial ablation (up to 202-μm deep) similar to that produced via the Active FX. Using the IOTS Paintbrush technology, sequential microdots are placed by gently rolling the handpiece across the skin surface. Four passes are advised with the 135-μm handpiece, while the 600-μm handpiece necessitates two passes.

A study by Chapas et al. showed that patients with acne scarring had an average 66.8% improvement in the depth acne scarring with a single treatment (Chapas et al. 2008). Weiss et al. found improvement in pigmentation, depth, texture, and overall appearance of atrophic scars using three treatments spaced every 1–4 months. Using three-dimensional topographical images, a mean 35.6% reduction of maximum scar depth was found 6 months after the third treatment (Weiss et al. 2010).

Mixto SX

Currently, the Mixto SX is available with two handpieces, a 180-μm spot size with treatment sizes of 6–20 mm and a 300-μm spot size with treatment sizes of 5–12 mm. To minimize bulk heating and improve patient comfort, the company introduced a nonsequential delivery of energy using a 'Z'-shaped algorithm. A computer-generated scanner divides the treatment area into four quadrants and energy is delivered in a Z-shaped distribution from quadrant to quadrant.

This low-powered fractionated CO_2 laser is usually used at a power between 8 and 15 W. This low-energy system has the advantage of causing only 1 day of erythema and fine, pinpoint crusting lasting for up to a week. No topical anesthesia or concurrent cold-air cooling is necessitated, and pain is minimal and 'easily tolerated' with one pass (see **Figure 13.9**). For more aggressive treatments, topical anesthesia can be added to improve patient comfort.

Pixel CO_2

The Pixel CO_2 fractionated laser (Alma Lasers Ltd., Caesarea, Israel) is a 70-W laser that fractionates the continuous-duration CO_2 laser beam through a patented Pixel micro-optics lens array that divides the energy to 49 or 81, 125 μm spots in a treatment area of 11 x 11 mm. The microinjury sites are about 15–20% of the treatment area. Thermal effect goes approximately 400-μm deep at maximal energy. A burning sensation on the skin is said to last 1–3 hours. Re-epithelialization requires 8–10 days and patients may remain erythematous for 6 weeks to 3 months (Trelles et al. 2011).

More recently, the company introduced the iPixel CO_2 that equips their handpiece with two wheels to allow the user to roll the device across the skin surface. The iPixel CO_2 delivers an array of 1 x 7 pixels in a 125 spot size, density of 1–15%, and depth up to 500 µm. The PixelCO_2 OMNIFIT handpiece is a separate device that can fit onto nearly any existing CO_2 laser designed for skin ablation or resurfacing. It converts any pulsed or continuous-wave CO_2 laser into a fractionated skin resurfacing laser.

MedArt FRx

This 20-W CO_2 laser equipped with a scanner performs fractionated resurfacing with 36-, 64-, or 100-µm microthermal zones/cm^2. One study on the perioral area treated three times using a 0.5-mm spot size and 12 W with a single pass produced histologic evidence of increased collagen without any noticeable improvement in wrinkles in 9 of 11 patients. Crusting lasted up to 15 days with erythema lasting 1–3 days. This device is the one of only flexible-fiber-delivered CO_2 laser available that removes the articulating arm seen on other available devices.

SmartXide DOT and Smart Skin

The SmartXide DOT/Smart Skin is the same fractionated laser sold by two subsidiaries of the company Deka. While power of 30 W (see **Table 13.1**) accounts for depth of ablation of approximately 300–350 µm/pulse, dwell time (0.2–2.0 ms in microablative mode; 0.2–20.0 ms in standard mode) controls the width of the thermal pulse that is delivered directly after the microablation.

A third setting, space between laser impacts can be adjusted from 0.0 to 2.0 mm in order to change the laser from fractionated to fully ablative. The scan mode defines how the spots are laid out on the scanned surface. The 'Normal' option will sequentially place each spot. The 'Interlaced and Autofill' options are especially programmed to minimize tissue overheating. In the Interlaced mode, odd lines are scanned first followed by the even ones. In the 'Autofill' mode, the spots are randomly placed on the scanned area.

Like the Lumenis Active/Deep FX/Acupulse, the user has the flexibility of selecting one of the six possible shape options (rectangle, triangle, hexagon, parallelogram, line, and point) to fit to the patient's anatomy. In addition, each shape can be modified in size (maximum scan area: 15 mm x 15 mm), ratio (width/height), and pulse stacking is possible that enables the maximum penetration depth to reach 2000 µm. As of this writing, there are no published or unpublished investigations on these products, but excellent results have been presented (**Figure 13.3**).

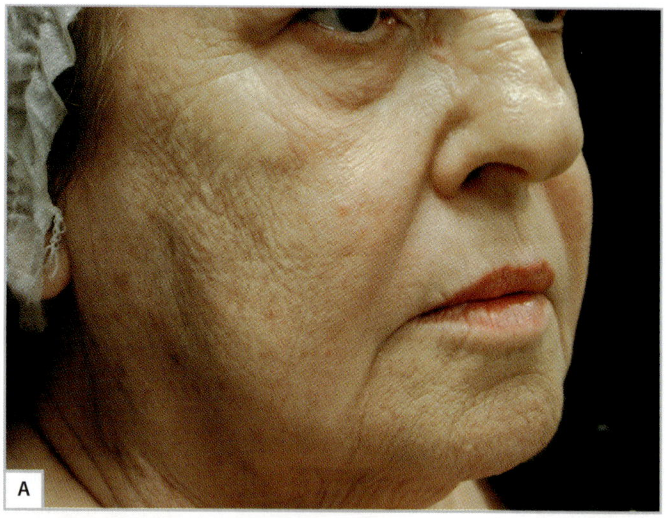

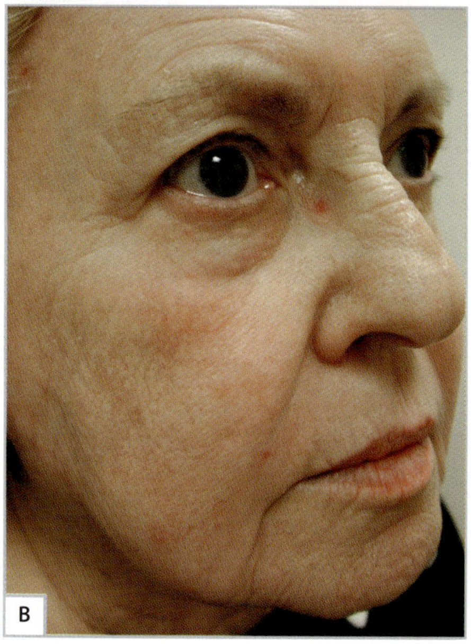

Figure 13.3 (A) An 81-year-old patient treated with the Affirm CO_2 Laser before treatment. (B) One week after three treatments 2 weeks apart with topical 30% lidocaine and Smart Cool. First Treatment at 17 W, 500 µs, 500 µm spot, two passes; second treatment 17 W, 500 µs, 500 µm spot. By courtesy of Bruce Katz, New York City.

eCO_2

The Lutronic eCO_2 is a multifunctional microfractional CO_2 laser with the ability to superficially target the epidermis or remodel collagen deep within the reticular dermis. The eCO_2 allows the user to select between several scan shapes and sizes, a sequential beam pattern or a nonlinear randomized microbeam delivery pattern (known as Lutronic's Controlled Chaos Technology – a spray paint-like approach). The Controlled Chaos Technology minimizes thermal damage by spacing each beam further apart to reduce the collateral thermal effect of the laser beams and creates a more natural post-treatment look by nonsequentially placing the beams. There are dual operation modes, the Static Mode (a pulsed operating mode) and the Dynamic Mode (a continuous operating mode) used to 'feather' the treatment to reduce the 'checkerboard' appearance that is common with currently available fractional CO_2 devices. A Multiple Repetition Mode (also on the Lumenis Deep FX) enables even deeper penetration (successive shots of two to five) to create subdermal damage without the superficial damage for greater skin tightening ability. The eCO_2 laser has a variable microbeam delivery speed, skin sensing treatment tips (safety feature that prevents laser firing without skin contact), and user-friendly treatment interfaces that enable real-time tracking of microbeam delivery (automatic total density counter) in dynamic mode.

There are three interchangeable fractionated treatment tips (120, 200, and 1000 µm), allowing a variety of densities based upon the spot size (see **Table 13.1**). Additionally, the device includes a pinpoint beam tip for traditional ablative skin resurfacing. The 120-µm beam size has a deep penetration depth (up to 2.4 mm). There are no consumable tips for the eCO_2 laser. Within 3–5 days post-treatment at 140 mJ of pulse energy, patients are usually healed (**Figure 13.4**).

A split-face study by Jung et al. in 10 patients with acne scarring and enlarged pores showed greater improvement using a higher fluence and decreased density settings over lower fluence and increased density settings. There were no significant differences in discomfort scores between the two arms of the study (Jung et al. 2010). A study by Yang et al. investigated four patients with skin type IV with striae distensae. Patients were randomized to receive a series of three treatments

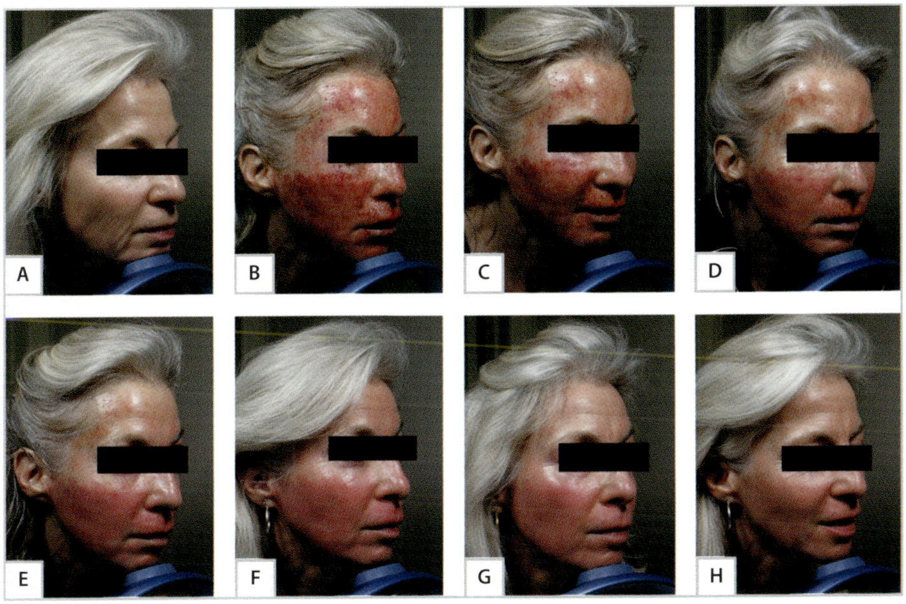

Figure 13.4 Patient progress photographs with treatment with eCO_2 at 140 mJ of pulse energy and a total density of 200 spots/cm^2: (A) before, (B) immediately after treatment, (C) post 1 day, (D) post 2 days, (E) post 3 days, (F) post 6 days, (G) post 9 days, and (H) post 22 days. By courtesy of JA Rapaport, Englewood Cliffs.

at 4-week intervals with the eCO_2 on one side of the body and 1500 nm erbium:glass laser on the other. While improvement was achieved with both modalities, there were no statistically significant differences in the improvement of striae distensae between the eCO_2 and fractionated erbium:glass laser. However, postinflammatory hyperpigmentation was over two times more common with the ablative fractionated laser than the nonablative fractionated laser (Yang & Lee 2011).

CO_2RE

This 60-W laser allows the physician to select from six programs: CO_2RE Light (epidermal ablation of 30–60 µm depth and 30–50% coverage), CO_2RE Mid (ablation through the dermal–epidermal junction of 60–100 µm and 20–40% coverage), CO_2RE Deep (dermal ablation of 500–750 µm and 1–5% coverage), CO_2RE Fusion (a combination of the CO_2RE Mid and CO_2RE Deep modes), traditional ablative resurfacing, and a cutting mode. Unique among other fractionated CO_2 lasers, which allow sequential superficial and deep ablative treatments, the CO_2RE Fusion allows the physician to simultaneously ablate superficially and deeply in a single pulse (Waibel 2012).

Equinox CO_2

This 30-W fractionated CO_2 laser offers a 350-µm spot size along with an option of a 120-µm handpiece for surgical cutting. A variety of patterns are available including square, triangle, and circle along with a treatment size that can be adjusted from 1 to 15 mm.

Juvia

This small lightweight fractionated CO_2 laser operates at 15 W. Unlike other devices with an articulating arm, the Juvia has a flexible fiber. The Juvia uses a 500-µm spot size (Alexiades-Armenakas et al. 2012) with a penetration depth of 400 µm. Three treatment sizes are available with a reusable, scanning handpiece: 49, 81, or 121 MTZ/cm^2.

Fractionated Er:YAG lasers

ProFractional and ProFractional-XC

Sciton's ProFractional 2940-nm wavelength allows the user to optimize treatment depth, area coverage, and the ratio of ablation and thermal zone. The ProFractional module can selectively treat – in a single pass – from 1.5% to 30% of the skin area and from 25 to 1500 µm in depth. The ProFractional-XC provides the same treatment depths and three fixed densities – 5.5%, 11%, and 22% – and offers two additional features: superfast treatment speed and user-controlled thermal coagulation for increased collagen production. Thermal coagulation is achieved by using a long, low-power pulse that heats but does not vaporize tissue, immediately following a short, high-energy pulse for tissue ablation. ProFractional-XC allows the user to select and control the degree of the thermal damage independent of the ablation depth. With this tunable flexibility, the user can adjust settings for different skin types and patient expectations and can emulate the thermal profile of CO_2 or other lasers (**Figures 13.5** and **13.6**).

A study by Hu et al. of 34 subjects with skin types III and IV showed 50–75% improvement in 57.6% and 25–50% improvement from baseline in 31.8% of patients with acne scarring with a single treatment using the ProFractional-XC in the adjustable coagulation mode. The incidence of adverse events was low with 3% of subjects experiencing postinflammatory hyperpigmentation, which resolved within 2 weeks. No other serious infections or adverse events were encountered (Hu et al. 2011).

Pixel 2940

This fractionated Er:YAG laser delivers the laser beam via a handpiece that splits the beam into various microbeams 200 µm in diameter using the same technology as the Pixel CO_2 laser. The 7 x 7 matrix with 49 microbeams with 200 µm in diameter yields energy density of up to 51 mJ/pulse per pixel in an area of 11 x 11 mm square area (Trelles et al. 2008). The laser operates at energy of up to 2500 mJ/pulse and multiple passes are required to produce epidermal ablation and dermal effects. Similar to the iPixel CO_2 described above, the iPixel Er is now available with a 1 x 7 pixel array and a handpiece mounted with two wheels to allow the physician to gently roll the handpiece across the skin surface.

The degree of thermal effects is determined by the number of stacks (stationary technique) or passes (nonstationary technique). No Zimmer or other cooling means is required during the procedure. An evaluation by Lapidoth et al. of 28 patients with photoaged facial skin treated one to four times demonstrated excellent (21) and good (7) results. Erythema lasted between 2 and 10 days (mean 3.6 days) (Lapidoth et al. 2008).

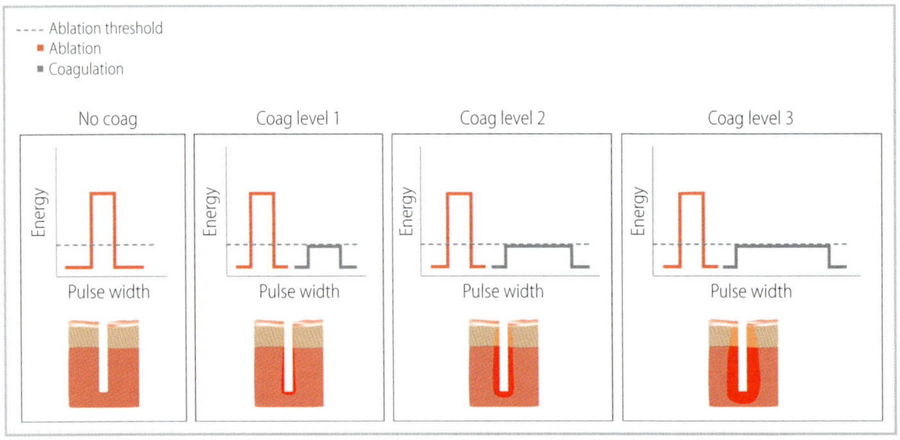

Figure 13.5 Diagrammatic representation of nonspecific thermal damage by controlling the pulse width of the Sciton Er:YAG laser. By courtesy of Sciton, Inc, Palo Alto.

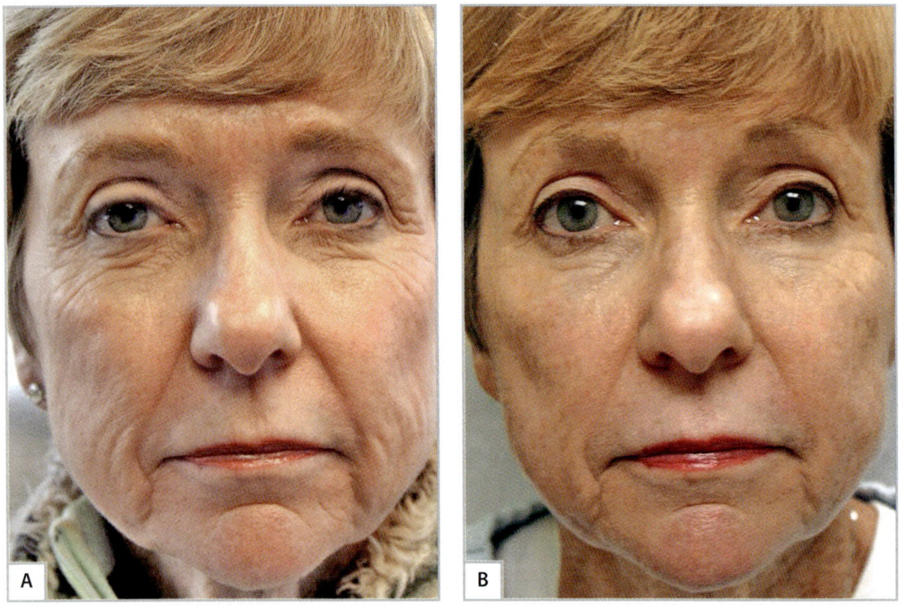

Figure 13.6 Patient treated with the Sciton Profractional at 150 μm, 1.9%: (A) before and (B) 4 weeks after treatment. By courtesy of Michael Gold, Nashville.

Palomar Lux 2940

This fractionated Er:YAG laser splits the laser beam into microbeams 300 μm in diameter through a microlens array handpiece. Biopsy demonstrates ablated columns extending 600 μm below the epidermis with an approximate 20-μm coagulation area. Re-epithelialization occurs by 12 hours with a mild inflammatory response persisting for 1 month (see **Figure 13.10**).

Waibel et al. have studied the Palomar Lux in patients with third-degree burn scars treated with three treatments at 4-week intervals. Improvements to texture, dyschromia, hypertrophy, vascularity, and overall improvement were graded on a four-point (0–3) score. The average overall improvement was 2.27. A decrease in thickened, dystrophic collagen was also noted in histological studies. The investigators noted that 2 of the 11 patients showed increased vascularity after treatments and suggested an increased time frame between treatments to minimize this change (Waibel et al. 2012).

The Groove Optic technology developed by Palomar is a unique concept of fractionated laser resurfacing that replaces the traditional columnar ablative channels with an array of five parallel, linear 100–300 μm wide 'V'-shaped grooves, each 6 mm in length. Following the application of four passes, a lattice-like pattern on the skin is produced. The depth of ablation ranges from 150 to 500 μm. The device allows the user to select from a short-pulsed ablative mode, a long-pulsed coagulative mode, or a dual, pulsed mode composed of both. Re-epithelialization is achieved in 4–5 days (Doherty et al. 2009).

Pearl Fractional

This 2790-nm Er:YSGG (yttrium-scandium-gallium-garnet) device produces a 300-μm ablative spot with a 40-μm rim of coagulation. The 2790 nm has a higher water absorption coefficient than the 10,600 nm CO_2 laser, but a lower water absorption coefficient than the 2940 nm Er:YAG (Smith & Schachter 2011). A single-treatment pass is delivered and limited postoperative bleeding is encountered. Erythema usually lasts for 7–10 days, though rare cases of erythematous macular dots continuing for a year have been reported (Alexiades-Armenakas et al. 2011).

Walgrave et al. evaluated 11 patients for the improvement of dyschromia, tone, texture, fine lines, and wrinkles by delivering two treatments, 6 weeks apart. Subjects showed the most improvement to tone/texture, followed by fine lines and dyschromia, and then wrinkles (Walgrave et al. 2012). Multiple studies have shown improvement of periorbital (Lee et al. 2010) and perioral (Ciocon et al. 2011) rhytides with an average 1.7-point improvement on a 9-point wrinkle score. Acne scarring in patients with skin types IV showed favorable improvement in a study by Kim. Seventy per cent of subjects achieved over 50% improvement with two treatments and no cases of postinflammatory hyperpigmentation, prolonged erythema, or hypertrophic scars were encountered (Kim 2011).

PRE-LASER CONSIDERATIONS

Our experience with full-face ablative laser resurfacing has proven that preoperative treatment with topical retinoids, glycolic, or depigmenting agents like hydroquinones are not required to enhance treatment efficacy. At best, by pretreating the skin, both patient and physician can determine what products are easily tolerated and/or irritating to the skin. This may be beneficial if and when the physician prescribes the medical creams postlaser to treat hyperpigmentation or an acneiform eruption. It does make sense to ensure that patients have adequate nutrition and vitamin stores to enhance healing and promote new collagen formation. We regularly recommend oral antioxidants and a multivitamin. No controlled clinical studies have yet to be performed to demonstrate the efficacy of this recommendation.

We have found that treating areas of hyperactive muscle movement, like the lateral canthus with a botulinum toxin neuromodulator 1 week before laser treatment will allow for uniform lamellar collagen deposition to occur. We do not recommend performing these injections at the same time as laser treatment since the resulting inflammation and edema from the laser may inactivate and/or promote migration of the neuromodulator from the intended site of injection. Similarly, we do not recommend the injection of hyaluronic acid, collagen, calcium hydroxyapatite, azficel-t, or polymethylmethacrylate injections at the same time of ablative fractionated resurfacing, as the resultant procedural inflammation and edema may result in augmentation, migration, and increased complications associated with these fillers. We do often combine poly-L-lactic acid injections immediately preceding ablative fractionated laser resurfacing as these injections are placed in deeper, often supraperiosteal, as opposed to the above-listed injectable fillers and are able to provide additional anesthesia intraoperatively.

Patients with a history of HSV receive prophylactic antiviral therapy, such as valacylovir 500 mg po BID, for 7 days. Routine antibiotics are not necessary with fractionated ablative lasers; however, they should be considered in patients with a history of immunosuppression or if an aggressive resurfacing procedure is planned.

Before treatment, patients wash their faces with a neutral cleanser. High-quality photographs of the treatment area(s) and informed consent are obtained. A topical anesthetic cream [2.5% lidocaine and 2.5% prilocaine (Pligalis, Galderma, Fort Worth, TX)] is applied to the face for 1 hour and removed just before treatment. If treating within the orbital rim, metal eye shields are inserted; otherwise, metal external eye goggles are used. We find it beneficial to perform nerve blocks to the supratrochlear, supraorbital, infraorbital, mental, zygomaticofacial, and auriculotemporal nerves to provide additional anesthesia. Finally, if needed, small dosages of anxiolytics and analgesics can be administered; however, general anesthesia is not needed.

TECHNIQUE

Lumenis Active/Deep FX

We use the UltraPulse Encore Fractional CO_2 Laser System (Active/Deep FX, Lumenis Inc., Santa Clara), which emits a wavelength of 10,600 nm, with spot sizes of 1.25 mm (Active FX) and 0.12 mm (Deep FX) in diameter. We always treat the face with a 5°C cold-air cooler (Zimmer) set at maximum flow. We initially use the Deep FX handpiece with its 120-μm spot size at 22.5–25 mJ to treat areas of skin laxity and/or wrinkles and scars at a density of 10–15 with a single pass, 10 mm size, and pattern of two (square). Occasionally, we administer a second pass in an area with more pronounced rhytides and/or scarring. If a second pass is used, the fluence and density should be decreased. The entire face is then treated with one pass with the Active FX handpiece with its 1.25 mm spot size at a fluence of 125 mJ, frequency of 125 Hz, pattern of three (square), size 10 mm, and density of 2. We always use the CoolScan setting, which produces a randomized spot pattern allowing for extra cooling to occur between laser impacts and a repeat delay of 0.3 Hz. At the jawline, the laser is feathered to provide a gradual transition between treated and nontreated skin and to decrease side effects due to the decreased skin thickness along the jawline. Both the fluence and density are reduced for darker skin types and resurfacing in sites off of the face. Since the skin of the neck and chest has decreased epidermal thickness, dermal thickness, and pilosebaceous units, there is an increased risk of scarring if aggressive fluences and densities are used. The mean duration for the entire procedure is 10–15 minutes for a facial treatment.

POST-LASER CONSIDERATIONS

Cold, sterile saline compresses are applied immediately post-treatment. Tap water should be avoided in the immediately postprocedure, as it may harbor atypical mycobacterium. A bland healing ointment is then applied and is continued every 4 hours for the next 4–6 days until epithelial healing is complete. At that time, a bland ceramide-based moisturizer is used four times a day until erythema has resolved. Beginning on postoperative day 3, we begin twice daily application of 0.025% fluocinalone ointment to decrease erythema, pruritus, and the incidence of postinflammatory hyperpigmentation by decreasing inflammation (Goldman 1997a,b, Manuskiatti et al. 1999, Goldman et al. 2002, Sriprachay-anunt et al. 2002).

Once re-epithelialization is complete, patients wear a full spectrum light zinc oxide sunscreen during the day under a mineral-based makeup. At 3–4 weeks, when epidermal regeneration is complete with formation of an intact epidermal barrier, patients may use topical growth factor-based serums to further stimulate fibroblastic formation of new collagen and elastic fibers. Sun protection with UVA and UVB blockers is continued. At 4 weeks, the patient can resume topical retinoids, antioxidants, a-hydroxyl acids, b-hydroxyl acids, and benzoyl peroxide.

Patients are seen 1 day, 1 week, and 1 month after the procedure and then every 3 months. A botulinum toxin neuromodulator is recommended to relax hyperactive muscles and allow continued collagen deposition every 3–4 months. If patients do not achieve the degree of improvement they would like, repeat treatments are scheduled every 6 months. Histologic studies of traditional, nonfractionated CO_2 and Er:YAG laser resurfacing patients have demonstrated continued collagen production and improvement lasting up to 2 years after treatment. It is not known how long fibroblastic stimulation occurs after fractionated laser resurfacing, but 6 months seems to be a reasonable estimate.

Identification and management of complications

We performed a retrospective evaluation of 373 consecutive treatments with the Active FX in patients with Fitzpatrick skin types I–IV in our office between 2006 and 2008. We experienced a 12.6% adverse event rate. We found 4.6% incidence of an irritant reaction to postoperative topical therapy, 2.5% with acne lesions secondary to postoperative ointment, and 1% incidence of erythema lasting more than 4 days. There was 1% incidence of herpes simplex in patients not prophylactically treated with an antiviral that cleared with antiviral treatment. Finally, no patient developed either postoperative hyper-or hypopigmentation (Campbell & Goldman 2010).

We later performed an additional retrospective evaluation of 490 consecutive treatments from 2008 to 2010 using the Deep FX patients with Fitzpatrick skin types I–IV. An overall 13.6% adverse event rate was seen with the most frequent adverse events being acneiform eruption (5.3%), herpes simplex outbreak (2.2%), bacterial infections (1.8%), yeast infections (1.2%), hyperpigmentation (1.2%), prolonged erythema beyond 1 month (0.8%), and (0.8%) contact dermatitis. As in our previous study, there were no reports of scarring or hypopigmentation (Shamsaldeen et al. 2011).

A split-face study on Chinese patients confirms our adverse effects profile as well as the rarity of postlaser pigmentary alterations (Manuskiatti et al. 2010). Of note is that unlike fully ablative, nonfractionated CO_2 laser resurfacing, we have yet to see any patients with hypopigmentation. This could either be because we do not yet have long-enough follow-up on a large-enough patient group, or that fractionating epidermal and dermal ablation has a protective effect on epidermal melanocytes.

In the postoperative period, any new onset pain, prolonged erythema, honey-colored crusting, erosions, delayed healing, or ulcerations should prompt the clinician to rule out an infectious cause. While *Pseudomonas aeruginosa* had been one of the most common bacteria associated with traditional ablative laser resurfacing, we have seen a surge of methicillin-resistant *Staphylococcus aureus*, methicillin-sensitive *Staphylococcus aureus*, and atypical mycobacteria (Palm et al. 2010) infections complicating laser resurfacing. Aerobic and anaerobic bacteria, herpes simplex, varicella zoster, and yeast cultures are recommended. If atypical mycobacterium is suspected, swab cultures are often ineffective and tissue culture will be needed. Empirical therapy with antibiotics, antivirals, and antiyeast medications is recommend until cultures are finalized.

In the event of prolonged or intense erythema, infections should first be ruled out. Other management strategies include topical steroids, injectable steroids, PDL, compression therapy, and silicone sheeting. Erythema should be treated aggressively as prolonged erythema, especially that greater than 6 months, may result in scarring and/or postinflammatory hypopigmentation.

To decrease the incidence of hyperpigmentation, we recommend in all skin types judicious sun protection and the use of mid potency topical steroid ointment (fluocinolone ointment 0.025%) beginning on the night of postoperative day 3, which is postulated to decrease inflammation that may be a factor in reducing hyperpigmentation. Patients are instructed to use this ointment at night until re-epithelialization is complete (Goldman 1997a,b, Manuskiatti et al. 1999, Goldman et al. 2002, Sriprachay-anunt et al. 2002). In the event hyperpigmentation develops, we treat with a cream composed of disodium glycerophosphate, L-leucine, phenylethyl resorcinol, and undecylenoyl phenylalanine (Perle Skin Brightening Cream, Neocutis, San Francisco, CA) (Dreher et al. 2013), IPL therapy, or a cream composed of 4-ethoxybenzaldehyde, tetrapeptide-30, hexylresorcinol, retinol, tetrahexyldecyl ascorbate, linoleic acid, glabridin, and niacinamide (Lytera Skin Brightening Complex, Skin Medica, Carlsbad, CA) (Fabi & Goldman 2013), (**Table 13.4**).

Allergic contact dermatitis reactions can be encountered in the postoperative period and are hallmarked by erythema, itching, edema, and discomfort. As a means to decrease the incidence of contact dermatitis, the patient should be instructed to use a gentle, bland cleanser, ointments, and creams that are devoid of common allergens and irritants such as antioxidants, fragrances, dyes, and propolyene glycol. If contact dermatitis develops, it should be treated with gentle skin care and a low-potency topical steroid.

Table 13.4 Management of postinflammatory hyperpigmentation

Prophylaxis techniques
Decrease fluency
Decrease density
Decrease passes
Increase time between treatments
Apply topical steroid in postoperative course
Limit sun exposure and wear sunscreen
Treatment options
Perle Skin Brightening Cream (Neocutis, San Francisco, CA) – glycerophosphate, L-leucine, phenylethyl resorcinol, and undecylenoyl phenylalanine cream
Lytera Skin Brightening Complex (Skin Medica, Carlsbad, CA) – 4-ethoxybenzaldehyde, tetrapeptide-30, hexylresorcinol, retinol, tetrahexyldecyl ascorbate, linoleic acid, glabridin, and niacinamide cream
Intense Pulsed Light

SUMMARY

In our clinic from 2004 to 2007, we performed on average 75 full-face CO_2: Er:YAG laser resurfacing/year, 75 one pass Er:YAG laser resurfacings/year, and 150 Active/Deep FX fractionated CO_2 laser resurfacings/year. In 2008, those numbers changed with only 25 full-face CO_2: Er:YAG laser resurfacings, 35 one pass Er:YAG laser resurfacings/year, and 225 Active/Deep FX fractionated CO_2 laser resurfacings. Our advice to patients is to choose the procedure based on both how much time they can take off from work and/or social events versus the number of treatments that they are willing to undergo to achieve the expected results.

Patients with severe acne scarring or those with extensive photodamage, actinic keratoses, and/or acne scarring do best with deeper nonfractionated laser resurfacing and do not achieve satisfactory results with less invasive procedures. We have found that severe acne scarring may require two to three treatments every 6 months to achieve optimal results. Full-face CO_2 and Er:YAG laser resurfacing usually gives excellent results for up to 10 years before patients request additional cosmetic procedures. Full-face Er:YAG laser resurfacing procedures have a more rapid healing and are best reserved for patients who need limited skin tightening but have extensive superficial photodamage. Full-face Er:YAG resurfacing can also be combined with spot Deep FX fractionated laser resurfacing over wrinkled areas or in areas which require skin tightening. Optimal results last approximately 5 years. Fractionated CO_2 laser resurfacings are usually given twice within a year to achieve optimal results. At this time, we feel 5 years seems like a reasonable estimate.

Future advances in fractionated CO_2 laser resurfacings will incorporate a variety of spot size and energy densities in one handpiece to allow for more rapid treatment with variation of laser depths as well as differing widths and depths of both flash vaporization and nonspecific thermal damage. Incorporation of different laser wavelengths including but not limited to 2940 nm Er:YAG, 1064, 1320, 1440, 1550 nm separately or together may also increase efficacy. Research in drug (Haedersdal et al. 2012) and stem cell (Oni et al. 2013) delivery utilizing freshly ablative microchannels has recently begun to become popular. Waibel et al. have reported enhanced delivery of topical steroids with ablative fractionated resurfacing in order to improve hypertrophic and burn scars (Waibel et al. 2013). Likewise, photosensitizers, methyl levulinic acid (Haak et al. 2012) and aminolevulinic acid, applied immediately after ablative fractionated resurfacing have potentiated the effects of photodynamic therapy in select patients whom were traditionally therapy resistant.

ILLUSTRATIVE CASES

Case 1: Treatment of fine lines, solar lentigines, and rough skin texture

A 40-year-old woman with a Fitzpatrick skin type I sought treatment for the improvement of fine lines, solar lentigines, and rough skin texture (**Figure 13.7**). She first received treatment with the Active FX with a 1.3-mm diameter spot size, density 2, 100 mJ, and a single pass. Then 3-months later, she underwent treatment with the Deep FX at 17.5 mJ, density 10%, and a single pass. Immediately after treatment with the Deep FX, there is confluent erythema, mild edema, and rare foci of pinpoint bleeding. The patient underwent an uneventful course and was satisfied with her results.

Case 2: Treatment of solar lentigines, fine lines, sallowness, and periorbital laxity

We consulted with a 51-year-old woman with Fitzpatrick skin type II requesting improvement to her solar lentigines, fine lines, sallowness, and periorbital laxity (**Figure 13.8**). She was treated with Deep FX at 15 mJ, density 10%, and a single pass in the periorbital and perioral area followed by Active FX to the entire face at 100 mJ, density 2, and a single pass (**Figure 13.8A**). The patient showed a dramatic improvement to her periorbital area at her 2 months postoperative follow-up visit (**Figure 13.8B**).

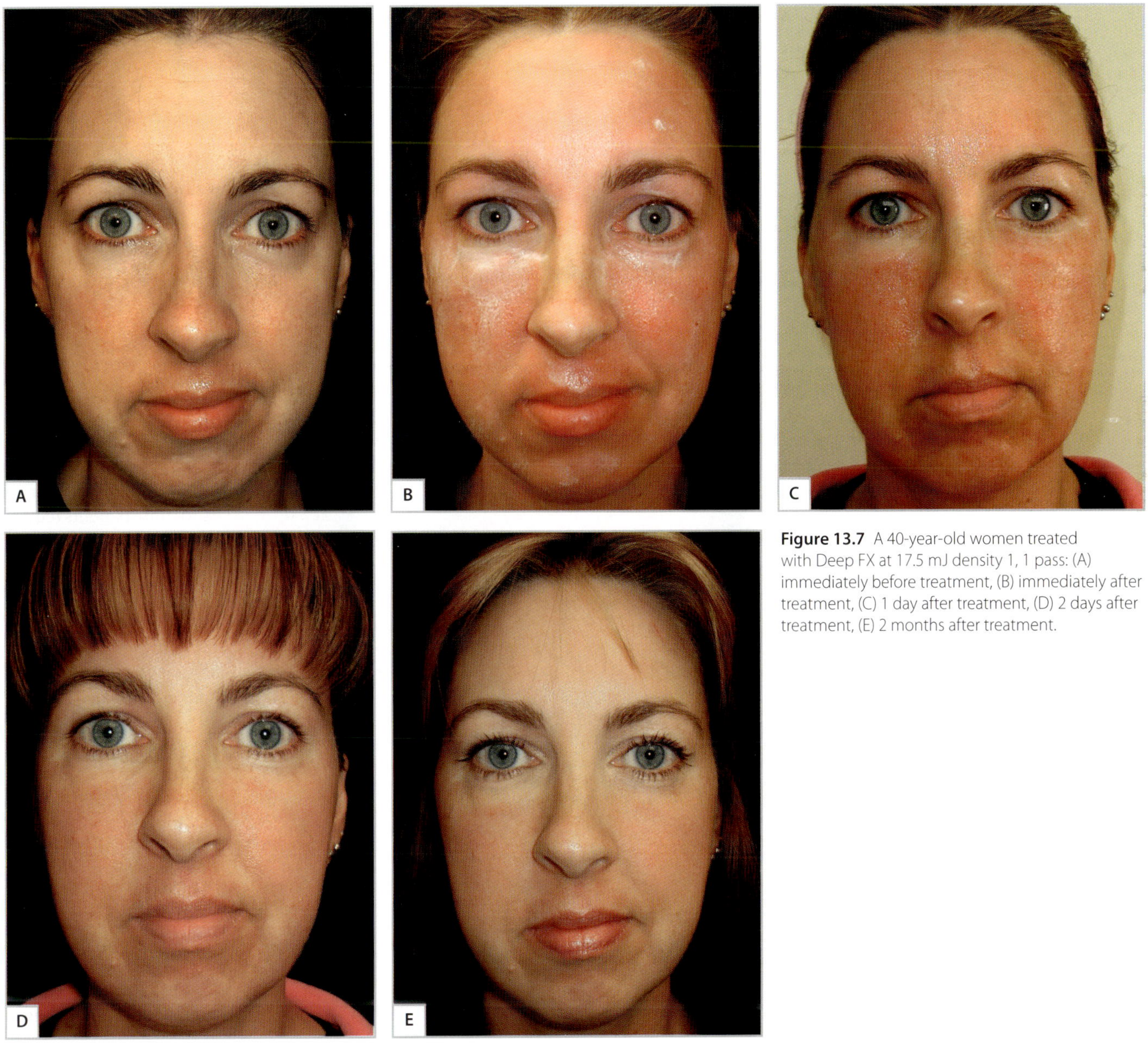

Figure 13.7 A 40-year-old women treated with Deep FX at 17.5 mJ density 1, 1 pass: (A) immediately before treatment, (B) immediately after treatment, (C) 1 day after treatment, (D) 2 days after treatment, (E) 2 months after treatment.

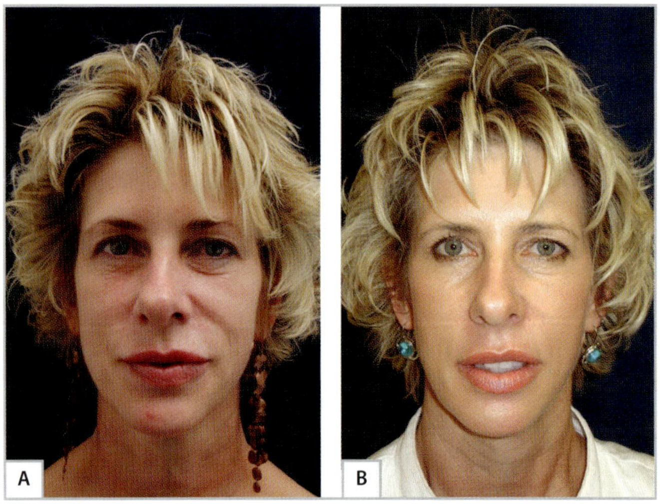

Figure 13.8 A 51-year-old women treated with Deep FX at 15 mJ, density 1, single pass in the periorbital and perioral area followed by Active FX to the entire face at 100 mJ, density 2, single pass: (A) Before and (B) 2 months after treatment.

Case 3: Treatment for improved skin texture, hyperpigmentation, and rhytides

A female patient in her mid-50s with a skin type II, desired improvement in her overall skin texture, hyperpigmentation, and rhytides (**Figure 13.9**). She received treatment with the Mixto SX laser, courtesy of Dr. Jeffery Hsu. The day after her procedure there is a pattern of erythematous macules converging into a confluent erythematous patch with mild edema. At her 1-week follow-up visit, re-epithelialization is complete. Two months after her treatment, the hyperpigmentation is dramatically lessened and the rhytides have softened in appearance).

Case 4: Treatment for improved facial sallowness, textural irregularities, solar lentigines, and rhytides

A woman in her mid-60s with a Fitzpatrick skin type II sought improvement of her facial sallowness, textural irregularities, solar lentigines, and moderate-to-severe rhytides (**Figure 13.10**). She was treated with the Palomar fractionated Er:YAG with 40–60% coverage, 300-µm depth, 120-µm spot size. Immediately after treatment, erythema is confluent and edema is notable and causes immediate effacement of the rhytides. Photographs taken 3 months after her treatment show improved skin texture and decreased sallowness, pore size, hyperpigmentation, and fine lines.

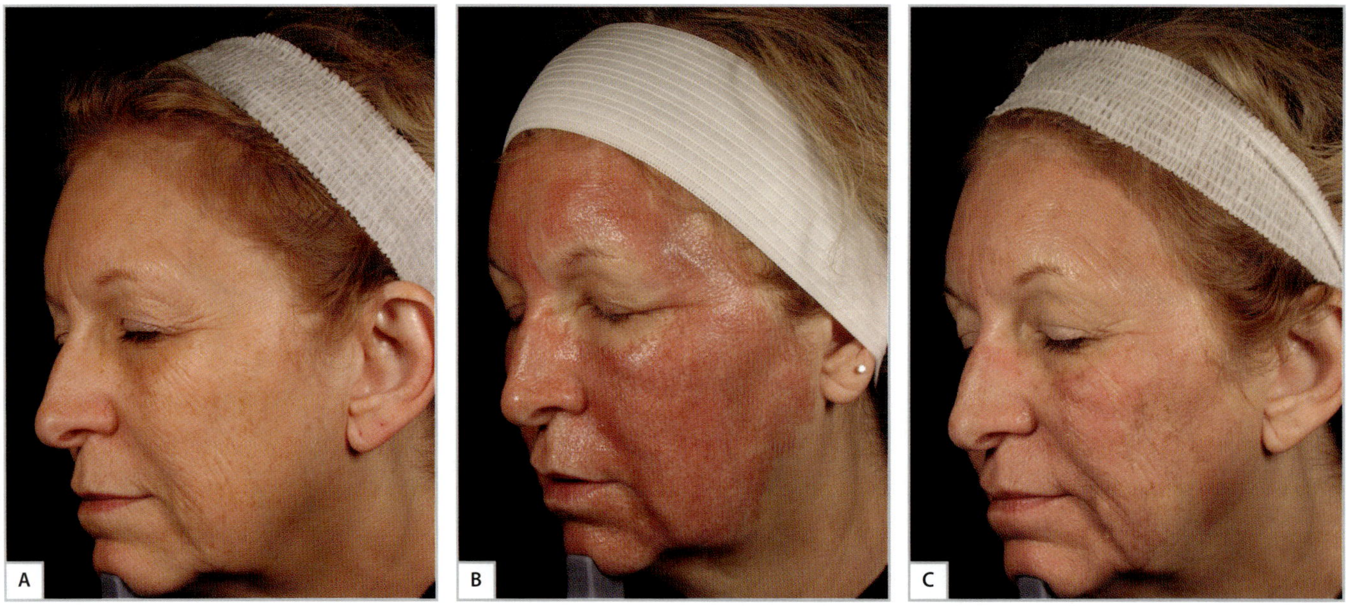

Figure 13.9 Treatment with the SLIM E30 Mixto SX fractionated CO_2 Laser. A patient treated with the SLIM E30 Mixto SX fractionated CO_2 laser: (A) before treatment, (B) 1 day after treatment, (C) 3 days after treatment, (D) 7 days after treatment, (E) 2 weeks after treatment, and (F) 8 weeks after treatment. By courtesy of Jeffery Hsu, San Diego, USA.

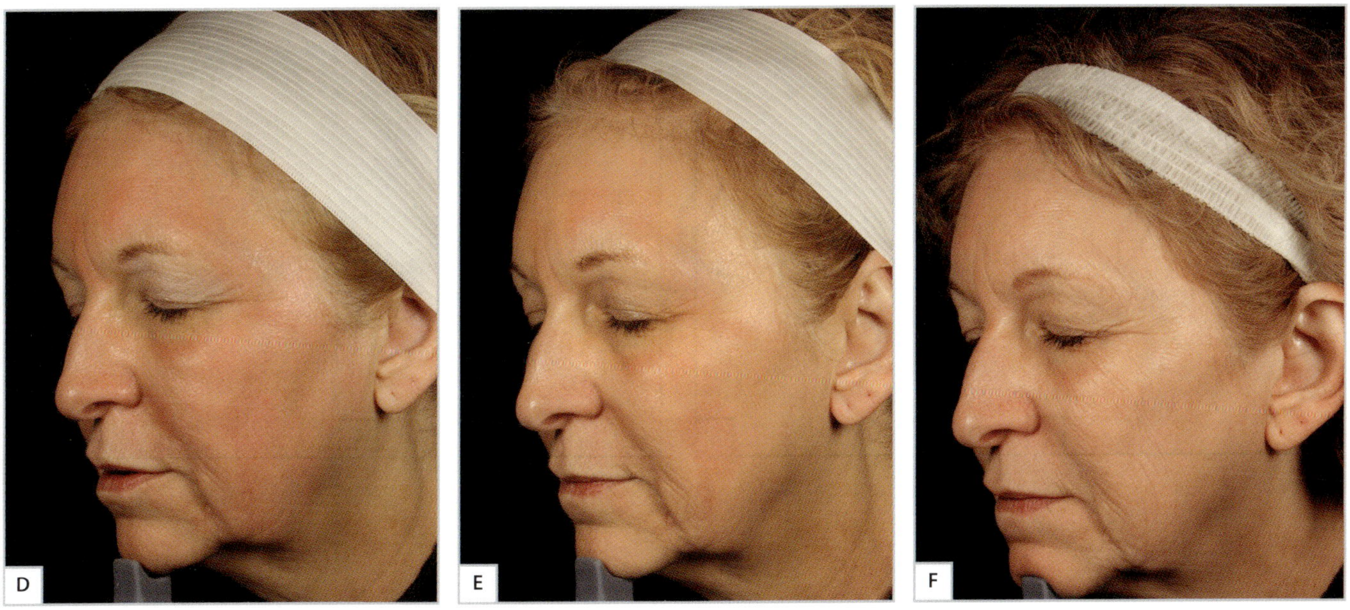

Figure 13.9 *Continued...*

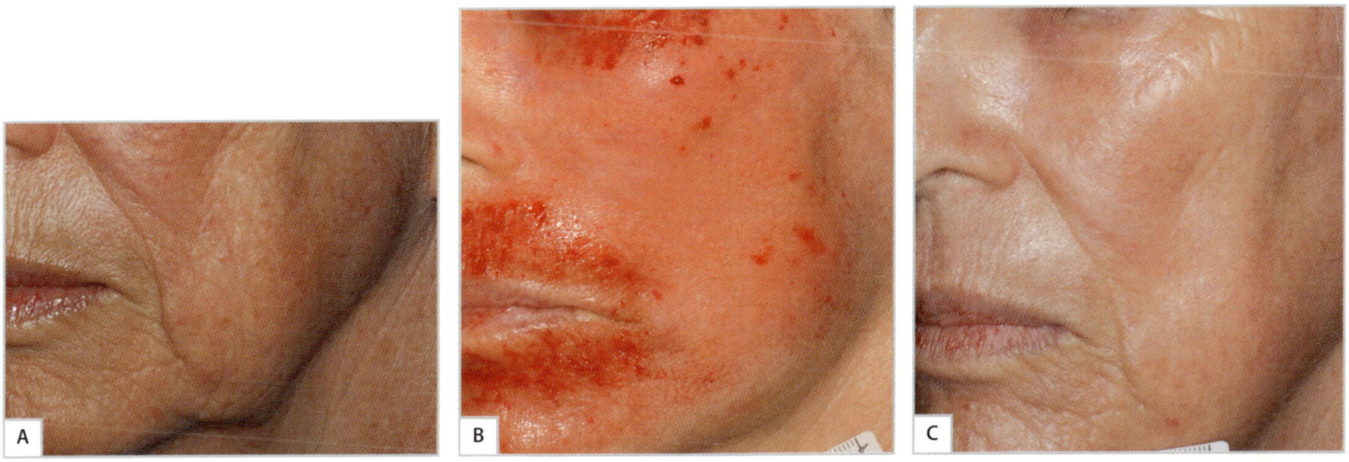

Figure 13.10 Patient treated with the Palomar fractionated 2940 nm Er:YAG Laser 6-mm diameter spot, 300-µm depth, 120-µm crater diameter, 40–60% coverage: (A) before treatment, (B) immediately after treatment, and (C) 3 months after treatment. By courtesy of E. Vic Ross, Naperville, USA

REFERENCES

Alexiades-Armenakas MR, Dover JS, Arndt KA. Fractional laser skin resurfacing. J Drugs Dermatol 2012; 11:1274–1287.

Campbell TM, Goldman MP. Adverse events of fractionated carbon dioxide laser: review of 373 treatments. Dermatol Surg 2010; 36:1645–1650.

Chapas A, Brightman L, Sukal S. Successful treatment of acneiform scarring with CO_2 ablative fractional resurfacing. Laser Surg Med 2008; 40:381–386.

Ciocon DH, Hussain M, Goldberg DJ. High-fluence and high-density treatment of perioral rhytides using a new, fractionated 2,790-nm ablative erbium-doped Yttrium Scandium Gallium Garnet Laser. Dermatol Surg 2011; 37:776–781.

Doherty S, Seckel B, Ross V. Advantages of a groove pattern of microfractional ablation for facial skin resurfacing. Lasers Surg Med 2009; 41:30.

Dreher F, Draelos ZD, Gold MH, et al. Efficacy of hydroquinone-free skin-lightening cream for Photoaging. J Cosmet Dermatol 2013; 12:12–17.

Fabi S, Goldman MP. Comparative study of hydroquinone-free and hydroquinone-based hyperpigmentation regimens in treating facial hyperpigmentation and photoaging. J Drugs Dermatol 2013; 12:s32– 7.

Fitzpatrick RE, Goldman MP, Satur NM, Type WD. Pulsed carbon dioxide laser resurfacing of photoaged skin. Arch Dermatol 1996; 132:395–402.

Gold MH, Biron JA. Combined superficial & deep fractional skin treatment for photodamaged skin – a prospective clinical trial. J Cosmet Laser Ther 2012; 14:124–132.

Goldman MP, Manuskiatti W, Fitzpatrick RE. Combined laser resurfacing with the ultrapulse carbon dioxide and Er:YAG lasers. In: Fitzpatrick RE, Goldman MP (eds), Cosmetic Laser Surgery. St. Louis: Mosby, 2000a.

Goldman MP, Marchell N, Fitzpatrick RE, Tse Y. Laser resurfacing of the face with the Combined CO_2/Er:YAG Laser . Dermatol Surg 2000b; 26:102–104.

Goldman MP, Skover G, Roberts TL, et al. Optimizing wound healing in the post-laser abrasion face. J Am Acad Dermatol 2002; 46:399–407.

Goldman MP. Pre and postoperative care of the laser resurfacing patient. Int J Aesthetic Restorative Surg 1997a; 5:46–49.
Goldman MP. Postoperative care of the laser resurfacing patient. Head Neck Surg 1997b; 8:35–36.
Goldman MP. Cutaneous and Cosmetic Laser Surgery. Philadelphia: Mosby-Elsevier, 2006.
Haak CS, Farinelli WA, Tam J, Doukas AG, et al. Fractional laser-assisted delivery of methyl aminolevulinate: Impact of laser channel depth and incubation time. Lasers Surg Med 2012; 44:787–795.
Haedersdal M, Sakamoto FH, Farinelli WA, et al. Fractional CO_2 laser-assisted drug delivery. Lasers Surg Med 2012; 42:113–122.
Hobbs ER, Bailin PC, Wheeland RG, Ratz JL. Superpulsed lasers: minimizing thermal damage with short duration, high irradiance pulses. J. Dermatol Surg Oncol 1987; 13:9.
Hu S, Hsiao WC, Chen MC, et al. Ablative fractional erbium-doped yttrium aluminum garnet laser with coagulation mode for the treatment of atrophic acne scars in Asian skin. Dermatol Surg 2011; 37:939–944.
Jung JY, Lee JH, Ryu DJ, et al. Lower-fluence, higher-density versus higher-fluence, lower-density treatment with a 10,600-nm carbon dioxide fractional laser system: a split-face, evaluator-blinded study. Dermatol Surg 2010; 36:2022-2029.
Kim S. Treatment of acne scars in Asian patients using a 2,790-nm fractional yttrium scandium gallium garnet laser. Dermatol Surg 2011; 37:1464–1469.
Lapidoth M, Odo MEY, Odo LM. Novel use of erbium (2,940-nm) laser for fractional ablative Photothermolysis in the treatment of photodamaged facial skin: a pilot study. Dermatol Surg 2008; 34:1048–1053.
Latowsky BC, Abbasi N, Dover JS, et al. A randomized, controlled trial of four ablative fractionated lasers for photoaging: a quadrant study. Dermatol Surg 2012; 38:1477–1489.
Lee JW, Kim BJ, Kim MN, Lee CK. Treatment of periorbital wrinkles using a 2,790-nm yttrium scandium gallium garnet laser. Dermatol Surg 2010; 36:1382–9.
Lowe NJ, Lask G, Griffin ME. Skin resurfacing with the UltraPulse carbon dioxide laser: observations in 100 patients. Dermatol Surg 1995; 21:1025–1029.
Manstein D, Herron GS, Sink RK, Tanner H, Anderson RR. Fractional photothermolysis: a new concept for cutaneous remodeling using microscopic patterns of thermal injury. Lasers Surg Med 2004; 34:426–438.
Manuskiatti W, Fitzpatrick RE, Goldman MP, Krejci-Papa N. Prophylactic antibiotics in patients undergoing laser resurfacing of the skin. J Am Acad Dermatol 1999; 40:77–84.
Manuskiatti W, Triwongwaranat D, Varothai S, et al. Efficacy and safety of a carbon-dioxide ablative fractional resurfacing device for treatment of atrophic acne scars in Asians. J Am Acad Dermatol 2010; 63:274–283.
Oni G, Lequeux C, Cho MJ, et al. Transdermal delivery of adipocyte-derived stem cells using a fractional ablative laser. Aesthet Surg J 2013; 33:109–116.
Palm MD, Butterwick KJ, Goldman MP. Mycobacterium chelonae infection after fractionated carbon dioxide facial resurfacing (presenting as an atypical acneiform eruption): case report and literature review. Dermatol Surg 2010; 36:1473–1481.
Qu L, Liu A, Zhou L, et al. Clinical and molecular effects on mature burn scars after treatment with a fractional CO_2 laser. Lasers Surg Med 2012; 44:517–524.
Shamsaldeen O, Peterson JD, Goldman MP. The adverse events of deep fractional CO_2: a retrospective study of 490 treatments in 374 patients. Lasers Surg Med 2011; 43:453–456.
Smith KC, Schachter GD. YSGG 2790-nm superficial ablative and fractional ablative laser treatment. Facial Plast Surg Clin North Am 2011; 19:253–260.
Sriprachay-anunt S, Marchell NL, Fitzpatrick RE, Goldman MP, Rostan EF. Facial resurfacing in patients with Fitzpatrick skin type IV. Lasers Surg Med 2002; 30:86–92.
Trelles MA, Shohat M, Urdiales F. Safe and effective one-session fractional skin resurfacing using a carbon dioxide laser device in super-pulse mode: a clinical and histologic study. Aesthetic Plast Surg 2011; 35:31–42.
Trelles MA, Velez M, Mordon S: Correlation of histological findings of single session Er:YAG skin fractional resurfacing with various passes and energies and the possible clinical implications. Lasers Surg Med 2008; 40:171–177.
Waibel J. Fractional laser resurfacing now and in the future: clinical, cellular, and histologic review. Cosmet Dermatol 2012; 25:43–47.
Waibel J, Graber E, Davis S, Badiavas E. Effects of erbium fractional resurfacing on third degree hypertrophic burn scars. Lasers Surg Med 2012; 44: 11.
Waibel JS, Wulkan AJ, Shumaker PR. Treatment of hypertrophic scars using laser and laser assisted corticosteroid delivery. Lasers Surg Med 2013; 45:135–140.
Walgrave SE, Kist DA, Noyaner-Turley A, Zelickson BD. Minimally ablative resurfacing with the confluent 2,790 nm erbium:YSGG laser: a pilot study on safety and efficacy. Lasers Surg Med 2012; 44:103–111.
Weiss ET, Chapas A, Brightman L, et al. Successful treatment of atrophic postoperative and traumatic scarring with carbon dioxide ablative fractional resurfacing: quantitative volumetric scar improvement. Arch Dermatol 2010; 146:133–140.
Weiss RA, Weiss MA, Beasley KL. Prospective split-face trial of a fixed spacing array computer scanned fractional CO_2 laser vs. hand scanned 1550nm fractional for rhytids. Lasers Surg Med 2008;40:31.
Yang YJ, Lee GY. Treatment of striae distensae with Nonablative Fractional Laser versus Ablative CO(2) Fractional Laser: A Randomized Controlled Trial. Ann Dermatol 2011; 23:481–489.

FURTHER READING

Tierney EP, Eisen RF, Hanke CW. Fractionated CO_2 laser skin rejuvenation. Dermatol Ther 2011; 24:41–53.

Chapter 14 Fractionated nonablative skin rejuvenation

Daniel P. Friedmann, Jennifer D. Peterson, Sabrina Guillen Fabi, Mitchel P. Goldman

INDICATIONS AND PATIENT SELECTION

Improving the appearance of photoaged skin by stimulating dermal collagen formation, re-epithelialization, and minimizing scars is requested by many patients. While treatment with 10,600 nm carbon dioxide (CO_2) and/or 2940 nm erbium-doped yttrium aluminum garnet (Er:YAG) traditional ablative resurfacing is safe and effective, because of the prolonged and meticulous postoperative care, potential adverse effects, and the advancement in minimally invasive procedures with rapid healing times, fractionated lasers are becoming increasingly popular. Instead of producing confluent thermal damage, fractionated lasers create columnar microscopic thermal wounds (microthermal treatment zones, MTZs), sparing intervening tissue and leaving up to a maximum of 95% of the skin uninvolved (Fisher & Geronemus 2005). While we prefer to utilize ablative fractionated lasers in the majority of our patients, some patients are still hesitant or unable to undergo a laser procedure that is associated with greater discomfort, side effects, a weeklong downtime, and an intense postoperative regimen. These patients find it easier to have minimally invasive procedures performed, even though the results are more marginal and take longer to achieve, as they require multiple treatment sessions.

The first publication of nonablative fractionated laser (NAFL) resurfacing emerged in 2004 (Manstein et al. 2004). These devices spare the overlying epidermis and cause dermal coagulation necrosis limited to MTZs that eventuate in collagen remodeling (Bogle 2008, Narurkar 2009). Depending on the infrared wavelength utilized, varying depths of penetration can be achieved as a result of different absorption coefficients for water (**Figure 14.1**). In addition, increasing the fluence of these lasers results in deeper penetration of the MTZs, and, with some lasers, also increases their beam width (Bogle 2008, Sherling et al. 2010). Epidermal injury and dermal-epidermal junction disruption are limited secondary to surface cooling mechanisms such as cold-air cooling, cryogen cooling, and/or contact cooling. Surface cooling also aids in decreasing intraoperative pain and minimizes dermal bulk heating that may lead to scarring, postinflammatory hyperpigmentation (PIH), and bullae formation (Fisher et al. 2005). Healing subsequently commences rapidly from the nontreated surrounding tissue and adnexal structures (Gotkin et al. 2009). Compared to traditional ablative laser resurfacing, fractional photothermolysis offers shorter recovery periods, lack of general anesthesia, and a decreased risk of adverse events (Tierney et al. 2009). We recommend NAFLs be reserved for patients who are Fitzpatrick skin type (FST) V–VI, at increased risk of PIH, not accepting of any 'downtime,' and willing to wait at least 6 months and have four to six treatments to see substantial improvement.

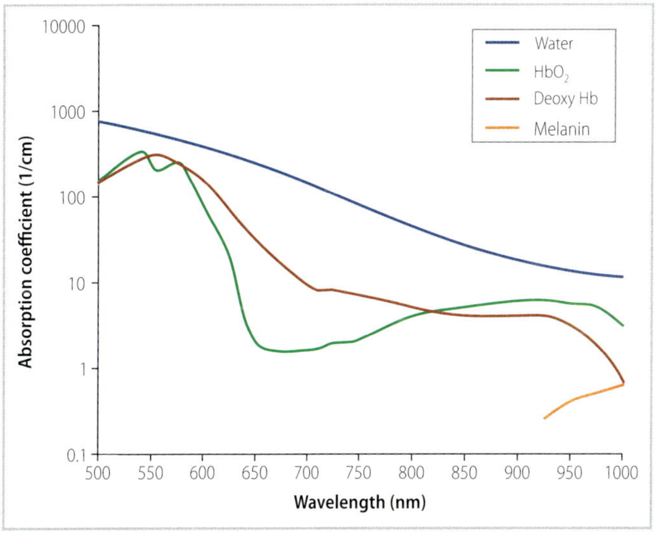

Figure 14.1 Absorption spectra of water, oxyhemoglobin, deoxyhemoglobin, and melanin.

The near-infrared and short-wavelength infrared NAFLs currently available in the United States are listed in **Table 14.1**. All are FDA-cleared for 'general skin resurfacing,' except for the 1927 nm laser, which is FDA-cleared for the treatment of actinic keratosis (AK). Some NAFLs have additional FDA-approved indications and clinical applications. Other NAFLs are marketed outside the USA or are currently being studied, including 1208 nm and 1940 nm prototypes, yet will not be covered here.

Depending on the manufacturer, NAFL energy is delivered by either a stamping mode or continuous motion handpiece with rollers or a pattern generator. With the rolling handpiece, velocity is measured on the laser during treatment. If treatment passes are delivered too fast, the laser microdots become oval rather than round, and therefore the energy delivered may be reduced by up to 50% leading to under-treatment.

Available technologies

Affirm and affirm multiplex

The Affirm Multiplex (Cynosure, Inc., Westford, MA, USA) emits two wavelengths (1320 and 1440 nm) sequentially through a single Nd:YAG laser fiber. Both Affirm Multiplex and its predecessor, the Affirm (1440 nm only), use proprietary combined apex pulse technology with a diffractive optical array to produce fractionated laser energy from a single beam (Geraghty & Biesman 2009). While the 1440 nm coagulates a column of tissue to a depth of 300 μm, the

Table 14.1 Available devices for nonablative fractional resurfacing

Laser type	Wavelength (nm)	Dermatologic indications	Common settings	Trade name and manufacturer
Nd:YAG, Q-Switched	1064	Fine lines, wrinkles, and skin texture and tone	3/5 mm tips; PD: 20 ns (with 1 ms bursts); pulse energy: 400–1200 mJ	Harmony^{XL} (High Power Q-Switched Module), Alma Lasers
Nd:YAG	1440 1440/1320	Fine lines, wrinkles, skin texture and tone, superficial scars, and acne scars Fine lines, wrinkles, skin texture and tone, superficial scars, and acne scars	10/14 mm; PD: 3 ms; depth of penetration: 300 μm; fluence: 2–3 J/cm^2 (typically start at 2.7–2.8 J/cm^2 in FST I–II) 14 mm; 1440 nm: specs as above; 1320 nm: deeper depth of penetration: 400 μm; fluence: 6–10 J/cm^2 (start at 7.5 J/cm^2 in FST I–II) [15–20% overlap, two passes suggested]	Affirm, Cynosure, Inc. Affirm Multiplex, Cynosure, Inc.
Nd:YAG	1440	Fine lines, wrinkles, skin texture, and tone	10 mm; PD: 3–10 ms; pulse energy: 14–70 mJ 12 × 12 mm; PD: 3–10 ms; pulse energy: 32–80 mJ; 15 mm; PD: 3–10 ms; pulse energy: 2–14 mJ [Device no longer produced by manufacturer, has been replaced by 1540 nm device]	Palomar Starlux, Palomar Artisan, and Palomar Icon, Palomar Medical Technologies, Inc.
Diode	1410 (±20) 1410	At-home reduction of periorbital fine lines and wrinkles: lentigines, melasma, dyschromia, facial wrinkles, fine lines	PD: 10 ms; pulse energy: ≤15 mJ PD: 4–20 ms; pulse energy: 10–30 mJ	PaloVia Skin Renewing Laser, Palomar Medical Technologies, Inc. Palomar Emerge
Diode	1440	Periorbital fine lines and wrinkles, skin texture and tone	Fixed spot size: 140 μm; depth of penetration: 280–390 μm (depending on pulse energy); pulse energy: low (4 mJ), medium (7 mJ), or high (9 mJ); treatment levels (TLs): 'low' level = 4% coverage, 'medium' level = 7% coverage, and 'high' level = 9% coverage per pass (depending on energy level used) [On average, four passes are delivered depending on the TL (percent coverage) utilized]	Clear + Brilliant System (Original Module), Solta Medical, Inc.
Erbium:glass fiber	1540	Fine lines, wrinkles, skin texture, dyschromia, melasma, striae, acne scars, surgical scars	10 mm: 725 μm average depth of penetration; pulse energy: 14–70 mJ; PD: 10/15 ms; density: 100 mb/cm^2/pass 15 mm: 600 μm average depth of penetration; pulse energy: 3–15 mJ; PD: 10/15 ms; density: 320 mb/cm^2/pass 12 × 12 mm XD Microlens: 1060 μm average depth of penetration; pulse energy: 20–70 mJ; PD: 15 ms 15 mm XF Microlens: 750 μm average depth of penetration; pulse energy: 6–70 mJ; PD: 10/15 ms [20–50% overlap, number of passes depends on the tip used]	Palomar Starlux, Palomar Artisan, Palomar Icon, Palomar Medical Technologies, Inc. Palomar Icon Aesthetic System
Erbium:glass fiber	1550	Fine lines, wrinkles, skin texture, scars, striae	2/3/5 cm tip; pulse energy: 1–120 mJ; density range: 25–3025 mb/area (100 μm/mb on average and random mb scanning) Pulse energy: 1–30 mJ	Sellas-evo, Dinona Inc. Sellas, Dinona Inc.

Continued...

Continued...

Laser type	Wavelength (nm)	Dermatologic indications	Common settings	Trade name and manufacturer
Erbium:glass fiber	1550	Fine lines, wrinkles, skin texture, scars, striae	6 × 6 mm/5 × 10/8 × 8/10 × 10 mm tips; pulse energy: ≤120 mJ; density range: 50–500 spots/cm^2	MOSAIC HP, Lutronic Corp.
Erbium-doped fiber	1550	Fine lines, wrinkles, skin texture, dyschromia, melasma, pigmented lesions (ephelides, solar lentigines), AK periorbital wrinkles, acne scars, surgical scars, striae	7/15 mm; maximum depth of penetration: 1400–1500 μm; pulse energy: 4–70 mJ; TL range: 5–48% coverage [On average, four to eight passes are delivered depending on the TL or percent coverage utilized]	Fraxel re:store, Solta Medical, Inc.
Erbium-doped fiber	1565	Fines lines, wrinkles, skin texture, scars, striae	Chilled sapphire tip, 5–18 mm (depending on the shape/pattern of the beam); pulse energy: 10–70 mJ; density range: 50–500 spots/cm^2; nonsequential fractionated energy delivery ('cool scanning')	M22 (ResurFX module), Lumenis, Ltd.
Thulium fiber	1927	More effective than 1550 nm at treating epidermal processes including AK dyschromia, melasma, and skin texture	7/15 mm; depth of penetration: ≤200 μm; pulse energy: 5–20 mJ; TL range: 20–70% coverage [On average, four to eight passes are delivered depending on the TL or percent coverage utilized]	Fraxel re:store DUAL system (1550 nm/1927 nm housed in single platform), Solta Medical, Inc.
Diode	1927	Periorbital fine lines and wrinkles, skin texture and tone Targets more superficially due to 1927 nm greater affinity for water: may improve dyschromia more than 1440 nm diode laser and used for topical product delivery	SP: 140 μm; depth of penetration: 167 μm; pulse energy: 5 mJ; TLs: 'low' = 5% coverage, 'medium' = 7.5% coverage, and 'high' = 10% coverage [On average, eight passes are delivered depending on the TL (percent coverage) utilized]	Clear + Brilliant System (Perméa handpiece), Solta Medical, Inc.
Radiofrequency – bipolar	N/A	Fine lines, wrinkles, skin texture, acne scars, surgical scars	12 × 12 mm; depth of penetration ≤450 μm; single pass delivered in a stamping fashion to produce 'sublative ablation'	eMatrix, Syneron Medical Ltd.

FST, Fitzpatrick skin type; PD, pulse duration; SP, spot size

1320 nm penetrates deeper (up to 400 μm) as a result of its lower absorption coefficient for water, which peaks at 1450 nm (Weiss et al. 2006). Fluences of 7.5–8.1 J/cm^2 (1320 nm component) and 2.5–2.8 J/cm^2 (1440 nm component) are utilized in our practice for facial rejuvenation of patients with FSTs I–III. In patients with FST IV, we start with lower fluences, 7 J/cm^2 and 2 J/cm^2, respectively, slowly increasing settings with each subsequent treatment. A 14 mm spot size is employed with two passes maintaining a 15–20% overlap. For patient comfort and to decrease bulk heating, forced cold-air cooling is recommended intraoperatively. Preoperative topical anesthesia or other forms of systemic sedation or pain relief are not required. Sequential monthly treatments are recommended until the desired level of correction is obtained (Khoury et al. 2007).

Facial photoaging and hypopigmented scars were treated in 40 subjects with three monthly sessions using the Affirm (Weiss et al. 2006). Depending on wrinkle or scar severity, one to three treatment passes with fluences of 3–7 J/cm^2 were performed with 20–30% overlap and forced cold-air cooling. At 1 month following the final treatment, evaluators rated 'minimal' improvement in 67% of subjects and 'moderate' to 'good' improvement in 27%. Only transient, treatment-related side effects such as erythema, urticarial, and edema were reported. Another prospective study of the Affirm for facial photodamage found 76–100% improvement in 8 of 10 patients treated with a mean of 5.9 sessions every 2–3 weeks using two passes of 4–8 J/cm^2 (Katz 2007).

The Affirm and Affirm Multiplex were compared in 19 subjects with four sessions to the full face and anterior neck at mean intervals of 18 days (Geraghty & Biesman 2009). Affirm and Affirm Multiplex treatments used mean fluences of 3.74 J/cm^2 and 2.3/8.4 J/cm^2 (1440/1320 nm), respectively. Both used two nonoverlapping passes with a 14-mm spot size. Subject and blinded evaluator assessments at 6 months post-treatment noted subjective improvement in all criteria, including texture, pigmentation, wrinkles, and global appearance, with no significant differences between groups. There was also a nonsignificant trend toward greater subject-reported skin tightening with the Affirm Multiplex at 1-month follow-up.

Clear + Brilliant System

The Clear + Brilliant System (Solta Medical, Inc., Hayward, CA, USA) delivers low-energy, nonablative fractionated energy at 1440 nm, allowing for modest improvements in periorbital fine lines and wrinkles, skin texture, and tone. A prospective study of 20 subjects demonstrated a 17% mean reduction in facial pore score following six treatments at 2-week intervals (Saedi et al. 2013). Each subject had eight passes per session, with a mean treatment level (TL) of 2.8 out of 3.0, correlating with a high-energy (9 mJ/pulse) setting. At 2 weeks following the last treatment, both investigators and subjects rated improvement in pore and overall face appearance as moderate (26–50%) and marked (51–75%), respectively. Mean subject satisfaction was 4.3 of 5.

A novel 1927 nm diode laser module (Perméa handpiece) for the Clear + Brilliant System allows for the treatment of superficial photodamage and dyschromia, given its more superficial depth of penetration (167 μm) and greater affinity for water than its 1440 nm diode counterpart. Eighteen subjects underwent six sessions using low to high TLs for facial photodamage and rhytides (Elford et al. 2013). Although 90% of subjects were 'satisfied' or 'very satisfied' with results, there was no significant difference in fine lines, skin texture, dyschromia, or overall appearance at 1 or 3 month follow-up. Another study of 30 women with FSTs I–VI and a clinical diagnosis of melasma or PIH performed six consecutive treatments at 2-week intervals (Brauer et al. 2013). Microbeam diameters of 110–180 μm, energy of 5 mJ, and 5–7.5% treatment coverage were used. Blinded investigators rated 44% of subjects of having 76–100% improvement in pigmentation on a quartile scale. No adverse events were recorded, including PIH. Perhaps its greatest utilization will be to enhance cutaneous permeability for topical drug and/or cosmeceutical delivery. The treatment of freshly excised human skin with a 1927 nm diode laser led to significant epidermal disruption with dose-dependent uptake enhancement of a topical antioxidant serum (Elford et al. 2013).

Lux1440

This fractional Nd:YAG laser from Palomar Medical Technologies emits a 1440 nm wavelength via 10, 12 × 12, or 15 mm spot sizes in a stamping fashion for superficial nonablative resurfacing. A split-face prospective study of six subjects compared fractional ablative resurfacing with 2940 nm Er:YAG to a combination of Er:YAG and the Palomar Lux1440 (Cohen & Ross 2013). Settings included a 70 mJ/mb pulse energy and 10 ms pulse duration via a 10 mm spot size and two passes with 50% overlap. There was no significant difference in wrinkle or pigment scores 3 months following a single session, although combination treatment led to significantly less postprocedure bleeding, pain, erythema, and petechiae. Of note, this technology is no longer produced by the manufacturer and has been replaced with their Lux1540.

Lux1540

The family of xenon flash lamp-pumped erbium:glass lasers by Palomar Medical Technologies use a stamped microlens array with integrated contact cooling via a sapphire glass window at 17°C for nonablative fractionated resurfacing. The 1540 nm wavelength is minimally absorbed by melanin and preferentially absorbed by water, although so than 1440 nm wavelengths, allowing for deeper penetration of thermal energy. Using a 10 mm spot size, the depth of coagulation increases by 100–150 μm for every 10 mJ increase in pulse energy (Farkas et al. 2009).

Studies have confirmed the safety and efficacy of this NAFL device in managing photodamage, particularly in combination with intense pulsed light and dermal fillers (Mezzana & Valeriani 2007, Lapidoth et al. 2013, Leheta et al. 2013). NAFL with the Lux1540 device has also been shown to improve the appearance of scars and grafts following micrographic skin cancer surgery (Verhaeghe et al. 2012).

Four sessions at 3-week intervals combined with daily use of topical triple therapy (hydroquinone 4%, retinoic acid 0.03%, and hydrocortisone butyrate 0.1%) also led to significant, albeit short-term, improvement in melasma (Tourlaki et al. 2012). Although 67.1% of subjects had >75% improvement at 1-month follow-up, only 21.1% maintained that level of improvement at 6 months, with 43.4% showing no improvement.

Sellas/Sellas-evo

The Sellas or Sellas-evo True Fractional 1550 nm erbium:glass fiber lasers (Dinona, Inc., Seoul, South Korea) employ a patented Random Spray Beam System, delivering microbeams of laser energy in a random, alternating pattern that allow zones between MTZs to cool, thereby decreasing bulk heating and improving patient comfort. The manufacturers suggest this technology decreases the incidence of intraoperative pain, PIH, swelling, and erythema, and may also shorten healing times. A 46% improvement in physician global assessment of photodamage was also seen 24 weeks following 5–10 sessions of Sellas-evo to the face and other body sites in 10 patients, when combined with tretinoin 0.025% cream (Prens et al. 2012).

MOSAIC HP

The MOSAIC HP 1550 nm erbium:glass fiber laser (Lutronic Corp., Fremont, CA, USA) uses a similar, randomly generated MTZ pattern via stamping or dynamic scanning modes that minimize overlap and associated bulk thermal damage. MOSAIC HP was compared to a 1565 nm (prototype device, Lutronic Corp., Fremont, CA, USA) for the treatment of periorbital rhytides (Jung et al. 2010). There was no significant difference in blinded investigator graded subjective improvement or patient satisfaction at 3 months following five split-face sessions every 3 weeks, although sides treated with the 1565 nm device had a trend toward greater results. Treatments were performed with a 6 × 6 mm spot size, 15–18 mJ pulse energy, and 500 spots/cm^2 density. Another study of 12 subjects showed significant pore size reduction at 4 months following three treatment sessions (Cho et al. 2009).

Fraxel re:store

The Fraxel re:store 1550 nm wavelength erbium-doped fiber laser (Solta Medical, Inc., Hayward, USA) pioneered fractional photothermolysis in the field of skin rejuvenation (Manstein et al. 2004). The first-generation device generated MTZs with moderate fluences and a fixed focal length, using a scanning method and optical tracking system dye to deliver sequential laser pulses via 7 and 15 mm disposable tips. The second-generation Fraxel re:store not only allows for higher fluences and adjustable spot sizes, but has also eliminated the need for tracking dye (Walgrave et al. 2008, Alexiades-Armenakas et al. 2012). The device is currently FDA-cleared for the treatment of lentigines, AK, melasma, periorbital wrinkles, acne scars, and surgical scars.

A 2010 consensus group on the role of the second-generation laser recommended eight passes with pulse energies of 30–70 mJ, corresponding to a depth of 800–1270 μm (Sherling et al. 2010, Thongsima et al. 2010), when treating photoaging on facial skin of patients with FSTs I–III. Although FSTs I–III should be treated with a TL of 7–11, lower levels (4–7) are advised for types IV–VI. Our typical parameters with the 1550 nm Fraxel re:store are illustrated in **Table 14.2**. Studies have confirmed that while the depth of dermal coagulation with this device increases with greater fluences (as does lesion width to a smaller extent), complications are more likely to arise with use of increased treatment densities (Kono et al. 2007).

Multiple clinical studies have confirmed its efficacy and safety in the treatment of cutaneous photodamage (Cohen et al. 2008, Kearney

Table 14.2 Fraxel re:store (1550 nm fiber) parameters

Indication	Pulse energy	Treatment level - light skin (FST I–III)	Treatment level - dark skin (IV–VI)
Facial resurfacing	30–70 mJ	7–11	4–7 (± pulse energy to 20 mJ)
Periorbital rhytides, moderate to severe	30–50 mJ	7–11	3–7
Perioral rhytides, moderate to severe	50–70 mJ	7–11	4–7
Dyschromia	10–20 mJ (lower pulse energy increases density)	7–11	4–7
Melasma	8–20 mJ	4–7	4–6
Enlarged pores	30–40 mJ	7–11	
Acne scars	30–70 mJ	7–11	4–7

& Brew 2012). Fifty women were also treated with three sessions at 3- to 4-week intervals using 8 mJ/MTZ and eight passes with 250 MTZ/cm^2/pass (Wanner et al. 2007). Independent evaluators subjectively graded improvement (0-3 scale) of facial skin, with mean scores of 2.23 ($p < 0.001$) and 1.96 ($p < 0.001$) at 3 and 9 months, respectively. The Fraxel re:store was also compared to the 1540 nm erbium:glass fiber laser (StarLux Lux1540, Palomar Medical, Inc., Burlington, MA, USA) in a split-face study of six subjects with three sessions every 7–10 days (Walgrave et al. 2008). Blinded evaluators found trends toward greater improvement in pigmentation with lower fluence Fraxel re:store at higher densities (6–10 mJ/MTZ, 2000 MTZ/cm^2) and greater improvement in texture with higher fluence StarLux Lux1540 at lower densities (15 mJ and 30 mJ, 800 MTZ/cm^2). Improvements in eyelid skin tightening and AKs (55.6% lesion count reduction at 6 months following five sessions) have also been reported (Sukal et al. 2008, Katz et al. 2011).

Studies have also evaluated the ability of 1550 nm nonablative fractional resurfacing to improve melasma, given the ability of epidermal and dermal material to extrude through microthermal zones (Hantash et al. 2006). Light and electron microscopy performed on biopsy samples at 3 months following four treatment sessions showed decreased melanocytes and an absence of melanin within adjacent keratinocytes relative to baseline (Goldberg et al. 2008). Ten subjects were treated every 2 weeks with fluences of 6–10 mJ/MTZ and densities of 2000–2500 MTZ/cm^2. Darker skin types (FST IV) were noted to have less clinical improvement than lighter skin types (type III), with 26–50% and 51–75% lightening, respectively. Other prospective studies have demonstrated slight to complete subjective improvement after three to seven sessions (1–8 week intervals) with 8–10 passes attaining 9–29% coverage using fluences of 6–40 mJ/MTZ (Tannous & Astner 2005, Naito 2007, Lee et al. 2009). Nevertheless, split-face studies have failed to show any significant long-term benefit of Fraxel re:store over triple topical therapy with hydroquinone, tretinoin, and triamcinolone (Wind et al. 2010, Kroon et al. 2011); trichloroacetic acid peeling (Hong et al. 2012); or broad-spectrum chemical sunscreen use (Karsai et al. 2012).

Lumenis ResurFX

Recently, Lumenis, Ltd. (Yokneam, Israel) has launched a fractionated, nonablative laser with a 1565 nm fiber that is pending FDA clearance (**Figure 14.2**). This technology is provided as a modular upgrade to their existing M22 intense pulsed light system. The handpiece allows real-time 'cool scanning' in a stamping fashion similar to that present in the Lumenis Ultrapulse CO_2 fractional ablative laser. Infrared laser energy at 1565 nm has a slightly lower absorption coefficient for water than that of 1550 nm, 9 and 8 cm^{-1}, respectively, leading to marginally greater dermal penetration (Jung et al. 2010). A thermokinetically cooled contact sapphire crystal head augments epidermal cooling and pain control. We have also found it useful to supplement with a cold-air cooler. A wide variety of shapes, densities, and sizes of patterns are offered ranging from 5 to 18 mm. Energy level ranges from 10 to 70 mJ with density ranging from 50 to 500 spots/cm^2 (see Case 4).

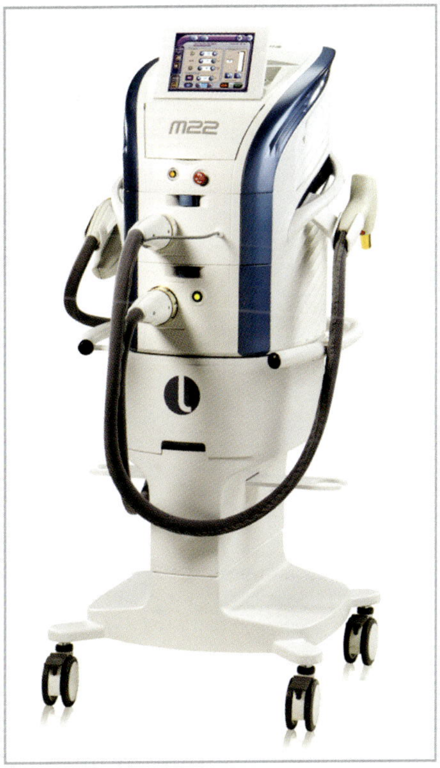

Figure 14.2 1565 nm erbium-doped fiber ResurFX module of the M22 system. By courtesy of Lumenis, Ltd, Yokneam, Israel.

Fraxel DUAL

The thulium fiber addition to the Fraxel re:store system introduced in October 2009 utilizes a 1927 nm wavelength with a significantly larger water absorption coefficient, making it ideal for the treatment of epidermal and superficial dermal conditions such as AKs (FDA-cleared), melasma, macular seborrheic keratoses, and photoaging as a result of its limited (200 μm) cutaneous penetration (Polder et al. 2011, 2012, Ghasri et al. 2012). **Table 14.3** provides an overview of our typical settings with the Fraxel DUAL (**Figure 14.3**).

Table 14.3 Fraxel re:store DUAL (1927 nm fiber) parameters for Fitzpatrick skin types I–III

Indication	Pulse energy	Treatment level
Facial photodamage	5–20 mJ (most common: 10 mJ)	2–11 (most common: 7–8)
Eyelid photodamage	5–20 mJ	1–4 (two passes only)
Actinic keratosis	5–20 mJ	3–7 (9–10 with pulse energy of 10 mJ for aggressive treatment)
Melasma	10 mJ	3–9 (most common: 5)

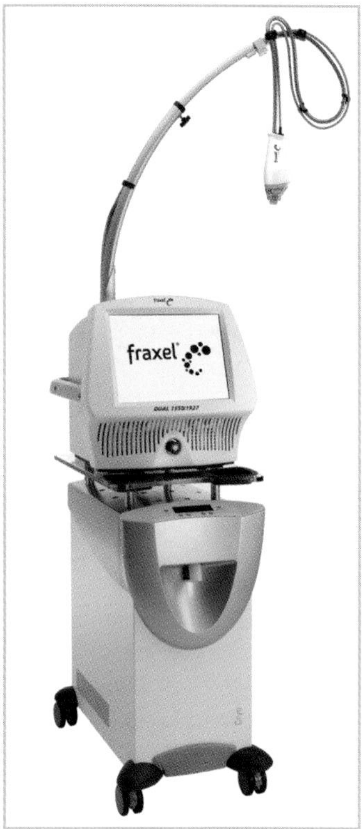

Figure 14.3 Fraxel re:store DUAL system (1550 nm and 1927 nm fibers). By courtesy of Solta Medical, Inc., Hayward, CA, USA.

Twenty-four subjects with facial AKs received four full-face sessions every 2–6 weeks using 5–20 mJ pulse energies and 40–70% coverage (Weiss et al. 2013). Absolute lesion counts decreased by 91.3% and 86.6% from baseline at 1 and 6 months, respectively. Subjects and investigators subjectively rated improvement in photodamage using a five-point (0–4) grading scale, with scores of 3.62 and 3.24 at 1 month and 3.04 and 3.54 at 6 months, respectively. At 6-month follow-up, six of seven subjects (85.7%) demonstrated histologic clearance of AKs. A split-face study also demonstrated persistent improvement in overall photodamage in treated sides up to 6 months post-treatment, with 85.7% of subjects having 11–50% improvement (Lee et al. 2013). However, a recent retrospective study comparing 1927 nm NAFR to intense pulsed light (IPL; M22 or Lumenis One, Lumenis, Ltd.) for rejuvenation of the aging chest found no significant difference in subject satisfaction or blinded investigator assessment of improvement via photographs, albeit at greater procedural expense (patient and practitioner) and discomfort with NAFR. Prospective split-face studies comparing NAFR and IPL are thereby needed.

A number of recent studies have also evaluated the efficacy and safety of this device in the treatment of melasma. A pilot study with three to four sessions at 4-week intervals used 10–20 mJ pulse energies, six to eight passes, and 20–45% coverage, with 13 subjects completing all visits without evidence of PIH (Polder & Bruce 2012). Mean independent evaluator-assessed Melasma Area and Severity Index (MASI) scores decreased from 10.1 at baseline to 5.0 at 1-month follow-up ($p < 0.05$), and 6.7 at 3- and 6-month follow-ups ($p = 0.06$ and $p = 0.07$, respectively). Subjects and investigators also subjectively rated overall improvement using a five-point (0–4) grading scale, with scores of 3.3 and 1.8 at 1-month, 2.5 and 1.6 at 3-month, and 2.2 and 0.7 and 6-month follow-up. A recent split-face study with three sessions at 3-week intervals using 10 mJ pulse energies, 10 passes, and 30% coverage also showed a 33% and 28% decrease in MASI scores at 2- and 6-month follow-up relative to baseline, with 5% and 12% in untreated sides (Lee et al. 2013). Two retrospective studies confirmed that, as with many treatment options for melasma, although short-term results were impressive, disease recurrence is not uncommon (Ho et al. 2013; Niwa Massaki et al. 2013)

Sublative radiofrequency ablation

The eMatrix (Syneron, Irvine, CA, USA) delivers 1 MHz bipolar radiofrequency (RF) energy via a fractionated array of positively and negatively charged 200 μm-diameter electrode pins, forming a closed circuit on a square 12 × 12 mm disposable tip. Although electrical impedance is high in the epidermis due to the dehydrated, keratinized stratum corneum, it is dramatically lower in the vascular deep dermal tissues (Berube et al. 2009). The eMatrix thereby produces pyramid-shaped zones of thermal injury, cleanly ablating small areas of the epidermis and papillary dermis, while inciting volumetric nonablative coagulation and subcoagulative effects in the midreticular dermis up to 450 μm that promote neocollagenesis, neoelastogenesis, and contraction of existing collagen (Hantash et al. 2009, Hruza et al. 2009). This process has thus been coined 'sublative ablation' (Brightman et al. 2009).

The limited epidermal disruption and chromophore-independent mechanism of action associated with this device allows for its use in all skin types with minimal downtime, one of its greatest advantages (Lee et al. 2011). On the other hand, all currently available nonablative and ablative fractionated laser modalities utilize water as a chromophore and produce 2–35 times more epidermal damage within conical zones of thermal injury, leading to a higher incidence of postprocedure dyspigmentation (Brightman et al. 2009). These devices must therefore be used conservatively in FSTs IV–V, with limits placed on fluence, density, and number of passes, and are generally not advisable in FST VI, unless in the hands of an experienced laser surgeon (Metelitsa & Alster 2010).

Sublative rejuvenation may lead to significant improvement in rhytides, dyschromia, and textural aspects of photoaging (Bloom et al. 2012, Man & Goldberg 2012). A multicenter study treated 35 subjects with three sessions every 3–4 weeks for facial photodamage using 8–20 J at 5% density (Hruza et al. 2009). At 1-month follow-up, 90% of subjects displayed improvement in smoothness/wrinkling, 87% in skin tightness, and 83% in skin brightness, with over 50% of subjects having >40% improvement in all categories. Periorbital areas demonstrated the greatest improvements. Eighty percent of subjects were satisfied with their results, with 87% reporting only minimal procedure-related pain and discomfort and none reporting PIH. Concurrent in vivo histologic evaluation demonstrated that higher energy levels led to deeper volumetric heating, albeit with more ablative than coagulative or necrotic effects. Three single-pass sessions every 4–6 weeks also led to significant improvement in facial photodamage and pore size without PIH in a study of Korean subjects (Lee et al. 2011). Blinded evaluators at 6-week follow-up reported >50% subjective improvement in overall appearance in 83% of subjects, with 26–50% improvement in fine lines, pore size, brightness, and smoothness and tightness. Seventy-six percent of subjects rated their overall appearance as 'good' or 'excellent' at the same time point, with 100% subject satisfaction.

PRELASER CONSIDERATIONS

The consultation

When consulting a prospective resurfacing patient, it is paramount to take a thorough history and physical examination. Oral retinoid use within the previous 6 months, predisposition to keloid formation, pregnancy, medical conditions, or consumption of oral medications that impair wound healing, and malignant-appearing lesions or active infection in the treatment area should all be taken into consideration before resurfacing. It is also imperative to examine the skin carefully for signs of other primary dermatological conditions (e.g. acne vulgaris, vitiligo, rosacea, and psoriasis) that might be exacerbated or koebnerize with resurfacing. The patient must be asked about a prior history of herpes simplex virus (HSV) outbreaks in the area to be treated, and consideration for placing the patient on prophylactic antiviral agents should be made. A history of atypical pilosebaceous density and healing should be elucidated, including a history of radiation exposure, second- or third-degree burns, or prior scars in the treatment area. Prior procedures or injectables and allergies to any component of topical anesthetic agents should be noted but have been found not to be a contraindication for therapy (Goldman et al. 2007).

While assessing the patient's skin we note the degree and distribution of fine lines and deeper folds. Deeper, etched-in lines will require more sessions with NAFL and are often better served with a combination of NAFL, fillers, and/or botulinum toxin therapy or ablative laser resurfacing. The quality (atrophy, rolling, boxcar, ice-pick, hypertrophy, hyperpigmentation, hypopigmentation) and distribution of scarring is assessed. Hypopigmented and ice-pick scarring can be more treatment-refractory and realistic expectations that full correction may not be obtainable should be reviewed with the patient. We assess pore size, skin texture, erythema, telangiectasias, and lentigines, as pulsed dye laser (PDL) or quality-switched (QS) lasers are occasionally utilized immediately preprocedure to further improve discrete vessels/diffuse redness and lentigines, respectively.

Hyperpigmentation can be classified as epidermal, dermal, or mixed epidermal/dermal in etiology. Epidermal pigment, such as solar lentigines, can be removed more readily and with fewer treatments as compared to dermal or epidermal/dermal pigmentation. Patients may often have more than one type of hyperpigmentation in a single treatment area (e.g. PIH and solar lentigines), and therapy should be adjusted accordingly. The physician should also investigate and address any potential underlying cause(s) of hyperpigmentation, such as oral contraceptive usage, hormone replacement therapy, lack of sunscreen usage, tanning, the use of high-percentage hydroquinone, and/or repetitive microtrauma.

Lastly, realistic expectations alternatives and side effects must be thoroughly discussed. It is important to emphasize that results can be achieved, albeit slowly and gradually over three to six sessions spaced 4–6 weeks apart, depending on the clinical indication. Final results may take 3–6 months after the last laser treatment to be realized, while collagen continues to remodel. Details of the treatment and aftercare are reviewed thoroughly during consultation.

Preoperative

Our experience with nonablative laser resurfacing has demonstrated that preoperative treatment with topical retinoids, glycolic, or depigmenting agents, such as hydroquinone, are not required to enhance treatment efficacy. Pretreating the skin at best allows both patient and physician to determine which products are easily tolerated and/or irritating to the skin. This may be beneficial, if and when the physician prescribes postlaser topicals to treat hyperpigmentation or acneiform eruptions. Patients with a history of HSV in the treatment area should receive prophylactic antiviral therapy with valacyclovir 500 mg po BID for 3 days. Finally, as NAFL can cause acneiform eruptions, prophylaxis with either minocycline or doxycycline 100 mg po BID for 7–10 days should be considered in patients with a history of acne. We also select vehicles for topical anesthesia and postoperative healing products in lotion or cream formulations to decrease follicular occlusion caused by more viscous products, such as ointments.

TECHNIQUE

After high-quality photographs of the treatment area(s) and written informed consent have been obtained, patients wash their faces with a neutral cleanser. Premedication with an oral antiviral for patients with a history of HSV is documented. A topical anesthetic cream [LMX5 (Ferndale Laboratories, Inc., Ferndale, MI, USA); compounded or pharmaceutical-grade (Pliaglis, Galderma Laboratories, L.P., Ft. Worth, TX, USA) 7% lidocaine and 7% tetracaine; or 20% benzocaine, 6% lidocaine, and 6% tetracaine], if needed according to device recommendations, is applied to the face for 30–60 minutes. Tetracaine is well known to cause cutaneous vasodilation, leading to temporary facial erythema. This should not be confused with an allergic contact dermatitis, which would be more likely to present with erythema and pruritus. If more than just the face is to be treated, a two-treatment area restriction is considered when using higher concentration compounded topical anesthetic agents, as lidocaine toxicity has been reported during NAFL treatment (Marra et al. 2006). A limit of an area of 300–400 cm^2 has been proposed to minimize potential lidocaine toxicity (Sherling et al. 2010). Dry gauze can be used to ensure complete removal of topical anesthetic immediately prior to treatment. Intraocular metal eye shields are used when eyelid skin within the orbital rim is to be treated. Laser system tests are performed pretreatment to ensure a properly performing laser. A paper test strip is available for use with the Fraxel laser systems. We always use a forced cold-air cooler (Cryo 6, Zimmer MedizinSystems, Irvine, CA, USA or ArTek Air, ThermoTek, Inc., Flower Mound, TX, USA) at a medium to high flow during treatment for patient comfort (Fisher et al. 2005).

Treatments with the 1540 nm erbium:glass (Lux1540) and 1565 nm erbium-doped (M22 ResurFX module) lasers are customized by controlling the microbeam energy (which controls depth of penetration), the amount of overlap between pulses, and the number of passes. For the 1550 nm erbium-doped and 1927 nm thulium lasers (Fraxel re:store), TLs can be adjusted to determine the aggressiveness of treatment (**Table 14.4**). The 1927 nm wavelength has a higher absorption coefficient for water than that of 1550 nm, giving it greater capacity to target the epidermis and epidermal processes such as actinic keratoses. The 1550 nm and 1927 nm wavelengths may also be used in combination, with four passes of the 1927 nm (epidermal targeting) layered on top of four passes of the 1550 nm laser (dermal targeting). Laser energies and TLs are set at a level lower if the lasers were to be used separately, and in our practice,

Table 14.4 Treatment levels and percent coverage with Fraxel re:store DUAL system

Treatment level	Coverage (1550 nm fiber)	Coverage (1927 nm fiber)
1	5%	20%
2	7%	25%
3	9%	30%
4	11%	35%
5	14%	40%
6	17%	45%
7	20%	50%
8	23%	55%
9	26%	60%
10	29%	65%
11	32%	70%
12	35%	–

we never exceed a total combined coverage of 35% (i.e. four passes each; 1550 nm TL + 1927 nm TL = TL ≤ 70%). In Asian patients and darker skin types (FST IV–VI), the density must be delivered at lower TLs to reduce the chance of PIH. In general for NAFLs, energy settings should also be adjusted for the skin condition being treated, with lower energies typically used for more superficial conditions and higher energies, which penetrate deeper, used for deeper indications. When performing full-face resurfacing for any indication, it is important to feather under the jawline and hairlines (two passes) to prevent lines of demarcation.

We do not recommend performing botulinum toxin injections simultaneously with laser treatment as the resulting inflammation and edema from the laser procedure may promote migration of the neuromodulator from the intended site of injection by edema secondary to laser treatment. Similarly, we do not recommend the injection of hyaluronic acid, collagen, calcium hydroxyapatite, azficel-t, or polymethylmethacrylate injections at the same time of NAFL, as the resultant procedural inflammation and edema may result in augmentation, migration, and increased complications associated with these fillers. But, as stated previously, NAFL can be performed over areas previously treated with dermal fillers without affecting the filler. We do often combine poly-L-lactic acid (PLLA) injections immediately preceding NAFL, as these injections are placed in deeper, often supraperiosteal, as opposed to the above listed injectable fillers and are able to provide additional anesthesia intraoperatively since the PLLA is mixed with 1% lidocaine.

POSTLASER CONSIDERATIONS

Postoperative care

Cold compresses are applied immediately postprocedure, followed by a noncomedogenic ceramide-based moisturizer and a mineral-based sunscreen. Ceramide cream should be applied three to four times a day for 3–5 days until erythema has resolved. Patients are sent home with a topical water spray (Avene Thermal Water, Pierre Fabre Dermo Cosmetique USA, Parsippany, NJ, USA) to be used as frequently as needed to alleviate any discomfort. A bland, gentle cleanser is also used for the following 4–5 days. AHA, BHA, topical retinoids, and benzoyl peroxide are resumed 5–7 days later. Patients wear a broad-spectrum, light zinc oxide sunscreen during the day under a mineral-based makeup and are asked to avoid intense sunlight for the next 7–10 days.

For patients with FSTs IV–VI, we recommend additional measures to lessen the risk of PIH. In our practice, we apply a topical steroid ointment immediately after treatment in FST IV or higher and instruct patients to continue use twice a day for 3 days to minimize risk of PIH. Patients are encouraged to limit sun exposure and use a topical skin brightener, such as 4% hydroquinone, beginning on postoperative day 3.

Transient erythema and swelling can be expected after treatment, which generally resolve within 48–72 hours. The higher the densities used, more so than the fluence, the greater the edema the patient may experience. Edema is not as common with the 1927 nm wavelength, which typically produces more of a bronzing effect. We encourage our patients to sleep with the head of their bed elevated to 30°, use cold compresses, and take diphenhydramine 25–50 mg po nightly to decrease facial edema. If significant facial edema results, a short course of oral prednisone 10–20 mg po daily may be prescribed. Patients are seen 4–6 weeks later for subsequent treatments until the desired level of correction is achieved.

Identification and management of complications

The risk of adverse events is low with NAFL, especially when compared to ablative resurfacing, and they can generally be avoided if appropriate treatment parameters are used. However, blistering, scarring, infection, pigmentary changes, HSV reactivation, and acne flare-ups (in acne-prone patients) are possible side effects from treatment.

Fisher and Geronemus investigated short-term adverse events associated with the second-generation 1550 nm erbium-doped fractionated laser to treat photoaging of the face and nonfacial sites (Fisher & Geronemus 2005). Postoperative erythema occurred in all patients and edema was present in 82% of patients. Pruritus was experienced by 36.6% of subjects and acneiform eruptions were rare. No cases of dyspigmentation occurred, though 26.6% of subjects displayed temporary bronzing. Average intraoperative pain score was 4.6 on a 10-point pain scale using cold-air cooling and preoperative topical 30% lidocaine ointment for 1 hour.

A larger study compiled adverse event rates in 961 patients with FST I–V undergoing 1550 nm fractionated erbium-doped laser for facial nonfacial rejuvenation of photodamaged skin (Graber et al. 2008). The overall adverse event rate was 7.6% including erosions (1.35%), herpetic reactivation (1.77%), secondary bacterial impetiginization (0.10%), edema >48 hours (0.62%), and acneiform eruptions (1.87%). PIH occurred in 0.73% of subjects, primarily in FSTs II–V.

CONCLUSION

The development of fractional photothermolysis is a milestone in the history of laser technology and cutaneous resurfacing. Its application in NAFL has been be used to treat a variety of conditions, including photoaging, pigmentation, superficial or deep rhytides, striae, actinic keratoses, and scars. Since its development, we have become more adept at optimizing parameters to maximize laser benefits with a much more comfortable postoperative period and fewer complications. The future remains bright for fractionated laser devices, and with new devices and wavelengths, the applications of this technology continue to grow. Evolving applications include the enhancement of topical delivery through NAFL resurfacing, taking advantage of increased epidermal permeability post-treatment.

ILLUSTRATIVE CASES

Case 1: A 32-year-old man with trophic rolling and boxcar scarring

A 32-year-old Asian man (FST IV) presented to our clinic for the improvement of atrophic rolling and boxcar scarring to the cheeks. The patient desired a short downtime and was willing to undergo multiple procedures for the improvement of his acne scarring.

The Matrix easer (Syneron Medical Ltd., Irvine, CA, USA) platform allows delivery of combined energy in one handpiece (Matrix IR) with fractionated optical energy in the form of a 915 nm diode combined with fractionated bipolar radiofrequency, and in a separate handpiece (Matrix RF), fractionated bipolar radiofrequency. The patient received five monthly treatments with the Matrix IR with a diode fluence of at 60–70 J/cm^2 with the radiofrequency at 80–100 J/cm^3. Immediately following treatment with the diode device, the Matrix RF was delivered at 21–25 J in program C.

Figure 14.4A shows his pretreatment photograph along with a photograph taken 90 days after the fifth treatment (**Figure 14.5B**). Note the decrease depth of the boxcar and rolling scars on the cheeks. The patient's postoperative course was uneventful and no PIH was encountered.

Case 2: A 20-year-old woman with atrophic rolling and boxcar scarring

A 20-year-old Caucasian woman (FST II) presented to our clinic for the improvement of atrophic rolling and boxcar scarring to the lateral cheeks. The patient desired a short downtime and was willing to undergo multiple procedures for the improvement of her acne scarring.

The 1550 nm wavelength erbium-doped fiber (Fraxel re:store, Solta Medical, Inc., Hayward, USA) was used. The patient received two treatments, 1 month apart, with a fluence of at 40 mJ/MTZ, eight passes with a density of 57 MTZ/cm^2/pass (23% coverage) to her lateral cheeks only.

Figure 14.5A shows her pretreatment photograph along with a photograph taken 180 days after her second treatment (**Figure 14.5B**). Note the almost complete resolution of the boxcar and rolling scars on the cheeks. The patient's postoperative course was uneventful.

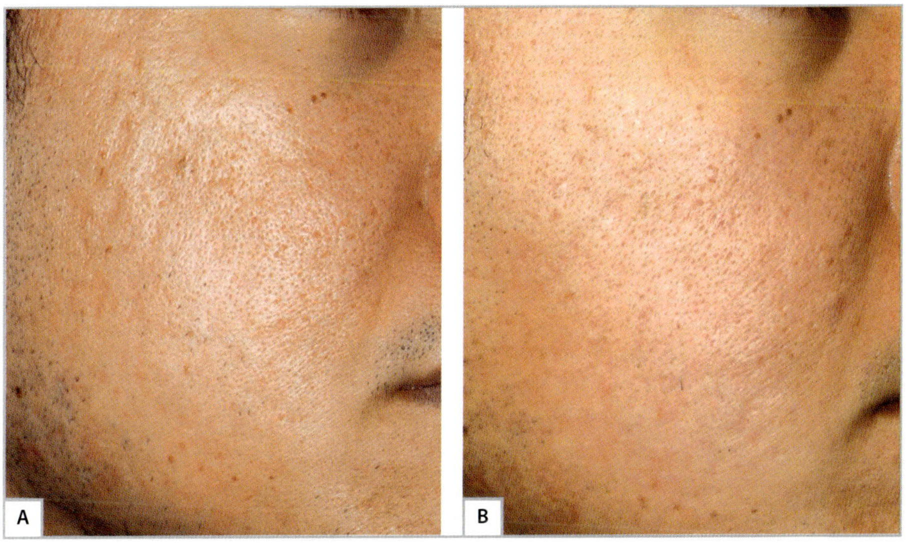

Figure 14.4 Asian man with atrophic acne scarring of the cheeks: (A) pretreatment and (B) 90 days following five sessions with a combination fractionated 915 nm optical energy and bipolar radiofrequency. Decreased depth of acne scarring is evident.

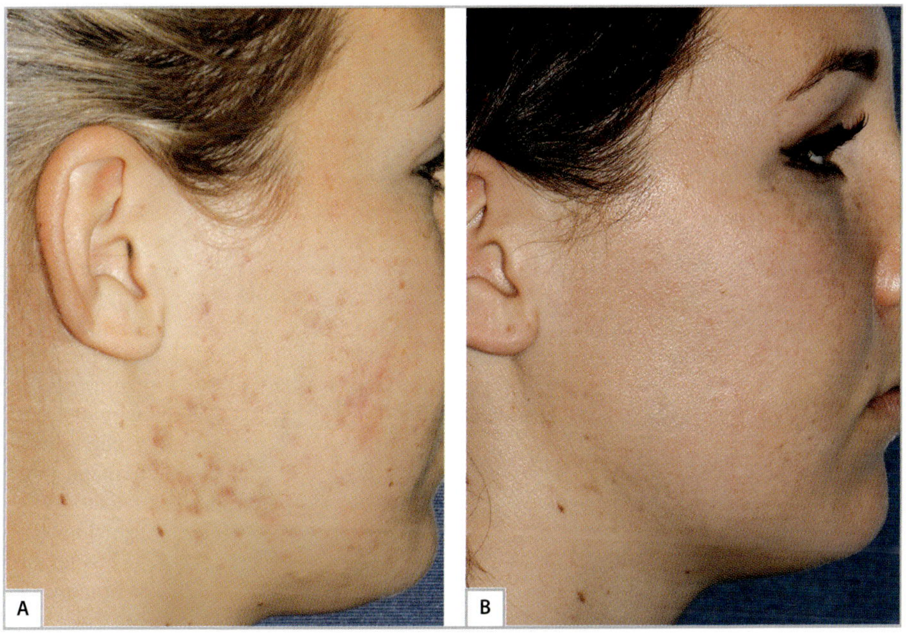

Figure 14.5 Caucasian woman with atrophic acne scarring of lateral cheeks: (A) Pretreatment and (B) Near-complete resolution of acne scarring 180 days following 2 monthly sessions with a 1550 nm erbium-doped fiber laser.

Case 3: Melasma recalcitrant to topical lighteners

A 36-year-old Filipino woman (FST IV) presented to our clinic with melasma recalcitrant to topical lighteners and intense pulsed light treatments.

The 1927 nm wavelength thulium laser (Fraxel re:store DUAL system, Solta Medical, Inc., Hayward, USA) was used. The patient received one treatment, with a pulse energy of 20 mJ/MTZ, eight passes with a density of 49 MTZ/cm^2/pass (50% coverage) to her entire face. Her periorbital areas were treated with the 1550 nm fiber using 20 mJ/MTZ and eight passes with 169 MTZ/cm^2/pass (32% coverage). The patient subsequently followed a strict regimen of sun avoidance and sunscreen, though no topical skin brightening agents were utilized.

Figure 14.6A shows her pretreatment photograph along with a photograph taken 1 week after her first treatment. Note the almost complete resolution of her melasma. The patient's postoperative course was uneventful and no PIH was encountered.

Case 4: Diffuse facial photodamage

A 53-year-old Caucasian woman (FST III) presented to our clinic with mild, diffuse facial photodamage. The patient had no prior treatment to the area and desired treatments with little downtime.

The 1565 nm ResurFX module of the M22 device (Lumenis, Ltd., Yokneam, Israel) was used. The patient received three treatments, 30 days apart, to the affected areas with a 16 mm rectangular spot-size, density of 200–450 spots/cm^2, and pulse energy of 18–38 mJ/microbeam. Settings were increased with each subsequent visit. Postprocedure downtime was approximately 2 days following each session.

Figure 14.7A shows her pretreatment photograph along with a photograph obtained at 90 days following the third and last treatment session (**Figure 14.7B**). Note the mild improvement in the patient's mottled pigmentation, skin texture, and fine lines. The patient was satisfied with her results.

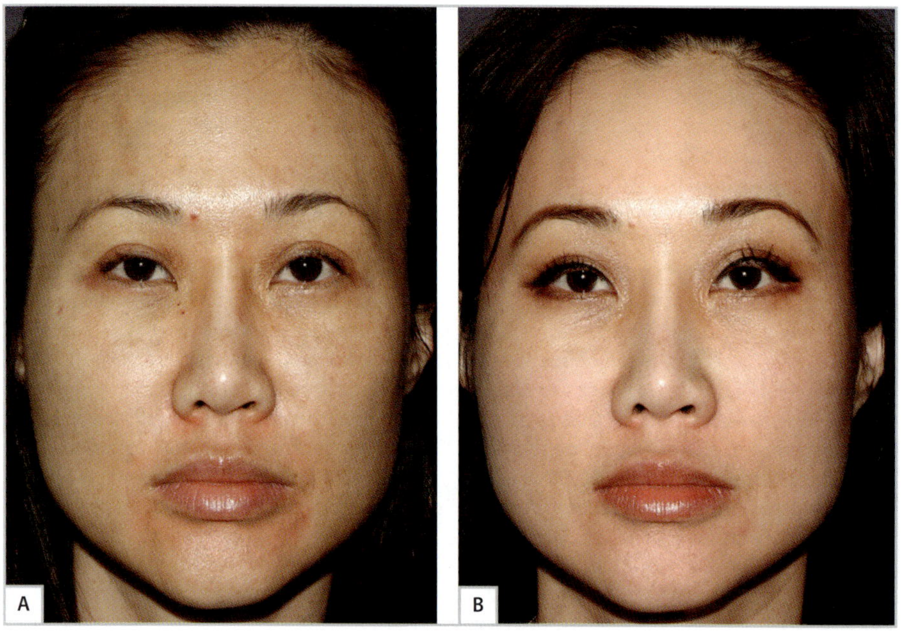

Figure 14.6 Filipino woman with recalcitrant melasma: (A) pretreatment and (B) melasma nearly resolved 7 days following a single session of 1927 nm thulium laser to the face (and 1550 nm erbium-doped fiber laser to the periorbital area) with strict sun protection.

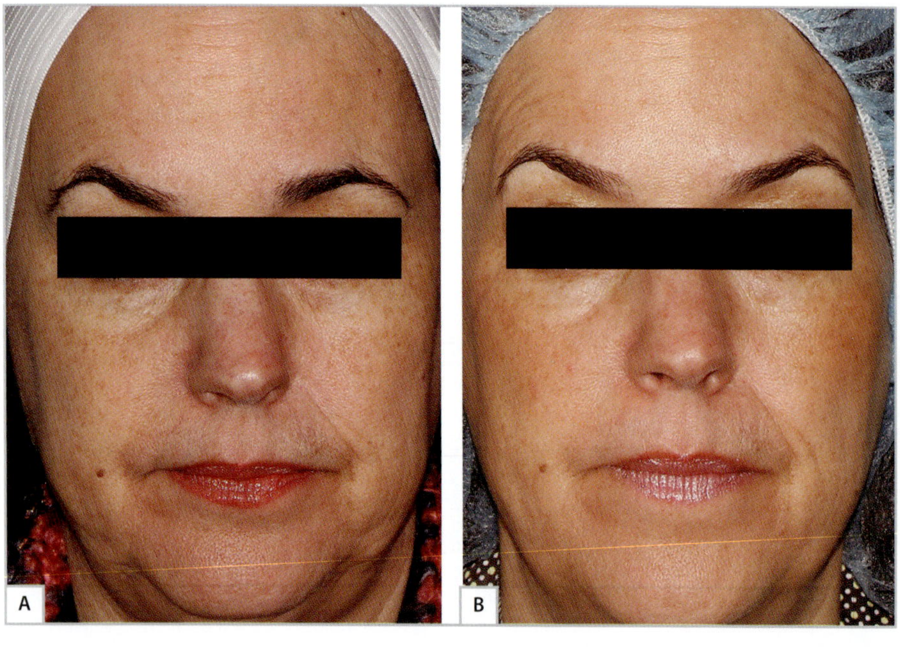

Figure 14.7 Caucasian woman with Fitzpatrick-Goldman Wrinkle and Elastosis Score of 4: (A) pretreatment and (B) 90 days following 3 monthly sessions with a 1565 nm erbium-doped fiber laser (ResurFX module, M22 system). Significant (mild) improvement in pigmentation, skin texture, and fine lines.

REFERENCES

Alexiades-Armenakas MR, Dover JS, Arndt KA. Fractional laser skin resurfacing. J Drugs Dermatol 2012; 11:1274–1287.

Berube D, Renton B, Hantash BM. A predictive model of minimally invasive bipolar fractional radiofrequency skin treatment. Lasers Surg Med 2009; 41:473–478.

Bloom BS, Emer J, Goldberg DJ. Assessment of safety and efficacy of a bipolar fractionated radiofrequency device in the treatment of photodamaged skin. J Cosmet Laser Ther 2012; 14:208–211.

Bogle MA. Fractionated mid-infrared resurfacing. Sem Cutan Med Surg 2008; 27:252–258.

Brauer JA, Geronemus RG, Correa L, et al. Novel low energy low density non-ablative fractional treatment of melasma and post inflammatory hyperpigmentation. Lasers Surg Med 2013; 45:2.

Brightman L, Goldman MP, Taub AF. Sublative rejuvenation: experience with a new fractional radiofrequency system for skin rejuvenation and repair. J Drugs Dermatol 2009; 8:s9–s13.

Cho SB, Lee JH, Choi MJ, et al. Efficacy of the fractional photothermolysis system with dynamic operating mode on acne scars and enlarged facial pores. Dermatol Surg 2009; 35:108–114.

Cohen JL, Ross EV. Combined fractional ablative and nonablative laser resurfacing treatment: a split-face comparative study. J Drugs Dermatol 2013; 12:175–178.

Cohen SR, Henssler C, Horton K, et al. Clinical experience with the Fraxel SR laser: 202 treatments in 59 consecutive patients. Plast Reconstr Surg 2008; 121:297e–304e.

Elford EL, Struck SK, Bedi VP, Geronemus RG. Enhanced skin permeability of topical aqueous anti-oxidant serum following 1927 nm laser treatment. Abstract presented at the American Society for Laser Medicine and Surgery Conference; 2013 April 3–7; Boston, MA.

Farkas JP, Richardson JA, Hoopman J, et al. Micro-island damage with a nonablative 1540-nm Er:Glass fractional laser device in human skin. J Cosmet Dermatol 2009; 8:119–126.

Fisher GH, Geronemus RG. Short-term side effects of fractional photothermolysis. Dermatol Surg 2005; 31:1245–1249.

Fisher GH, Kim KH, Bernstein LJ, Geronemus RG. Concurrent use of a handheld forced cold air device minimizes patient discomfort during fractional photothermolysis. Dermatol Surg 2005; 31:1242–1243.

Geraghty LN, Biesman B. Clinical evaluation of a single-wavelength fractional laser and a novel multi-wavelength fractional laser in the treatment of photodamaged skin. Lasers Surg Med 2009; 41:408–416.

Ghasri P, Admani S, Petelin A, Zachary CB. Treatment of actinic cheilitis using a 1,927-nm thulium fractional laser. Dermatol Surg 2012; 38:504–507.

Goldberg DJ, Berlin AL, Phelps R. Histologic and ultrastructural analysis of melasma after fractional resurfacing. Lasers Surg Med 2008; 40:134–138.

Goldman MP, Alster TS, Weiss RA. A randomized trial to determine the influence of laser therapy, monopolar radiofrequency and IPL therapy administered immediately after hyaluronic acid gel implantation. Dermatol Surg 2007; 33:535–542.

Gotkin RH, Sarnoff DS, Cannarozzo G, et al. Ablative skin resurfacing with a novel microablative CO_2 laser. J Drugs Dermatol 2009; 8:138–144.

Graber EM, Tanzi EL, Alster TS. Side effects and complications of fractional laser photothermolysis: experience with 961 treatments. Dermatol Surg 2008; 34:301–305.

Hantash BM, Bedi VP, Sudireddy V, et al. Laser-induced transepidermal elimination of dermal content by fractional photothermolysis. J Biomed Opt 2006; 11:041115.

Hantash BM, Ubeid AA, Chang H, et al. Bipolar fractional radiofrequency treatment induces neoelastogenesis and neocollagenesis. Lasers Surg Med 2009; 41:1–9.

Ho SGY, Yeung CK, Chan NPY, et al. A retrospective study of the management of Chinese melasma patients using a 1927 nm fractional thulium fiber laser. J Cosmet Laser Ther 2013; 15:200–206.

Hong SP, Han SS, Choi SJ, et al. Split-face comparative study of 1550 nm fractional photothermolysis and trichloroacetic acid 15% chemical peeling for facial melasma in Asian skin. J Cosmet Laser Ther 2012; 14:81–86.

Hruza G, Taub AF, Collier SL, Mulholland SR. Skin rejuvenation and wrinkle reduction using a fractional radiofrequency system. J Drugs Dermatol 2009; 8:259–265.

Jung JY, Cho SB, Chung HJ, et al. Treatment of periorbital wrinkles with 1550- and 1565-nm Er:glass fractional photothermolysis lasers: a simultaneous split-face trial. J Eur Acad Dermatol Venereol 2010; 25:811–818.

Karsai S, Fischer T, Pohl L, et al. Is non-ablative 1550-nm fractional photothermolysis an effective modality to treat melasma? Results from a prospective controlled single-blinded trial in 51 patients. J Eur Acad Dermatol Venereol 2012; 26:470–476.

Katz B. Treatment of wrinkles and skin rejuvenation with combined apex pulse technology [white paper]. Cynosure, Inc., 2007. http://www.cynosure.com/products/affirm/pdf/2_Katz,%20Bruce.pdf (last accessed 01 Sep 2013)

Katz TM, Goldberg LH, Marquez D, et al. Nonablative fractional photothermolysis for facial actinic keratoses: 6-month follow-up with histologic evaluation. J Am Acad Dermatol 2011; 65:349–356.

Kearney C, Brew D. Single-session combination treatment with intense pulsed light and nonablative fractional photothermolysis: a split-face study. Dermatol Surg 2012; 38:1002–1009.

Khoury JG, Saluja R, Leonidova I, Goldman MP. A novel 1440-nm wavelength Nd:YAG with combined apex pulse technology for the improvement of facial photoaging. Am J Cosmet Surg 2007; 24:231.

Kono T, Chan HH, Groff WF, et al. Prospective direct comparison study of fractional resurfacing using different fluences and densities for skin rejuvenation in Asians. Lasers Surg Med 2007; 39:311–314.

Kroon MW, Wind BS, Beek JF, et al. Nonablative 1550-nm fractional laser therapy versus triple topical therapy for the treatment of melasma: a randomized controlled pilot study. J Am Acad Dermatol 2011; 64;516–523.

Lapidoth M, Adatto M, Halachmi S. Treatment of actinic keratoses and photodamage with non-contact fractional 1540-nm laser quasi-ablation: an ex vivo and clinical evaluation. Lasers Med Sci 2013; 28:537–542.

Lee HM, Haw S, Kim JK, et al. Split-face study using a 1,927-nm thulium fiber fractional laser to treat photoaging and melasma in Asian skin. Dermatol Surg 2013; 39: 879–888.

Lee HS, Lee DH, Won CH, et al. Fractional rejuvenation using a novel bipolar radiofrequency system in Asian skin. Dermatol Surg 2011; 37:1611–1619.

Lee HS, Won CH, Lee DH, et al. Treatment of melasma in Asian skin using a fractional 1,550-nm laser: an open clinical study. Dermatol Surg 2009; 35:1499–1504.

Leheta T, El Garem Y, Hegazy R, et al. Non-ablative 1540 fractional laser: how far could it help injection lipolysis and dermal fillers in lower-face rejuvenation? A randomized controlled trial. J Cosmet Laser Ther 2013; 15:13–20.

Man J, Goldberg DJ. Safety and efficacy of fractional bipolar radiofrequency treatment in Fitzpatrick skin types V-VI. J Cosmet Laser Ther 2012; 14:179–183.

Manstein D, Herron GS, Sink RK, et al. Fractional photothermolysis: a new concept for cutaneous remodeling using microscopic patterns of thermal injury. Lasers Surg Med 2004; 34:426–438.

Marra DE, Yip D, Fincher EF, Moy RL. Systemic toxicity from topically applied lidocaine in conjunction with fractional photothermolysis. Arch Dermatol 2006; 142:1024–1026.

Metelitsa A, Alster TS. Fractionated laser skin resurfacing treatment complications: a review. Dermatol Surg 2010; 36:299–306.

Mezzana P, Valeriani M. Rejuvenation of the aging face using fractional photothermolysis and intense pulsed light: a new technique. Acta Chirurgiae Plasticae 2007; 49:47–50.

Naito SK. Fractional photothermolysis treatment for resistant melasma in Chinese females. J Cosmet Laser Ther 2007; 9:161–163.

Narurkar VA. Nonablative fractional laser resurfacing. Dermatol Clin 2009; 27:473–478–vi.

Niwa Massaki ABM, Eimpunth S, Fabi SG, et al. Treatment of melasma with the 1,927-nm fractional thulium fiber laser: a retrospective analysis of 20 cases with long-term follow-up. Lasers Surg Med 2013; 45:95–101.

Polder KD, Bruce S. Treatment of melasma using a novel 1,927-nm fractional thulium fiber laser: a pilot study. Dermatol Surg 2012; 38:199–206.

Polder KD, Mithani A, Harrison A, Bruce S. Treatment of macular seborrheic keratoses using a novel 1927-nm fractional thulium fiber laser. Dermatol Surg 2012; 38:1025–1031.

Prens SP, de Vries K, Neumann HAM, Prens EP. Non-ablative fractional resurfacing in combination with topical tretinoin cream as a field treatment modality for multiple actinic keratosis: a pilot study and a review of other field treatment modalities. J Dermatol Treat 2013; 24(3):227–231.

Saedi N, Petrell K, Arndt K, Dover J. Evaluating facial pores and skin texture after low-energy nonablative fractional 1440-nm laser treatments. J Am Acad Dermatol 2013; 68:113–118.

Sherling M, Friedman PM, Adrian R, et al. Consensus recommendations on the use of an erbium-doped 1,550-nm fractionated laser and its applications in dermatologic laser surgery. Dermatol Surg 2010; 36:461–469.

Sukal SA, Chapas AM, Bernstein LJ, et al. Eyelid tightening and improved eyelid aperture through nonablative fractional resurfacing. Dermatol Surg 2008; 34:1454–1458.

Tannous ZS, Astner S. Utilizing fractional resurfacing in the treatment of therapy-resistant melasma. J Cosmet Laser Ther 2005; 7:39–43.

Thongsima S, Zurakowski D, Manstein D. Histological comparison of two different fractional photothermolysis devices operating at 1,550 nm. Lasers Surg Med 2010; 42:32–37.

Tierney EP, Kouba DJ, Hanke CW. Review of fractional photothermolysis: treatment indications and efficacy. Dermatol Surg 2009; 35:1445–1461.

Tourlaki A, Galimberti MG, Pellacani G, Bencini PL. Combination of fractional erbium-glass laser and topical therapy in melasma resistant to triple-combination cream. J Dermatol Treat 2014; 25:218–222.

Verhaeghe E, Ongenae K, Dierckxsens L, et al. Nonablative fractional laser resurfacing for the treatment of scars and grafts after Mohs micrographic surgery: a randomized controlled trial. J Eur Acad Dermatol Venereol 2013; 27:997–1002.

Walgrave S, Zelickson B, Childs J, et al. Pilot investigation of the correlation between histological and clinical effects of infrared fractional resurfacing lasers. Dermatol Surg 2008; 34:1443–1453.

Wanner M, Tanzi EL, Alster TS. Fractional photothermolysis: treatment of facial and nonfacial cutaneous photodamage with a 1,550-nm erbium-doped fiber laser. Dermatol Surg 2007; 33:23–28.

Weiss ET, Brauer JA, Anolik R, et al. 1927-nm fractional resurfacing of facial actinic keratoses: a promising new therapeutic option. J Am Acad Dermatol 2013; 68:98–102.

Weiss RA, Gold M, Bene N, et al. Prospective clinical evaluation of 1440-nm laser delivered by microarray for treatment of photoaging and scars. J Drugs Dermatol 2006; 5:740–744.

Wind BS, Kroon MW, Meesters AA, et al. Non-ablative 1,550 nm fractional laser therapy versus triple topical therapy for the treatment of melasma: a randomized controlled split-face study. Lasers Surg Med 2010; 42:607–612.

Chapter 15 Treatment of red and brown pigmentation

Daniel P. Friedmann, Mitchel P. Goldman

INDICATIONS AND PATIENT SELECTION

Telangiectasias, erythema, lentigines, and dyspigmentation of the face are common complaints among individuals with significant, chronic ultraviolet light exposure. Laser treatment of these lesions is based primarily on the theory of selective photothermolysis, which dictates that permanent thermal damage of a pigmented cutaneous target can be achieved with sparing of surrounding structures (Anderson & Parrish 1983). Selecting a wavelength within the absorption spectrum of a specific cutaneous chromophore is thereby essential.

The primary chromophore of dermal telangiectasias and diffuse erythema is intravascular oxyhemoglobin, with added influence from deoxyhemoglobin, each with polychromatic absorption spectra. Oxyhemoglobin has three absorption peaks in the visible light range (418, 540, and 575–580 nm), while deoxyhemoglobin peaks at 550–560 nm (see **Figure 14.1**). Although wavelengths in the 600–750 nm range are more selective for deoxyhemoglobin, near-infrared wavelengths at 800–900 nm represent a broad peak for oxyhemoglobin. Melanin, found in relatively higher concentrations within pigmented lesions, has a broad absorption coefficient that peaks in the ultraviolet range (~335 nm) and declines steadily as a function of increasing wavelength (Ross et al. 2005).

Intense pulsed light

Intense pulsed light (IPL) devices emit incoherent, noncollimated, and broad-wavelength light in the 500–1200 nm range via a filtered, xenon-flash lamp light source. This broad output bandwidth of high-intensity light with a peak at 600 nm can be manipulated with various external quartz cutoff filters. By eliminating spectral output of shorter wavelengths with a 560 or 590 nm filter, superficial nonspecific melanin absorption of light is decreased, promoting selective photothermolysis of deeper dermal vessels by longer, more deeply penetrating wavelengths (Goldman et al. 2005). Apart from its reproducible ability to treat facial erythema and telangiectasias with minimal risk of purpura, IPL is ideal for treating superficial cutaneous pigmentation.

The ability to rapidly and simultaneously improve the cutaneous sequelae of photodamage with minimal discomfort or risk of ocular injury also underscores the advantages of IPL over other modalities for nonablative photorejuvenation (Sadick & Weiss 2002). Prospective trials have demonstrated the ability of IPL to significantly improve qualitative features of facial photoaging, primarily telangiectasias and mottled pigmentation, following one to seven treatment sessions (Bitter 2000, Kligman & Zhen 2004, Nootheti et al. 2007).

Telangiectasias

Facial telangiectasias and diffuse erythema were found to clear by >50% in 79.2% of subjects (>75% clearance in 37.5%) following a mean of 2.54 (1–4) monthly sessions with a 555–950 nm device (Bjerring et al. 2001). Fluences averaged 17.1 (13–22) J/cm^2 and pulse durations ranged from 10 to 30 ms using a 10 × 48 mm crystal. No subject experienced post-treatment purpura was observed. Retrospective reviews of 500–1200 nm IPL for small-caliber facial vessels also describe 75 % (repeat % t/o in range)–100% clearance in 87–92% of patients after one to four sessions (Angermeier 1999, Clementoni et al. 2005).

Hyperpigmentation

IPL sources have also been evaluated extensively for the treatment of hyperpigmented, melanocytic lesions, such as solar lentigines, ephelides (freckling), and nevi (Bjerring & Christiansen 2000). A study of 60 Japanese subjects targeting facial lentigines and ephelides demonstrated >50% and >75% overall improvement in 48% and 20% of subjects, respectively (Kawada et al. 2002). All subjects received three to five sessions at 2–3 week intervals (560–1200 nm, 2.6–5.0 ms double or triple pulse, 20 ms delays, 20–24 J/cm^2). A Taiwanese study of prominent facial freckling found >50% improvement in 86.1% of 36 subjects after 1.47 mean sessions (550/590–1200 nm cutoff, 4.0 ms single or double pulse, 20–40 ms delays, 25–35 J/cm^2), with results maintained at 6-month follow-up (Huang et al. 2002).

IPL treatments are also cleared by the Food and Drug Administration (FDA) for melasma, an acquired, often symmetric, facial hypermelanosis with a likely vascular component that is common in Southeast Asian and Hispanic populations with Fitzpatrick skin types (FST) III–IV (Rendon et al. 2006). Four sessions at 3-week intervals led to 51–100% improvement in 77.5% of 89 Chinese subjects, with a significant decrease in mean melasma area and severity index (MASI) from 15.2 to 4.5 (Li et al. 2008). As expected, epidermal-type melasma was more responsive to treatment than mixed type, which features both epidermal and dermal melanin deposition. A recent study also found greater improvement in melasma after 10 weeks of split-face sequential therapy with IPL and triple-combination hydroquinone-based cream compared to IPL and placebo, with 57% and 23% of subjects almost clear or better, respectively (Goldman et al. 2011).

Pulsed-dye lasers

Telangiectasias and erythema

The flashlamp-pumped pulsed-dye laser (PDL) is the cornerstone of treatment for superficial cutaneous vascular lesions of the face. Although first generation PDLs emitted yellow light at 577 nm to target the third absorption peak of oxyhemoglobin, current PDL devices generate 585 or 595 nm wavelengths, leading to deeper penetration of laser energy into the upper reticular dermis without loss of vascular specificity (Hercogova et al. 2002).

Prior-generation PDL devices were also limited by short-pulse durations of 0.1–0.45 ms associated with purpura formation (Orenstein & Nelson 1989). An early study of facial telangiectasias using single-pass purpuric settings (0.45 ms, 6–7.75 J/cm^2, 3 or 5 mm spot sizes) demonstrated >50% improvement in 97.5% of 182 subjects after one to two sessions, with 83.5% showing >75% improvement (Ruiz-Esparza et al. 1993). Another study with a single pass at similar settings for telangiectasias of the cheek in 17 subjects found excellent clearing at 6 weeks post-treatment (Ross et al. 1993).

Current PDLs instead use extended pulse widths up to 40 ms that allow for selective photothermolysis of larger ectatic vessels and a significantly greater purpuric threshold (Tanghetti et al. 2002, Goldman 2004). Larger fluences may also be safely used with minimal treatment-related discomfort as a result of cryogen or convection cooling. Nevertheless, the efficacy of single-pass, long-pulse PDL treatments at subpurpuric settings is somewhat limited, particularly with larger telangiectasias (Ross et al. 2007). A study of cheek telangiectasias treated with 6 ms and 7–9 J/cm^2 with a 7 mm spot size found >50% improvement only in 4 of 12 subjects at 6–8 weeks following one single-pass session (Jasim et al. 2004). A split-face, single-pass trial also demonstrated significantly greater improvement with purpuric (8.5 J/cm^2) than nonpurpuric (mean 10 J/cm^2) treatment using a 10 ms pulse duration (Alam et al. 2003). Investigators and subjects both rated a greater reduction in telangiectasia density with purpuric settings in 81% of cases. A single pass of PDL also showed greater objective and subject-rated improvement than a 1064 nm long-pulsed neodymium-doped yttrium aluminum garnet (Nd:YAG) laser in a split-face study with 4-monthly sessions (Alam et al. 2013).

Pulse stacking and multiple passes at subpurpuric fluences with adequate epidermal protection, however, may lead to significant improvement in vessel clearance without added adverse events (Rohrer et al. 2004, Tanghetti et al. 2006). Double pulsing of nasal telangiectasias in 18 subjects with a 3 × 10 mm spot size and 40 ms/10–12 J/cm^2 settings led to >80% improvement in all subjects, 56% of which exhibited complete resolution (Madan & Ferguson 2010). Another study randomized subjects to split-face treatment with single nonoverlapping or three to four stacked pulses (Rohrer et al. 2004). At 6-week follow-up, mean vessel clearance was 67.4% and 87.6% with single and stacked pulsing, respectively. Mean telangiectasia density also decreased accordingly. Nevertheless, the use of subpurpuric fluences may still necessitate multiple treatment sessions (Iyer & Fitzpatrick 2005). Single-treatment clearance of facial telangiectasias in a study of 40 subjects following three passes with 40 ms pulse widths and fluences at or below the purpuric threshold (16 J/cm^2) was only possible in the presence of purpura (Tanghetti & Sherr 2003).

Hyperpigmentation

Given that PDL wavelengths lie within the absorption coefficient for melanin, PDL treatments with low fluences and no epidermal cooling can be directed at melanin destruction or photobleaching within pigmented lesions. Studies have confirmed significant improvement in lentigines and melasma after one to three sessions using subpurpuric fluences (Pootongkam & Asawanonda 2009, Passeron et al. 2011). A compression handpiece tip with a convex glass contact window for the VBeam PDL (Candela Corp., Wayland, MA, USA) has also been developed for the treatment of cutaneous pigmentation (Kono et al. 2007). By excluding blood (and intravascular hemoglobin chromophore) from the treatment area secondary to compression, greater energy absorption by epidermal melanin is possible (Kauvar et al. 2006).

Q-switched lasers

Cutaneous melanin has a broad, polychromatic absorption spectrum that peaks at approximately 335 nm and declines steadily with increasing visible light and near-infrared wavelengths. Although significantly attenuated past 755 nm, energy absorption is still likely with wavelengths up to 1064 nm. Longer wavelengths afford treatment of deeper pigment and as a result, darker FSTs. Given that melanosomes (≤1 μm) have thermal relaxation times of <1 μs, ultra short nanosecond (and recently picosecond) pulse durations selectively confine photothermal and photoacoustic effects to these structures (Anderson et al. 1989, Kauvar 2012a). Multiple lasers with submicrosecond pulse durations and wavelengths within the absorption range of melanin are therefore available, including Q-switched ruby laser (QSRL, 694 nm), Q-switched alexandrite laser (QSAL, 755 nm) and Nd:YAG (1064 or 532 nm) lasers.

Q-switched ruby laser

The 694 nm wavelength of QSRLs is moderately absorbed by melanin, yet poorly absorbed by competing chromophores, primarily hemoglobin (Taylor & Anderson 1993). Rapid delivery of high-intensity energy at this wavelength disrupts melanosomes within keratinocytes, melanocytes, and melanophages and makes the QSRL ideal for pigmented lesions of the epidermis and superficial dermis in light-skinned individuals (Kopera et al. 1997). Ten subjects with lentigines treated with one to two sessions of QSRL (25 ns, 6 J/cm^2) demonstrated >25% improvement (2 with >75% improvement), with no recurrence at 14 months (Shimbashi et al. 1997). Another study found 51–75% improvement in lentigines following a single session in six subjects (Tse et al. 1994).

Although the risk of postinflammatory hyperpigmentation (PIH) and hypopigmentation limits its use in dark-skinned patients, FSTs III–IV may be safely treated with a low risk of side effects if approached conservatively. A comparative study of subjects with FST II, III, and IV treated with QSRL for lentigines revealed statistically similar rates of clearance and post-treatment dyspigmentation (Sadighha et al. 2008). Korean subjects (FST III–IV) treated with fractional-mode, low-fluence QSRL showed mild improvement in dermal and mixed-type melasma without adverse events (Jang et al. 2011). Six sessions with 27.7% coverage and 2–3 J/cm^2 every 2 weeks decreased mean MASI scores from 15.1 to 10.6. Nevertheless, the results of other QSRL studies for melasma have been discouraging (Taylor & Anderson 1994, Tse et al. 1994).

Q-switched alexandrite laser

The 755 nm near-infrared wavelength of QSAL, although absorbed less readily by melanin, penetrates deeper and is emitted over a longer pulse duration (50–70 ns) than that of QSRL. The lower absorption coefficient for melanin and gentler heating of target melanosomes may serve to decrease post-treatment side effects in dark-skinned patients (Jang et al. 2000). Use of larger spot sizes with lower fluences may also lead to equal efficacy with decreased PIH compared to smaller spot sizes with higher energies (Wang & Chen 2012). Studies of QSAL in Asian subjects with freckles and lentigines have shown 26–100% improvement after one to five sessions with transient PIH rates of 0–47% (Jang et al. 2000, Wang et al. 2006, Kagami et al. 2007). Long-term control of melasma has also been reported with QSAL, albeit in small studies (Rusciani et al. 2005).

A novel QSAL (PicoSure, Cynosure, Inc., Westford, MA, USA) with laser energy delivered in picosecond pulse widths as low as 550 ps may enhance the photomechanical and photothermal breakup of melanosomes, producing greater tensile stress on these particles than nanosecond lasers (**Figure 15.1**). The lower fluences required and less collateral tissue heating created by this device would thereby minimize adverse events (Dover et al. 2012).

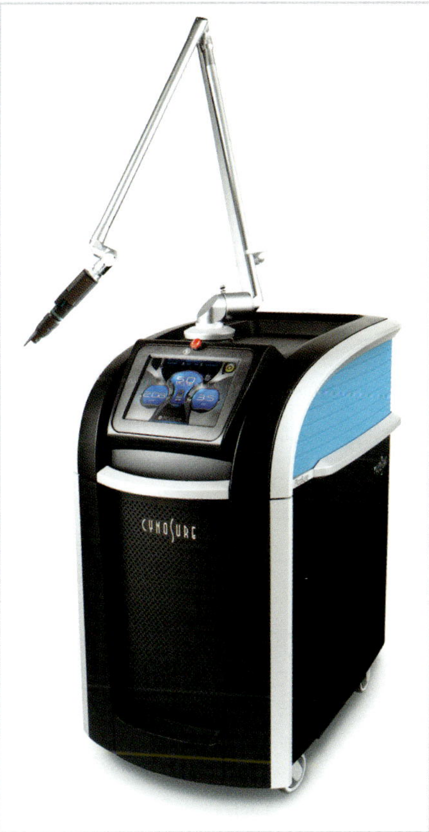

Figure 15.1 Novel picosecond Q-switched alexandrite laser (Picosure), FDA cleared for tattoos and pigmented lesions. By courtesy of Cynosure, Inc, Westford, MA, USA.

Q-switched Nd:YAG laser

Nd:YAG devices having a wavelength 1064 nm allow for much deeper penetration of laser energy and minimal melanin absorption compared to QSRL or QSAL. It is therefore not surprising that the majority of research with Q-switched 1064 nm lasers has involved the treatment of melasma, primarily in Asian patients. Repeat sessions with low-fluence, Q-switched Nd:YAG treatments can decrease stage IV melanosomes, damage melanocytes, and reduce expression of melanogenesis-associated proteins (Kim et al. 2013).

Melasma studies have demonstrated >50% improvement in 67–76% of subjects (>75% improvement in 28–36%) following 5–15 weekly sessions using a 6–10 mm spot sizes, 1.6–4 J/cm^2, and multiple passes at 10 Hz (Polnikorn 2010, Sim et al. 2013). The incidence of post-treatment dyspigmentation in these trials was 0–8.6%. Combining low-fluence Nd:YAG treatments with IPL, microdermabrasion, and hydroquinone-based creams may also add to long-term benefits (Jeong et al. 2010, Kauvar 2012b, Na et al. 2012). Regardless of the potential benefits with low-fluence Nd:YAG therapy, a split-face study comparing it to low-fluence QSAL failed to show any significant difference in long-term efficacy or adverse events following 6 weekly sessions (Fabi et al. 2014).

Long-pulsed Nd:YAG lasers

Although dermal vessels strongly absorb 532 and 595 nm, which approximate the absorption peaks of oxyhemoglobin, 1064 nm energy is poorly absorbed and requires far greater fluences (>70 J/cm^2) to produce thermocoagulation. However, the enhanced penetration of laser energy associated with long-pulsed 1064 nm Nd:YAG devices make them ideal for the treatment of larger, deeply situated facial vessels such as reticular veins, as well as telangiectasias and venulectasias (**Table 15.1**). Minimal melanin absorption at this wavelength allows dark or suntanned FSTs to be treated with low risk of epidermal injury.

All 25 subjects treated with a contact-cooled device using a 10 ms pulse duration, 100 J/cm^2, and 2.5 mm spot size showed 95–100% clearance of telangiectasias at 8-week follow-up (Major et al. 2001). Another study compared treatment of refractory nasal telangiectatic vessels with diameters of 0.1 mm (8 ms, 200–217 J/cm^2) and 0.2–0.3 mm (12 ms, 237–261 J/cm^2) using a 1.5 mm spot size in 12 subjects (Lee et al. 2012). Twelve weeks following a single session, 0.1 and 0.2–0.3 mm vessel count decreased by 61.1% and 92.2%, respectively. Cryogen-cooled Nd:YAG devices have also demonstrated excellent success in treating facial vessels, particularly reticular veins (Eremia & Li 2002, Lai & Goldman 2007). Nearly 100% of periorbital and temporal reticular veins resolved after one to two sessions using pulse durations of 25–100 ms and fluences of 150–210 J/cm^2 depending on spot size. A recent retrospective review of 40 subjects treated with a dynamically cooled Nd:YAG device for facial reticular veins found 75–100% improvement following a mean of 1.63 sessions (Friedmann et al. 2013). Treatments were performed with a 3.5 mm spot size, a mean fluence of 191 J/cm^2, pulse durations of 25–40 ms, and cryogen cooling of 0–10/20–30 ms.

Sequential delivery of 595 and 1064 nm wavelengths (Cynergy with Multiplex, Cynosure, Inc., Westford, MA, USA) has been shown to reduce fluences required to achieve permanent vessel damage as well

Table 15.1 Available long-pulsed lasers for vascular lesions*

Laser type	Wavelength (nm)	Common settings	Trade name and manufacturer
Fd-Nd:YAG	532	0.3–1.5 mm; PW: 5–1000 ms; 5 W	Velure S5, Lasering USA
		0.2–2 mm, 2–1000 ms (and CW), ≤8 W	IDAS, Alma Lasers, Inc.
KTP, diode	532, 940	0.7/1/2 mm handpieces, 5–100 ms, fluence: 950 J/cm^2 (532 nm), 900 J/cm^2 (940 nm)	VariLite, Cutera, Inc.
Pulsed-dye	585	3/5/7 mm handpieces, 150–350 ms, 9 J/cm^2	Chromogenex Technologies Ltd.
	595	3–12/3 × 10 mm or pigmented lesion tip, 0.45–40 ms, ≤40 J/cm^2; Cryogen-cooled	VBeam Perfecta, Candela Corp.
Alexandrite	755	3–18 mm, 3–300 ms, ≤500 or 700 J/cm^2; air cooling	EpiCare-LP or LPX, Light Age, Inc.
		3/6/30 × 30 mm scanning, ≤200 ms, ≤140 J/cm^2; -5 to 30°C	ClearScan ALX, Sciton, Inc.

Continued...

Laser type	Wavelength (nm)	Common settings	Trade name and manufacturer
Nd:YAG (contact-cooled unless otherwise stated)	1064	Laser Genesis: 5 mm, 0.1–30 ms, ≤40 J/cm²; Excel: 3/5/7 mm, 1–300 ms, 300 J/cm²; CoolGlide: 10 mm, 10–100 ms, ≤100 J/cm²; precooling only	Xeo or CoolGlide Platforms, Cutera, Inc.
		2–4/6 mm; 10/40/60/100 ms; 30–450 J/cm²	Omnimax, SharpLight
		2/6/10 mm; 10/15/45/60 ms; 30–450 J/cm²	Harmony XL/Elite
		2.5/4/7 mm; 20–225 J/cm² 2.5–16 mm, 0.8–30 ms, ≤700 J/cm² 1.5–20 mm, 0.2–300 ms, ≤700 J/cm²	PhotoSilk Plus, DEKA Medical, Inc. Synchro FT Synchro HP
		3–15 mm, ≤400 J/cm²	NaturaLase LP, Focus Medical
		1.5/3/5 mm, 0.5–90 ms, 10–600 J/cm²	Mydon, Alma Lasers, Inc.
		2 mm focused or 6/9 mm collimated, 10–60 ms, ≤500 J/cm²	1064 LongPulse, Etherea Platform, Industra Technologies Ltd.
		1.5–18 mm, 0.3–300 ms, ≤2500 J/cm²; air cooling	EpiCare-YAG, Light Age, Inc.
		2 × 4/6 mm or 9 mm (Lumenis One only), 2–20 ms with 5–100 ms delays, 20–225 J/cm²	M22/Lumenis One, Lumenis, Ltd.
		10–100 ms, ≤700 J/cm²	Lux1064+, StarLux or Icon Aesthetic Systems, Palomar Medical Technologies, Inc.
		3/6/30 × 30 mm scanning, 2–200 ms, ≤400 J/cm²; -5–30°C	ClearScan YAG, JOULE System, Sciton, Inc.
		2–10 mm, 0.3–500 ms, 5–500 J/cm²; Cryogen-cooled	CoolTouch VARIA, CoolTouch, Inc.
Nd:YAG and KTP or fd-Nd:YAG	1064, 532	2–12 mm, 1.5–60 ms, 100 J/cm² (Nd:YAG) or 12 J/cm² (KTP)	Excel V, Cutera, Inc.
		1064 nm: 4–12 mm, 3–300 ms, ≤480 J/cm² (also short-pulse option: 5–8 mm, 0.3–0.8 ms, ≤25 J/cm²); 532 nm: 2–6 mm, ≤25 ms, ≤95 J/cm²; air cooling	Light A Star or Light 4V (1064 nm only), Quanta USA
Nd:YAG and pulsed-dye	1064, 595, 1064/595	5–12 mm for 585 nm or 585/1064 nm vs. 1.5–15 mm for 1064 nm, 0.5–40 ms/≤7–40 J/cm² (585 nm) or 0.3–300 ms/≤35–600 J/cm² (1064 nm); air cooling	Cynergy, Cynosure, Inc.
Nd:YAG and alexandrite	1064, 755	1064 nm: 1.5–15 mm, 0.4–300 ms; ≤35–600 J/cm² 755 nm: 5–15 mm, 0.5–300 ms, ≤20–60 J/cm²	Acclaim, Cynosure, Inc.
		1064 nm: 6–520 J/cm², 1.5–18 mm; 755 nm: 6–150 J/cm², 6–18 mm; Both 0.25–100 ms and cryogen or air cooled	GentleMax Pro or GentleLASE Pro/YAG, Candela Corp.
	1064/755	1.5–15 mm, 10–40 ms, ≤32–200 J/cm²	Elite/Elite MPX, Cynosure, Inc.
		1.5–18 mm, 0.3–300 ms, ≤2500 J/cm²	EpiCare-DUO, Light Age, Inc.

LP, long-pulsed; PW, pulse width

*Contact cooling unless otherwise indicated

as minimize purpura formation. Intravascular oxidation of hemoglobin as a result of the initial 595 nm pulse produces met-hemoglobin (met-Hb), altering the light-absorbing properties of blood (Barton et al. 2001). Met-Hb has a relatively greater absorbance of near-infrared energy compared to oxy- or deoxyhemoglobin, including a high absorption peak at 1000 nm (Mordon et al. 2003). Subsequent pulsing of laser energy at 1064 nm thus leads to synergistically enhanced treatment of facial vessels, analogous to the aforementioned effect of pulse stacking with PDL.

A study of 13 subjects found significant improvement in telangiectasias, diffuse erythema, and lentigines following 5 monthly treatments with a single full-face pass using a 10 mm spot size, 10 ms/6.5–9 J/cm² PDL, and 50 ms/40–45 J/cm² Nd:YAG (Berlin et al. 2007). A subsequent blinded study compared this combination to individual wavelengths for the treatment of nasal telangiectasias (Karsai et al. 2008). All subjects were randomized to a single 595/1064 nm treatment of the side of the nose (7 mm spot size, 10 ms/10 J/cm² PDL, 15 ms/70 J/cm² Nd:YAG, 100 ms delay) with either 595 or 1064 nm to contralateral side. At 4-week follow-up, 90% of dual-wavelength sides had >50% clearance compared to only 20% of single-wavelength sides ($p < 0.0001$), with no significant difference between PDL and Nd:YAG.

Long-pulsed frequency-doubled Nd:YAG lasers

Also known as potassium-titanyl-phosphate (KTP) lasers, referring to the optical material used in these solid-state lasers, frequency-doubled Nd:YAG devices emit energy at 532 nm and allow for purpura-free treatment of superficial cutaneous vessels with millisecond pulse durations. However, given the high-absorption coefficient of melanin at this wavelength, use with this laser should be reserved for light-skinned and nontanned individuals.

Studies have found marked improvement in facial telangiectasias and spider angiomas in 53–98% of subjects following a single session with 5–30 ms pulse durations and spot size-dependent (0.4–4 mm) fluences of 7–24 J/cm² (Cassuto et al. 2000, Kauvar et al. 2002). A split-face study also found greater clearance with KTP (85%) compared to PDL (75%) 3 weeks after three treatments, albeit with greater erythema and edema in the immediate follow-up period (Uebelhoer et al. 2007). Despite their long-pulsed energy delivery, 532 nm lasers may also be effective for lentigines, freckles, and other benign pigmented lesions of the face in lighter FSTs (Kilmer et al. 1994).

PRETREATMENT CONSIDERATIONS

The consultation

A thorough, pertinent history, and physical examination is a crucial part of every consultation. A history of keloid formation, medical conditions or medications that may impair wound healing, oral retinoid use within the prior 6 months, pregnancy or breastfeeding, photosensitivity, and/or abnormalities localized to the treatment area (active infections, malignant lesions, scarring, or burns) should be ruled out prior to any procedure. Evidence of recent tanning or sunless tanner use is a common reason to delay treatment with any laser or IPL device, given the increased risk of epidermal injury. A history of systemic gold exposure or generalized pigmentation from medications or silver products would also bar the use of Q-switched lasers. Likewise, Q-switched treatments should be avoided directly over cosmetically tattooed areas.

Prophylactic antiviral therapy for herpes simplex virus (HSV) is ordinarily unnecessary, although valacyclovir 500 mg po BID for 3 days, starting the day prior to treatment, may be considered in those with a history of recurrent outbreaks localized to the treatment area (especially perioral).

Preoperative

All patients have standardized, high-quality digital photographs of their face and written informed consent obtained upon arrival. They are then asked to wash the area(s) with a neutral cleanser in order to remove any makeup or other impurities that may interfere with treatment. While topical anesthesia is generally unnecessary, especially with long-pulsed vascular lasers or IPL treatments, a subset of patients undergoing extensive Q-switched laser therapy may require a preprocedure topical anesthetic, applied for 30–60 minutes and removed immediately prior to the treatment with dry gauze. Alternatives include lidocaine 4% (LMX4, Ferndale Laboratories, Inc., Ferndale, MI, USA) or compounded 7% lidocaine/7% tetracaine, 23% lidocaine/7% tetracaine, or 20% benzocaine/6% lidocaine/6% tetracaine. Another option, Pliaglis cream (Galderma Laboratories L.P., Ft. Worth, TX, USA) is composed of equal parts of 7% lidocaine and 7% tetracaine in a self-occluding delivery system, which once air-dried is removed as a flexible film. Recently, a new formulation of this product has been developed to provide more reproducible and uniform anesthetic properties. Tetracaine-based topical anesthetics may cause transient erythema and should likely be avoided prior to IPL or vascular lasers.

Intraocular metal eyeshields are placed when upper and/or lower eyelid skin within the orbital rim is to be treated. Otherwise, disposable adhesive (LASER-Aid, DELASCO, Inc., Council Bluffs, IA, USA) and stainless steel or polymer-based ocular shields of an appropriate, wavelength-specific optical density (OD) are used for IPL and laser treatments, respectively. Device operators and ancillary staff must also wear IPL glasses or laser eyewear of OD5+ when devices are in use. IPL and laser system tests are performed immediately pre treatment to confirm proper device operation.

TECHNIQUE

Intense pulsed light

Lumenis IPLs (M22 or Lumenis One, Lumenis, Ltd., Yokneam, Israel) emit a 515–1200 nm wavelength range in single, double, or triple pulses via a number of interchangeable cutoff filters, from 560 to 755 nm. An integrated chilled 35 × 15 mm sapphire crystal tip, a thick (1 mm) layer of cold water-based gel, and periprocedural cold-air cooling (Cryo 5, Cynosure, Westford, MA) combine to ensure proper epidermal protection and minimal patient discomfort during treatment (**Figure 15.2**). Apart from acting as a 'heat sink,' cold gel also enhances optical coupling between the crystal and treatment area and decreases the index of refraction of light, leading to deeper energy delivery. Moreover, water-based gel may absorb potentially damaging and superfluous near-infrared wavelengths >1000 nm (Weiss et al. 2006).

Given the large spot size and rapid pulse delivery of these IPLs, a full-face can often be treated in <10 minutes. Although a number of IPL devices are currently available (**Table 15.2**), treatment paradigms are essentially similar, with parameters individualized for each patient and the type of pigment to be targeted. Caucasian patients are primarily treated with a 560 nm cutoff filter, 10–15 ms delay, and initial fluences of 15–18 J/cm^2. Fluence may be increased by 10–20% with subsequent treatments, based on clinical response, until an optimal energy density is achieved. Treatment of darker FSTs (III–IV) requires longer delays between pulses (20–50 ms) and/or higher cutoff filters (590 nm) that aid in sparing epidermal melanin. FSTs V–VI should be treated with caution using a 695 or 755 nm cutoff filter, low fluences, and/or triple pulsing with long inter pulse delays.

For lentigines, freckles, or other pigmented lesions, 3 ms double pulsing is performed, with mild darkening noted almost immediately post-treatment. For telangiectasias or other small-diameter, superficial vascular lesions, two sequential 4 ms pulses are used. Larger pulse durations with higher fluences are required for larger, deeper dermal vessels, producing photothermal coagulation while sparing smaller overlying papillary dermal vessels and minimizing epidermal heating (Goldman et al. 2005). Large caliber telangiectasias can be safely double pulsed at fluences of 19–26 J/cm^2 using respective pulse durations of 4–12 ms with Lumenis IPLs using a smaller 15 × 8 mm crystal. The treatment end point for vascular lesions is transient vessel spasm. The operator should apply minimal pressure against the skin with the handpiece, so as to not compress target vessels. A typical patient requires one to three sessions to achieve significant improvement, with subsequent maintenance treatments encouraged semiannually.

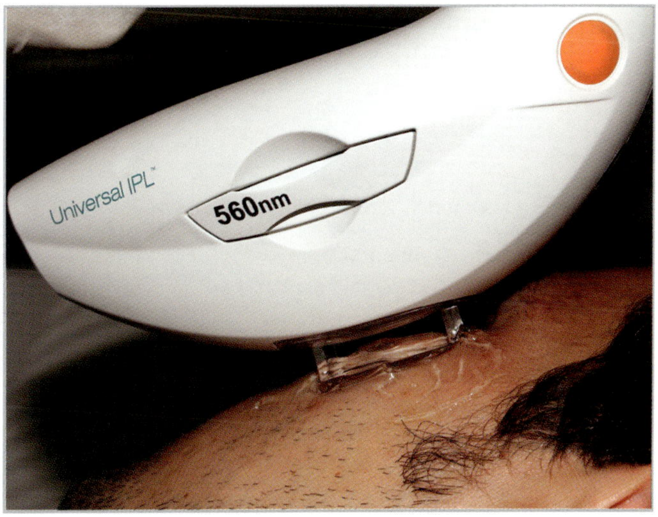

Figure 15.2 Intense pulsed light crystal applied to facial skin. Light passes through an interchangeable quartz filter (e.g. 560 nm), a chilled Sapphire crystal tip, and a 1 mm layer of cold optical coupling gel prior to cutaneous penetration.

Table 15.2 Available intense pulsed light devices for pigmented and vascular lesions*

Hardware	Wavelength (nm)	Common settings	Trade name and manufacturer
Single handpiece	750	40 × 10 mm; fluence: ≤50 J/cm²	Yello Toning, Healux
	530–950	50 × 10 mm, 7–385 ms with 1–20 ms delay and 2–15 pulses, 10–110 J/cm²	UltraPlus, Energist NA, Inc.
	500–670/870–1200	10 × 15 mm, 5–100 ms, ≤80 J/cm²	MaxG, StarLux or Icon Aesthetic Systems, Palomar Medical Technologies, Inc.
	500–1200	10–100 ms with 1–3 pulses, ≤20 J/cm²	Quadra Q4 Platinum, DermaMed International, Inc.
	520–1100	30 × 10 mm, 5–30 J/cm², long or short PW; 10–20°C; 3 programs: 520/560/580 nm	LimeLight, Xeo Platform, Cutera, Inc.
Multiple handpieces	535–950	6.4 cm²; PW: 10–100 ms; 5–30 J/cm²; 535/580/635/730 nm handpieces; dynamic pulse control	Omnimax/Formax/Formax Plus, SharpLight
	515–950	515/540/570 nm handpieces: 3 cm² (5–25 J/cm²) or 6.4 cm² (5–30 J/cm², not contact-cooled) and 10/12/15 ms; 550–650 nm handpiece: 3 cm², 5–15 J/cm² and 10/12/15 ms	Harmony XL/Elite with Advanced Fluorescent Technology
	500–950	46 × 10 mm (4–32 J/cm²), 46 × 18 mm (2.5–18 J/cm²), or 21 × 10 mm; 3–25 ms with 10–100 ms delay and 1–3 pulses; 500/520/550/650 nm handpieces	PhotoSilk Plus, DEKA Medical, Inc.
	560–950	8 × 34 mm, 1–60 ms with 1–60 ms delays and 1–3 pulses, 10–45 J/cm²	SmoothCool HR/SR, Eclipse Aesthetics
	530–1200	50 × 15 mm, 25 ms, 22 J/cm²; 530/570 nm handpieces	TRIOS, Viora
	515–1200	30 × 10 mm, 10–30 J/cm²; 5/10/20°C; 515/580 nm handpieces	Lumecca, InMode MD Ltd.
Handpiece with interchangeable filters	510–950	5–300 ms, 35 J/cm²	SOLARI, Lutronic, Inc.
	480–1200	30 × 30/10 × 20/7 × 15 mm; 2–500 ms; ≤90 J/cm²; 515/535/550/580/615 nm filters	Omnilight/NovaLight FPL, American Medical Bio Care, Inc.
	540–1200	40 × 12 mm, 5–100 ms, 33 J/cm²; 540/580/640 nm filters; also vascular tips (8/12 × 12 mm, 540 m filter)	IPL-Sq, Etherea Platform, Industra Technologies Ltd.
	500–1200	48 × 13 mm, 3–8 ms with 5–50 ms delay (Synchro FT only, 1–3 pulses), 2–25 J/cm²; 4–16°C; 500/520/550/600/650 nm filters	Synchro & MiniSilk FT, DEKA Medical, Inc.
	510–1200	40 × 10 mm, 1–1000 ms with 1–8 pulses, ≤50 J/cm²; 510/530/640/800 nm filters	NaturaLight, Focus Medical
	500–1200	35 × 15/15 × 8 mm; 4–20 ms with 5–150 ms delay (M22, 10–35 J/cm²) or 3–100 ms with 1–120 ms delay (Lumenis One, 10–40 J/cm²); 515/560/590/615/695/755 nm filters	Lumenis, Ltd., with Optimal Pulse Technology and multiple-sequential pulsing
	515–1400	45 × 15/15 × 15 mm, ≤200 ms, ≤30 J/cm²; 0–30°C; 515/560/590/640/695 nm filters	BBL or BBLs, JOULE System, Sciton, Inc.

PW, pulse width

*Contact cooling unless otherwise specified

Pulsed-dye lasers

Current PDLs emit 585 nm or 595 nm wavelengths with long pulse durations to efficiently target telangiectasias and other vascular lesions of the papillary and upper reticular dermis. Dynamic cryogen (VBeam Perfecta, Candela Corp., Wayland, MA, USA) or continuous forced-air cooling (Cynergy, Cynosure, Inc., Westford, MA, USA) prevent against epidermal injury or excessive dermal bulk heating. One to three sessions at 4–8 week intervals are needed for vessel resolution.

Superficial telangiectasias of the face, often localized to the nose, cheeks, and chin, are typically treated with using a 7 mm spot size and a pulse duration and fluence of 6 ms/7–9 J/cm² (≤0.6 mm) or 10 ms/8–12 J/cm² (≥0.6 mm) with marginally overlapping pulses. Thicker facial vessels (~1 mm), as may be seen with rosacea or moderate-to-severe photodamage, can be treated with 20–40 ms pulse widths and subpurpuric fluences as high as 13–15 J/cm². Treatment end point with these devices is immediate vessel spasm and transient purpura indicative of intravascular coagulation. Pulse stacking with lower fluences can also be used to produce equivalent or improved results without increased adverse events (Rohrer et al. 2004). Given that a 10 mm spot size leads to a greater central beam energy and deeper wavelength penetration than a 7 mm spot size at a given fluence, settings should be adjusted accordingly. Dark-skinned patients should be approached conservatively with lower fluences and longer pulse durations. Patients with perinasal telangiectasias are advised that vessels almost always occur within a year of treatment due to their origin from the dorsal nasal artery. Rosacea patients thereby typically require treatment every 6 months to maintain long-term efficacy.

Diffuse erythema of the face (e.g. rosacea) can be targeted with a 10 mm spot size and 6 or 10 ms at 5–8 J/cm² or 20 ms at 7.5–9 J/cm².

Lentigines or other superficial pigmented lesions may be treated with a single pulse of 10 ms and 7–8 J/cm² using a 7 mm spot size and NO cooling; pulse stacking or multiple passes should be avoided in this situation. Precooling settings of 30/20 (30 ms spray, 20 ms delay between spray and pulse) are standard for the VBeam Perfecta for vascular lesions, although cryogen spray duration may be increased as high as 50 ms in areas of extensive vascularity and erythema or in darker FSTs. Continuous cooling with refrigerated air (Cryo 5 or Smart Cool 6, Cynosure, Westford, MA, USA) is a feature of the Cynergy device via a handpiece attachment. The target area is thereby cooled before, during, and after each laser pulse. Airflow velocity is adjustable, with typical settings of five or six.

Q-switched lasers

A number of FDA-cleared Q-switched lasers able to generate submicrosecond pulses are currently available for facial lentigines, freckling, and macular and/or pigmented seborrheic keratoses (**Table 15.3**). QSRL, QSAL, or Q-Switched Nd:YAG lasers may be used to treat these lesions, depending on patient's skin type. While FSTs I–II are ideal for the treatment with QSRL, types V–VI are best managed with a 1064 nm Q-switched Nd:YAG to minimize the risk of post-treatment dyspigmentation.

QRSL treatment of superficial pigmented lesions in light-skinned patients is performed with 2–4 J/cm² using a 5 mm spot size (or varied accordingly) at 1.5 Hz. For patients with FST ≤ IV, QSAL (Accolade, Cynosure, Inc., Westford, MA, USA) with a 3 mm spot size and 6–8 J/cm² can be employed. Picosecond-range QSAL treatments with a 3 mm spot size and 2.83 J/cm² fixed fluence can also be utilized, potentially for all skin types. The clinical end point with these devices is immediate lesion whitening that resolves within 20 minutes, followed by erythema and edema.

Melasma may be treated effectively with QSAL or 1064 nm Q-switched Nd:YAG (Spectra, Lutronic, Inc., Fremont, CA, USA) in FSTs III–IV, with the latter reserved for darker skin types. The extremely short-pulse duration (≤10 ns) and high-peak power of the 1064 nm Spectra device via a defocused, collimated handpiece may maximize selective photothermolysis of cutaneous melanosomes. Six to 10 treatment sessions are performed at weekly (up to 2 week) intervals with a 6 mm spot size and 1–2 J/cm². The clinical end point of treatments is mild erythema and minimal edema without whitening of the target area. We recommend the adjuvant use of topical depigmenting agents such as hydroquinone or a complex of vitamin C, niacinamide, hexylresorcinol, and licorice root extract (Lytera Skin Brightening Complex, SkinMedica, Carlsbad, USA) pre- and post-treatment. The strict use of a physical sunscreen (e.g. micronized zinc oxide) is strongly encouraged both to enhance efficacy and to minimize recurrence.

Long-pulsed Nd:YAG lasers

Although telangiectasias can be effectively treated with IPL and long-pulsed pulsed-dye, KTP, or diode lasers, larger facial veins require larger pulse durations and fluences for proper thermocoagulation. We prefer the CoolTouch VARIA (CoolTouch, Inc., Roseville, CA, USA) dynamically cooled 1064 nm laser for 1–3 mm diameter reticular veins of the periorbital and temporal face. Although a 3.5 mm spot size is standard in our clinic, variable spot sizes from 2 to 10 mm are available.

Treatment parameters are based directly on vessel size; 1 mm reticular veins are treated with a 25 ms pulse duration and fluences of 160–190 J/cm², while 1–3 mm veins require up to 50 ms and 190–210 J/

Table 15.3 Available Q-switched lasers for pigmented lesions

Laser type	Wavelength (nm)	Common settings	Trade name and manufacturer
Ruby	694	3–6 mm, 20 ns, ≤14 J/cm²	SINON, Palomar Medical Technologies, Inc.
Alexandrite	755	2–5 mm; PW: short (50–70 ns) vs. long (150 μs); fluence: ≤2.8–18 J/cm²	Accolade, Cynosure, Inc.
Alexandrite, picosecond	755	Zoom handpiece (2–6 mm) or fixed handpieces (6/8/10 mm); 750 ps; 0.71–6.37 J/cm²; pulse energy: 200 mJ	PicoSure, Cynosure, Inc.
Alexandrite with laser-pumped Nd:YAG and fd-Nd:YAG	755, 1064, 532	2–4 mm (755 nm) and 2/3/5 mm (1064/532 nm); 50 ns or 100 ms (755 nm only); 0.4–70 J/cm²; 800 mJ (755 nm), 400 mJ (1064 nm), or 200 mJ (532 nm)	Alex TriVantage, Candela Corp.
Nd:YAG and fd-Nd:YAG	1064, 532	2–4/6 mm, 6 ns, 3–28 J/cm² (1064 nm) & 1.5–14 J/cm² (532 nm)	Affinity QS, Cynosure, Inc.
		1/2/4/6 mm, 20 ns, 200–1200 mJ	Omnimax, SharpLight
	1064, 532 (converts to 585 and 650)	1064/532 nm: 2–4/6/8 mm, 5–20 ns, 1.4–12 J/cm²; 585/650 nm: 2 mm, <7 ns, ≤8.0 J/cm² (585 nm), ≤4.5 J/cm² (650 nm)	Medlite C6/Revlite, ConBio (Cynosure, Inc.)
		1064 nm: 4.5–10 mm, ≤15 J/cm²; 532/585/650 nm: 2–9 mm, ≤10–28 J/cm² 1064 nm: 3–7 mm, ≤15 J/cm² 532/585/650 nm: 2–9 mm, ≤6–16 J/cm²	NaturaLase QS2, Focus Medical NaturaLase 1064
		1064/532 nm: 3–8/1–7 mm zoom handpieces, 5–10 ns, ≤1500 mJ; 585/650 nm: 2 mm	Spectra, Lutronic, Inc.
Nd:YAG and KTP	1064, 532	1–6/5 × 5 mm (Nd:YAG) vs. 2/3 mm (KTP), 20 ns, 400–1200 mJ	Harmony XL/Elite, Alma Lasers, Inc.
		2.5–6 mm, ≤10 ns, 2–14 J/cm²	Q-Clear, Light Age, Inc.

fd, frequency-doubled; PW, pulse width; QS, Q-Switched; Rep, repetition rate cm². A vein gauge may be used to assess vein size; however, visual estimation is often sufficient. Regardless of size, facial reticular veins are best treated in a distal (superior) to proximal (inferior) manner in order to ensure sufficient chromophore (hemoglobin) within subsequent areas of treatment. Vessel spasm or thrombosis is the end point of treatment and is clinically evidenced as immediate vessel blanching or darkening. If no visible change is noted after several minutes, a second pass may be attempted. Treatments are repeated at monthly intervals, with one to two sessions typically required to achieve resolution.

The CoolTouch VARIA device provides dynamic cryogen cooling before and after the delivery of laser energy, maximizing treatment-related safety (Pham 2001, Lai & Goldman 2007). Postcooling coincides with the superficial propagation of heat from a targeted vessel toward the epidermis, minimizing nonspecific bulk heating of the dermis and subsequent epidermal damage. More importantly for patients, it reduces procedural discomfort. Postcooling of 20 ms duration is appropriate for 1 mm vessels, increased to 30 ms for 1–3 mm veins. Although precooling is not required for light FSTs or small vessels, it should be considered for dark-skinned patients and large reticular veins.

Periorbital veins outside the orbital rim may be safely treated with the handpiece directed away from the eye. However, treatment of veins within the orbital rim with a 1064 nm laser may place patients at a risk of intraocular injury including macular holes, uveitis, and pupillary abnormalities (Biesman 2012). Periorbital veins at or medial to the mid pupillary line should also be avoided due to their drainage into ophthalmic veins and cavernous sinus (Cheung & McNab 2003). Given the high fluences used with 1064 nm lasers, pulses should not be stacked or overlapped to avoid excessive bulk heating of treatment areas.

POST-TREATMENT CONSIDERATIONS

Postoperative care

Not unexpectedly, little postprocedure care is required with any of these devices. Cold-air cooling or icepacks can be used in-office to reduce the mild burning sensation that may persist up to 10 minutes following the end of treatments. Patients are discouraged from aggressively scrubbing the treated areas and encouraged to avoid direct sun exposure and use a broad-spectrum physical (zinc oxide or titanium dioxide) sunscreen with reapplication every 2 hours when ultraviolet exposure is expected. Green-tinted makeup may also help mask post-treatment erythema and can be applied immediately post-treatment.

Identification and management of complications

The risk of complications following these procedures is low when appropriate treatment settings and proper technique are employed by experienced practitioners. If they occur, adverse events are most often mild and transient.

Intense pulsed light

Mild-to-moderate erythema lasts between hours and 3 days. A subset of patients may develop edema for 24–72 hours following an initial full-face treatment. Nevertheless, postprocedure topical steroid use is rarely necessary. Less common adverse events following IPL treatments include scattered crusting localized to areas of increased pigmentation, purpura, short-term (<2 months) hypo- or hyperpigmentation, and striping of untreated areas between reticular footprints (Goldman et al. 2005). Although areas of crusting are typically self-limited, resolving within 7 days, moisturizer use and microdermabrasion may accelerate healing time. The use of overly short-pulse durations or 515 nm wavelength filters may predispose toward purpura formation, with resolution occurring with 2–5 days. Employing a 10% overlap between pulses minimizes reticular footprinting. If footprinting does occur, it is easily corrected with subsequent treatment of the untreated areas, often with the IPL crystal rotated 90°.

Blistering and persistent dyspigmentation are uncommon and likely to be a direct result of excessive overlapping, exorbitant fluences, poor epidermal cooling, and/or insufficient delay between sequential pulses (Greve & Raulin 2002). The risk of acute epidermal injury is increased significantly in dark-skinned or tanned individuals. Nevertheless, scarring is exceedingly rare. Given the ability of IPL to permanently damage dark-colored terminal hairs, IPL treatments are generally avoided in the hair-bearing skin of the male beard area.

Pulsed-dye lasers

Erythema following PDL usually resolves within hours but may persist for up to 2 days. Short-pulse durations with excessive fluences may induce purpura that resolves by 1–2 weeks. More efficient cooling mechanisms (e.g. temporal coupling of a laser pulse with a cryogen spurt) help to limit epidermal thermal injury (dyspigmentation, crusting, blistering, or atrophic scarring) that may result from melanin absorption of 585–595 nm laser energy in darker FSTs (Sommer & Sheehan-Dare 2000).

Q-switched lasers

Erythema and edema are common postprocedure and resolve within 24–48 hours. Mild transient crusting is expected following higher fluence treatment of lentigines or other localized pigmented lesion. Blistering or bleeding may result if excessive fluences are used. Overaggressive treatment in darker skin types increases the risk PIH or hypopigmentation.

Long-pulsed Nd:YAG lasers

Localized, transient erythema, edema, and urticaria are relatively common postprocedure. Purpura or petechiae formation is rare with appropriate pulse widths. On the contrary, sequelae of epidermal injury are unlikely even in dark-skinned patients when sufficient cooling is utilized without pulse stacking or overlapping. Since very high fluences are necessary to thermocoagulate blood vessels at a wavelength of 1064 nm, epidermal ulceration may develop if cooling systems fail to function properly.

ILLUSTRATIVE CASES

Case 1: Extensive erythema and fine telangiectasis

A 55-year-old Caucasian man (FST I) presented with extensive erythema and fine telangiectasias over the convex surfaces of his central face, including forehead, malar cheeks, nose, and chin, consistent with erythematotelangiectatic rosacea (**Figure 15.3**). The patient had also moderate photodamage diffusely over the sun-exposed areas of his face.

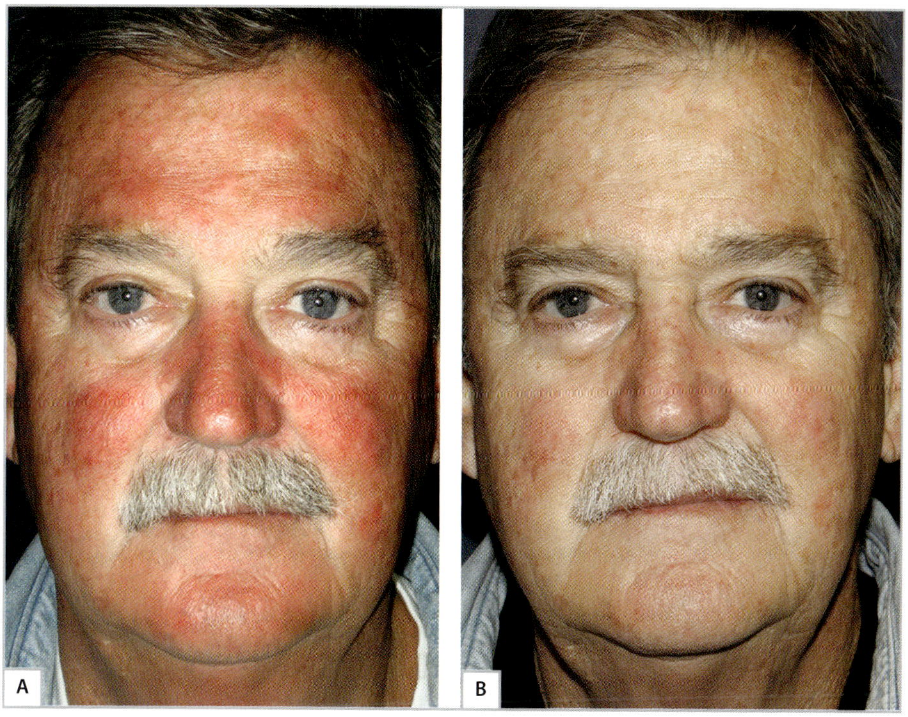

Figure 15.3 Caucasian man with telangiectasias, erythema, and moderate photodamage. (A) Pretreatment. (B) Marked improvement at 2 months following three sessions of photodynamic therapy with multiple sequential light sources (PDL, IPL, blue light, and red light).

We chose to treat this patient using photodynamic therapy with multiple sequential light sources in a single session. Aminolevulinic acid (20% ALA, Levulan Kerastick, DUSA Pharmaceuticals Inc., Wilmington, MA, USA) was incubated and unoccluded for 1 hour following degreasing with acetone and 5 minutes of microdermabrasion. Telangiectasias and erythema were first double pulsed with PDL (Cynergy, Cynosure, Westford, MA, USA) using a 7 mm spot size, 40 ms pulse duration, and 10 J/cm^2 fluence. IPL (M22, Lumenis Ltd.) was then used to treat the upper mid face and forehead, sparing the hair-bearing beard area. A 4 ms double-pulse duration with 20 ms delay, 560 nm cutoff filter, and 16 J/cm^2 fluence were chosen based on his FST and the predominance of vascular lesions. Finally, 15 minutes of 417 nm blue light (BLU-U, DUSA Pharmaceuticals Inc., Wilmington, MA, USA) and 8 minutes of 630 nm red light (Aktilite CL128, Photocure Inc., Princeton, NJ, USA) were performed. The patient underwent two more treatment sessions 1 month and 1 year later with similar settings.

At 2 months following his third session of photodynamic therapy, the patient demonstrated dramatic improvement in erythema, telangiectasias, and background photodamage relative to baseline.

Case 2: Multiple scattered lentigines

A 38-year-old woman presented with photodamage of the mid and upper face characterized by multiple scattered lentigines of varying size (**Figure 15.4**). The patient reported no prior treatment of these areas.

The patient was started on combination therapy with IPL and a topical regimen including a facial cleanser, broad-spectrum physical sunscreen, triretinol complex, and skin-brightening complex with vitamin C, niacinamide, hexylresorcinol, and licorice root extract (Lytera Skin Brightening System, SkinMedica, Carlsbad, CA, USA). A 3 ms double-pulse duration was utilized with a 30 ms delay, 17 J/cm^2 fluence, and 560 nm cutoff filter, given the predominance of pigmented lesions and her FST III. Spot treatment of the largest, darkest lesions of the bilateral temples and cheeks was also performed with a smaller crystal (15 × 8 mm) and higher fluence (20 J/cm^2).

At 1 month following a single session of IPL and uninterrupted use of the Lytera Skin Brightening System, there was significant improvement of the scattered pigmentation. The patient was extremely satisfied with her results. Maintenance IPL treatments and continued use of topicals were strongly encouraged.

Case 3: Reticular veins

A 74-year-old Caucasian woman presented with cosmetically bothersome reticular veins of her left temple that had increased in prominence over several years (**Figure 15.5**).

Treatment with a long-pulsed Nd:YAG laser (CoolTouch Varia) was recommended. A 3.5 mm spot size was used to deliver a pulse duration of 50 ms, 200 J/cm^2 fluence, and 0/30 cryogen cooling based on the relatively large size of the vessels. Ten months later, superficial telangiectasias in the area were also treated with PDL using a 7 mm spot size, 6 ms pulse duration, and 7 J/cm^2.

Five months following the second treatment session, the patient demonstrated extensive improvement of the reticular vein network in her left temple. Further treatment is planned for the residual telangiectasias and small reticular veins in the area.

Case 4: Facial melasma

A 63-year-old Asian woman presented with facial melasma of several years duration, most pronounced over her lateral malar cheeks, recalcitrant to topical therapy (**Figure 15.6**).

Combination IPL and Q-switched laser treatment of the area was recommended. IPL treatment parameters included a double-pulse duration of 3.5 ms, given the pigmented and likely vascular components of melasma. A 30 ms interpulse delay and 17 J/cm^2 fluence were based on her FST III. Strict physical sunscreen use and sun avoidance were also discussed. The patient had three sessions of QSAL (3–4 mm spot size, 5–6 J/cm^2) or QSRL (5 mm spot size, 5.0 J/cm^2) to her cheeks for 8 months. An additional full-face

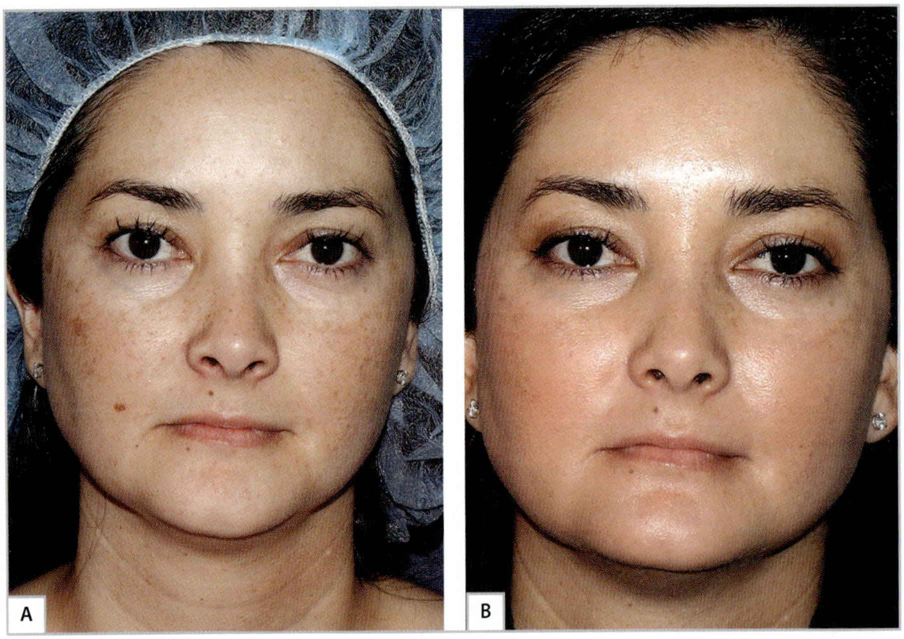

Figure 15.4 Woman with scattered lentigines of bilateral cheeks > forehead. (A) Pretreatment. (B) Significant improvement in pigmentation 1 month following a session of IPL and use of a topical regimen including a triretinol complex, skin brightening complex, facial cleanser, and broad-spectrum physical sunscreen.

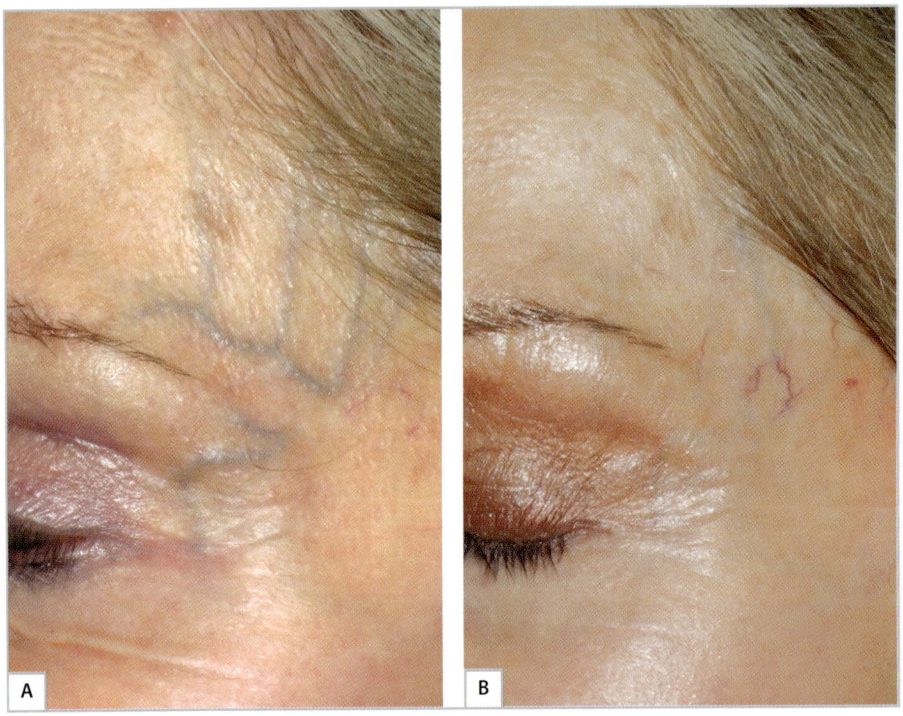

Figure 15.5 Caucasian woman with reticular veins of the left temple. (A) Pretreatment. (B) Substantial improvement in reticular veins following combination long-pulsed Nd:YAG and PDL.

IPL treatment with 3 ms double pulsing, 40 ms delay, and 16 J/cm^2 was also performed.

At 5-month follow-up, the patient exhibited marked improvement of her melasma. Semiannual maintenance IPL treatments and strict sun protection were recommended.

Case 5: Mottled pigmentation with mild background photodamage

A 48-year-old Caucasian woman presented with mottled pigmentation of the forehead, chin, and periorificial areas of the face with mild background photodamage. The patient had recently developed a few small areas of perioral dyspigmentation as a result of an IPL series at another practice with aggressive treatment settings (only 15 ms interpulse delay despite her FST III).

IPL treatments with double pulses of 3 ms, a 30 ms delay, and 16–18 J/cm^2 were started. The patient also used a triple-combination hydroquinone-based cream (Tri-Luma, Galderma Laboratories, L.P., Fort Worth, TX, USA), albeit sporadically.

Figure 15.7 shows the patient before and after 8 years of semiannual IPLs relative to baseline, with even pigmentation and a reduction in photodamage.

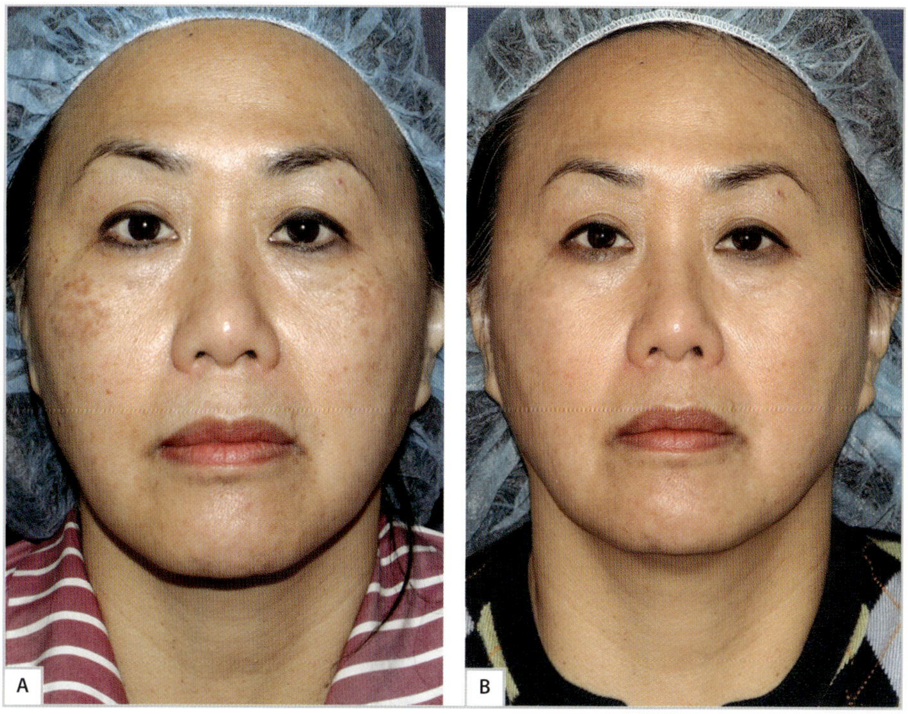

Figure 15.6 Asian woman with recalcitrant melasma of her mid and upper face. (A) Pretreatment. (B) Near-resolution of pigmentation at 5 months following a series of treatments with IPL and Q-switched alexandrite and ruby lasers.

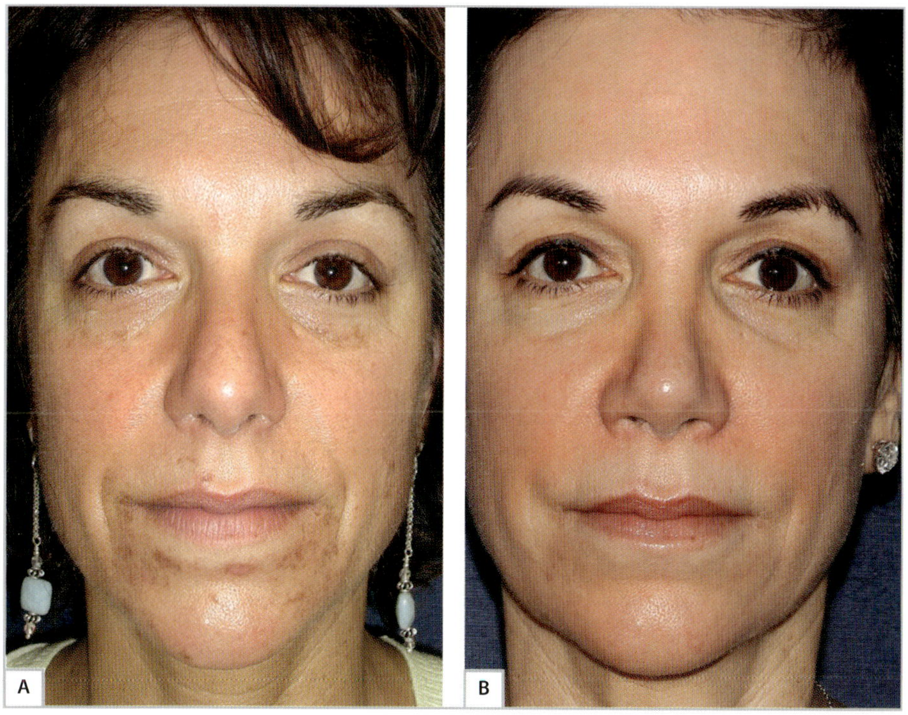

Figure 15.7 Caucasian woman with mottled pigmentation of forehead, chin, and periorificial areas. (A) Pretreatment. (B) Following 8 years of semiannual IPLs with resolution of mottled pigmentation and photodamage.

REFERENCES

Alam M, Dover JS, Arndt KA. Treatment of facial telangiectasia with variable-pulse high-fluence pulsed dye laser: comparison of efficacy with fluences immediately above and below the purpura threshold. Dermatol Surg 2003; 29:681–684.

Alam M, Voravutinon N, Warycha M, et al. Comparative effectiveness of nonpurpuragenic 595-nm pulsed dye laser and microsecond 1064-nm neodymium:yttrium-aluminum-garnet laser for treatment of diffuse facial erythema: a double-blind randomized controlled trial. J Am Acad Dermatol 2013; 69:438-443.

Anderson RR, Margolis RJ, Watenabe S, et al. Selective photothermolysis of cutaneous pigmentation by Q-switched Nd:YAG laser pulses at 1064, 532, and 355 nm. J Invest Dermatol 1989; 93:28–32.

Anderson RR, Parrish JA. Selective photothermolysis: precise microsurgery by selective absorption of pulsed radiation. Science 1983; 220:524–7.

Angermeier MC. Treatment of facial vascular lesions with intense pulsed light. J Cutan Laser Ther 1999; 1:95–100.

Barton JK, Frangineas G, Pummer H, Black JF. Cooperative phenomena in two-pulse, two-color laser photocoagulation of cutaneous blood vessels. Photochem Photobiol 2001; 73:642–650.

Berlin AL, Hussain M, Goldberg DJ. Cutaneous photoaging treated with a combined 595/1064 nm laser. J Cosmet Laser Ther 2007; 9:214–217.

Biesman B. Commentary: treatment of venous infraorbital dark circles using a long-pulsed 1,064-nm neodymium-doped yttrium aluminum garnet laser. Dermatol Surg 2012; 38:1283.

Bitter PH. Noninvasive rejuvenation of photodamaged skin using serial, full-face intense pulsed light treatments. Dermatol Surg 2000; 26:835–842.

Bjerring P, Christiansen K. Intense pulsed light source for treatment of small melanocytic nevi and solar lentigines. J Cutan Laser Ther 2000; 2:177–181.

Bjerring P, Christiansen K, Troilius A. Intense pulsed light source for treatment of facial telangiectasias. J Cosmet Laser Ther 2001; 3:169–173.

Cassuto DA, Ancona DM, Emanuelli G. Treatment of facial telangiectasias with a diode-pumped Nd:YAG laser at 532 nm. J Cutan Laser Ther 2000; 2:141–146.

Cheung N, McNab AA. Venous anatomy of the orbit. Invest Ophthalmol Visual Sci 2003; 44:988–995.

Clementoni MT, Gilardino P, Muti GF, et al. Facial teleangectasias: our experience in treatment with IPL. Lasers Surg Med 2005; 37:9–13.

Dover J, Arndt K, Metelitsa A, Petrell K. Picosecond 755 nm alexandrite laser for treatment of tattoos and benign pigmented lesions: a prospective trial. Lasers Surg Med 2012; 44:6.

Eremia S, Li CY. Treatment of face veins with a cryogen spray variable pulse width 1064 nm Nd:YAG Laser: a prospective study of 17 patients. Dermatol Surg 2002; 28:244–247.

Fabi SG, Friedmann DP, Massaki ABN, Goldman MP. A randomized, split-face clinical trial of low-fluence Q-switched neodymium-doped yttrium aluminum garnet (1,064 nm) laser versus low-fluence Q-switched alexandrite laser (755 nm) for the treatment of facial melasma. Lasers Med Surg 2014; 46:531–537.

Friedmann D, Liolios A, Goldman M. Dynamically cooled 1064-nm Nd:YAG laser as a treatment option for facial reticular veins. Internat Angio 2013; 5 (Suppl 1)126.

Goldman MP. Optimal management of facial telangiectasia. Am J Clin Dermatol 2004; 5:423–434.

Goldman MP, Gold MH, Palm MD, et al. Sequential treatment with triple combination cream and intense pulsed light is more efficacious than sequential treatment with an inactive (control) cream and intense pulsed light in patients with moderate to severe melasma. Dermatol Surg 2011; 37:224–233.

Goldman MP, Weiss RA, Weiss MA. Intense pulsed light as a nonablative approach to photoaging. Dermatol Surg 2005; 31:1179–1187.

Greve B, Raulin C. Professional errors caused by lasers and intense pulsed light technology in dermatology and aesthetic medicine: preventive strategies and case studies. Dermatol Surg 2002; 28:156–161.

Hercogova J, Brazzini B, Hautmann G, et al. Laser treatment of cutaneous vascular lesions: face and leg telangiectases. J Eur Acad Dermatol Venereol 2002; 16:12–18.

Huang YL, Liao YL, Lee SH, Hong HS. Intense pulsed light for the treatment of facial freckles in Asian skin. Dermatol Surg 2002; 28:1007–1012.

Iyer S, Fitzpatrick RE. Long-pulsed dye laser treatment for facial telangiectasias and erythema: evaluation of a single purpuric pass versus multiple subpurpuric passes. Dermatol Surg 2005; 31:898–903.

Jang KA, Chung EC, Choi JH, et al. Successful removal of freckles in Asian skin with a Q-switched alexandrite laser. Dermatol Surg 2000; 26:231–234.

Jang WS, Lee CK, Kim BJ, Kim MN. Efficacy of 694-nm Q-switched ruby fractional laser treatment of melasma in female Korean patients. Dermatol Surg 2011; 37:1133–1140.

Jasim ZF, Woo WK, Handley JM. Long-pulsed (6-ms) pulsed dye laser treatment of rosacea-associated telangiectasia using subpurpuric clinical threshold. Dermatol Surg 2004; 30:37–40.

Jeong SY, Shin JB, Yeo UC, et al. Low-fluence Q-switched neodymium-doped yttrium aluminum garnet laser for melasma with pre- or post-treatment triple combination cream. Dermatol Surg 2010; 36:909–918.

Kagami S, Asahina A, Watanabe R, et al. Treatment of 153 Japanese patients with Q-switched alexandrite laser. Lasers Med Sci 2007; 22:159–163.

Karsai S, Roos S, Raulin C. Treatment of facial telangiectasia using a dual-wavelength laser system (595 and 1,064 nm): a randomized controlled trial with blinded response evaluation. Dermatol Surg 2008;34:702–708.

Kauvar ANB. Successful treatment of melasma using a combination of microdermabrasion and Q-switched Nd:YAG lasers. Lasers Surg Med 2012a; 44:117–124.

Kauvar ANB. The evolution of melasma therapy: targeting melanosomes using low-fluence Q-switched neodymium-doped yttrium aluminium garnet lasers. Sem Cutan Med Surg 2012b; 31:126–132.

Kauvar ANB, Frew KE, Friedman PM, Geronemus RG. Cooling gel improves pulsed KTP laser treatment of facial telangiectasia. Lasers Surg Med 2002; 30:149–153.

Kauvar ANB, Rosen N, Khrom T. A newly modified 595-nm pulsed dye laser with compression handpiece for the treatment of photodamaged skin. Lasers Surg Med 2006; 38:808–813.

Kawada A, Shiraishi H, Asai M, et al. Clinical improvement of solar lentigines and ephelides with an intense pulsed light source. Dermatol Surg 2002; 28:504–508.

Kilmer SL, Wheeland RG, Goldberg DJ, Anderson RR. Treatment of epidermal pigmented lesions with the frequency-doubled Q-switched Nd:YAG laser. A controlled, single-impact, dose-response, multicenter trial. Arch Dermatol 1994; 130:1515–1519.

Kim JE, Chang SE, Yeo UC, et al. Histopathological study of the treatment of melasma lesions using a low-fluence Q-switched 1064-nm neodymium:yttrium-aluminium-garnet laser. Clin Exp Dermatol 2013; 38:167–171.

Kligman DE, Zhen Y. Intense pulsed light treatment of photoaged facial skin. Dermatol Surg 2004; 30:1085–1090.

Kono T, Chan HH, Groff WF, et al. Long-pulse pulsed dye laser delivered with compression for treatment of facial lentigines. Dermatol Surg 2007; 33:945–950.

Kopera D, Hohenleutner U, Landthaler M. Quality-switched ruby laser treatment of solar lentigines and Becker's nevus: a histopathological and immunohistochemical study. Dermatology 1997; 194:338–343.

Lai SW, Goldman MP. Treatment of facial reticular veins with dynamically cooled, variable spot-sized 1064 nm Nd:YAG laser. J Cosmet Dermatol 2007; 6:6–8.

Lee YB, Shin JY, Cheon MS, et al. Photorejuvenation using long-pulsed alexandrite and long-pulsed neodymium:yttrium-aluminum-garnet lasers: a pilot study of clinical outcome and patients' satisfaction in Koreans. J Dermatol 2012; 39:425–429.

Li YH, Chen JZS, Wei HC, et al. Efficacy and safety of intense pulsed light in treatment of melasma in Chinese patients. Dermatol Surg 2008; 34:693–700.

Madan V, Ferguson J. Using the ultra-long pulse width pulsed dye laser and elliptical spot to treat resistant nasal telangiectasia. Lasers Med Sci 2010; 25:151–154.

Major A, Brazzini B, Campolmi P, et al. Nd:YAG 1064 nm laser in the treatment of facial and leg telangiectasias. J Eur Acad Dermatol Venereol 2001; 15:559–565.

Mordon S, Brisot D, Fournier N. Using a 'non uniform pulse sequence' can improve selective coagulation with a Nd:YAG laser (1.06 μm) thanks to Met-hemoglobin absorption: a clinical study on blue leg veins. Lasers Surg Med 2003; 32:160–170.

Na SY, Cho S, Lee JH. Intense pulsed light and low-fluence Q-switched Nd:YAG laser treatment in melasma patients. Ann Dermatol 2012; 24:267–273.

Nootheti PK, Pettit KA, Yosowitz G, Goldman M. Clinical improvement of photodamaged skin after a single intense pulsed light treatment. Am J Cosmet Surg 2007; 24:15-20.

Orenstein A, Nelson JS. Treatment of facial vascular lesions with a 100-mu spot 577-nm pulsed continuous wave dye laser. Ann Plast Surg 1989; 23:310–316.

Passeron T, Fontas E, Kang HY, et al. Melasma treatment with pulsed-dye laser and triple combination cream: a prospective, randomized, single-blind, split-face study. Arch Dermatol 2011; 147:1106–1108.

Pham RT. Treatment of vascular lesions with combined dynamic precooling, postcooling thermal quenching, and ND:YAG 1,064-nm laser. Facial Plast Surg 2001; 17:203–208.

Polnikorn N. Treatment of refractory melasma with the MedLite C6 Q-switched Nd:YAG laser and alpha arbutin: a prospective study. J Cosmet Laser Ther 2010; 12:126–131.

Pootongkam S, Asawanonda P. Purpura-free treatment of lentigines using a long-pulsed 595 nm pulsed dye laser with compression handpiece: a randomized, controlled study. J Drugs Dermatol 2009; 8:S18–S24.

Rendon M, Berneburg M, Arellano I, Picardo M. Treatment of melasma. J Am Acad Dermatol 2006; 54:S272–S281.

Rohrer TE, Chatrath V, Iyengar V. Does pulse stacking improve the results of treatment with variable-pulse pulsed-dye lasers? Dermatol Surg 2004; 30:163–167.

Ross EV, Smirnov M, Pankratov M, Altshuler G. Intense pulsed light and laser treatment of facial telangiectasias and dyspigmentation: some theoretical and practical comparisons. Dermatol Surg 2005; 31:1188–1198.

Ross EV, Uebelhoer NS, Domankevitz Y. Use of a novel pulse dye laser for rapid single-pass purpura-free treatment of telangiectases. Dermatol Surg 2007; 33:1466–1469.

Ross M, Watcher MA, Goodman MM. Comparison of the flashlamp pulsed dye laser with the argon tunable dye laser with robotized handpiece for facial telangiectasia. Lasers Surg Med 1993; 13:374–378.

Ruiz-Esparza J, Goldman MP, Fitzpatrick RE, et al. Flash lamp-pumped dye laser treatment of telangiectasia. J Dermatol Surg Oncol 1993; 19:1000–1003.

Rusciani A, Motta A, Rusciani L, Alfano C. Q-switched alexandrite laser-assisted treatment of melasma: 2-year follow-up monitoring. J Drugs Dermatol 2005; 4:770–774.

Sadick NS, Weiss R. Intense pulsed-light photorejuvenation. Semin Cutan Med Surg 2002; 21:280–287.

Sadighha A, Saatee S, Muhaghegh-Zahed G. Efficacy and adverse effects of Q-switched ruby laser on solar lentigines: a prospective study of 91 patients with Fitzpatrick skin type II, III, and IV. Dermatol Surg 2008; 34:1465–1468.

Shimbashi T, Kamide R, Hashimoto T. Long-term follow-up in treatment of solar lentigo and café-au-lait macules with Q-switched ruby laser. Aesthetic Plast Surg 1997; 21:445–448.

Sim JH, Park YL, Lee JS, et al. Treatment of melasma by low-fluence 1064 nm Q-switched Nd:YAG laser. J Dermatol Treat 2014; 25:212-217.

Sommer S, Sheehan-Dare RA. Pulsed dye laser treatment of port-wine stains in pigmented skin. J Am Acad Dermatol 2000; 42:667–671.

Tanghetti E, Sherr E. Treatment of telangiectasia using the multi-pass technique with the extended pulse width, pulsed dye laser (Cynosure V-Star). J Cosmet Laser Ther. 2003; 5:71–75.

Tanghetti E, Sherr EA, Sierra R, Mirkov M. The effects of pulse dye laser double-pass treatment intervals on depth of vessel coagulation. Lasers Surg Med 2006; 38:16–21.

Tanghetti E, Sierra RA, Sherr EA, Mirkov M. Evaluation of pulse-duration on purpuric threshold using extended pulse pulsed dye laser (cynosure V-star). Lasers Surg Med 2002; 31:363–366.

Taylor CR, Anderson RR. Treatment of benign pigmented epidermal lesions by Q-switched ruby laser. Int J Dermatol 1993; 32:908–912.

Taylor CR, Anderson RR. Ineffective treatment of refractory melasma and postinflammatory hyperpigmentation by Q-switched ruby laser. J Dermatol Surg Oncol 1994; 20:592–597.

Tse Y, Levine VJ, McClain SA, Ashinoff R. The removal of cutaneous pigmented lesions with the Q-switched ruby laser and the Q-switched neodymium: yttrium-aluminum-garnet laser: a comparative study. J Dermatol Surg Oncol 1994; 20:795–800.

Uebelhoer NS, Bogle MA, Stewart B, et al. A split-face comparison study of pulsed 532-nm KTP laser and 595-nm pulsed dye laser in the treatment of facial telangiectasias and diffuse telangiectatic facial erythema. Dermatol Surg 2007; 33:441–448.

Wang CC, Chen CK. Effect of spot size and fluence on Q-switched alexandrite laser treatment for pigmentation in Asians: a randomized, double-blinded, split-face comparative trial. J Dermatol Treat 2012; 23:333–338.

Wang CC, Sue YM, Yang CH, Chen CK. A comparison of Q-switched alexandrite laser and intense pulsed light for the treatment of freckles and lentigines in Asian persons: a randomized, physician-blinded, split-face comparative trial. J Am Acad Dermatol 2006; 54:804–810.

Weiss RA, Weiss MA, Goldman MP. Intense pulsed light and nonablative approaches to photoaging. In: Goldman MP, Weiss RA (eds), Advanced Techniques in Dermatologic Surgery. New York: Taylor & Francis Group, 2006. pp. 295–315.

Chapter 16 Multicomponent facial rejuvenation: case series

Amir M. Karam, Mitchel Goldman, Ana Marie Liolios

INTRODUCTION

In the initial chapters of this book, the concept of multicomponent facial aging was introduced to serve as a framework for how to approach and evaluate the aging face patient. Men and women age in a consistent pattern involving the same combination of facial anatomic components: changes to the skin, facial volume and soft tissue laxity. Other factors that affect the rate and level of these changes, however, are genetics, lifestyle, and age. It would be rare to see an individual in their late 40s or 50s that does not show some evidence of skin aging (pigmentation, loss of elasticity, surface fine lines), global volume loss, and soft tissue laxity effecting the eyes, jawline, and neck.

Although, each patient has a unique goal to discuss in their initial consultation, most simply want to look more refreshed and youthful. Depending on the patient's age, financial and downtime limitations, the optimal treatment plan will involve addressing each of the three major components in order to achieve a comprehensive rejuvenation program. Cross referrals between trusted and experienced surgical and nonsurgical colleagues is essential when establishing a collaborative and complete facial rejuvenation program.

Throughout these chapters, the three major components were divided up to allow a thorough analysis of the aging process and the various treatment options available. This chapter brings all the information together in a series of case histories. Patient evaluation and formulating a treatment plan is as important as its technical execution.

COMBINATION OF SURGICAL AND NONSURGICAL FACIAL REJUVENATION

Case 1: Tired appearance

History and patient goals

A 59-year-old woman complained of appearing tired and volume depleted. She also complained of laxity of her jawline and neck. The patient's goals were to look refreshed and slow down the signs of progressive volume loss and aging.

Assessment

Skin

- Skin appears dull and has patchy pigmentation
- Dynamic and early static rhytids effecting the periorbital region

Facial volume

Global volume loss effecting the:

- Upper eyelids
- Temples
- Lower eyelids
- Upper and lower cheeks
- Sublabial region
- Prejowl
- Lips

Soft tissue laxity

- Eyes: upper eyelid dermatochalasis
- Lower eyelid dermatochalasis
- Lower face: jawline and neck laxity with presence of jowls and submental adiposity

Treatment plan

1. Upper eyelid blepharoplasty
2. Lower eyelid skin pinch
3. Short incision vertical facelift with extended neck lift
4. Comprehensive volume augmentation using autologous fat transfer to all effected region of the face
5. Botox to the glabella, lateral orbicularis and frontalis
6. Deferred skin resurfacing at the time of surgery; however, she receives a series of light chemical peels from her aesthetician

Results

Figure 16.1A shows the patient pre-treatment. **Figure 16.1B** shows the same patient 1.5 years following her treatment plan. Note the persistent preservation of facial volume. Management of the periorbital rhytids has resulted in fewer static rhytids. Overall, the treatment was successful in establishing a more refreshed and youthful look and slowing many of the signs of facial aging.

Case 2: Upper and lower eyelid skin excess

History and patient goals

A 60-year-old woman who was seen for treatment of the upper and lower eyelid skin excess and 'bags' under the eyes. She thought she looked tired and older than she felt. Although volume augmentation was discussed during the initial consultation, the patient opted to address the volume loss at a later date.

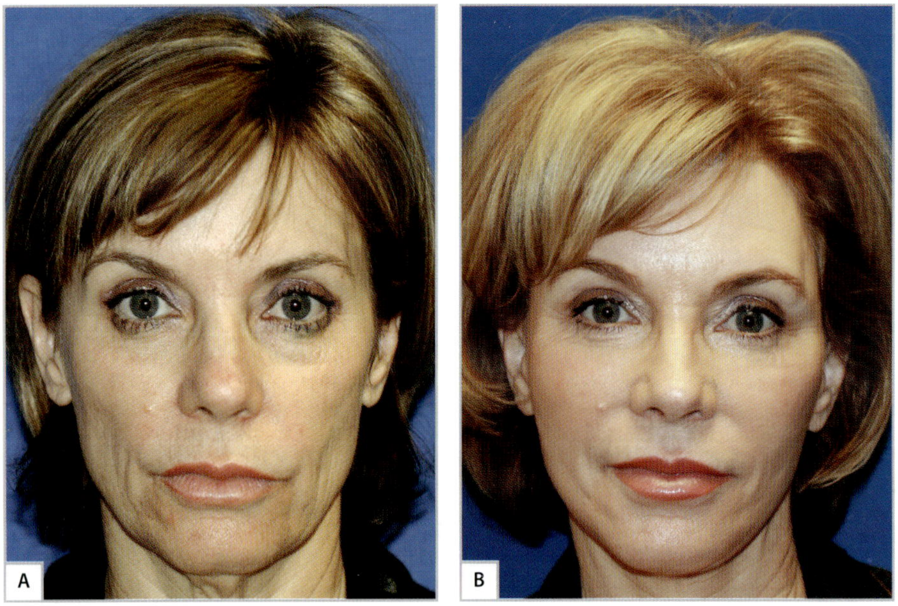

Figure 16.1 Progressive volume loss and aging. This figure shows the patient (A) pretreatment, and (B) 1.5 years following the treatment.

Assessment

Skin

Mild dyscromias and periorbital static and dynamic wrinkles.

Facial volume

Global volume loss effecting the:

- Upper eyelids
- Temples
- Lower eyelids
- Upper and lower cheeks
- Sublabial region
- Prejowl
- Lips

Soft tissue laxity

- Eyes: Upper eyelid dermatochalasis
- Lower eyelid pseudoherniation of fat and dermatochalasis
- Lower face: Jawline and neck laxity with presence of jowls and submental adiposity

Treatment plan

1. Upper eyelid blepharoplasty
2. Lower eyelid transconjunctival blepharoplasty with skin pinch
3. Short incision vertical facelift with extended neck lift
4. Volume augmentation using autologous fat transfer to all affected region of the face

Results

Stage 1

Patient underwent an upper and lower eyelid blepharoplasty with removal of excess skin from the upper and lower eyelids (skin pinch) and removal of fat through a transconjunctival lower eyelid blepharoplasty. **Figure 16.2A** is her pretreatment image and **Figure 16.2B** is her 1-year following the upper and lower eyelid blepharoplasty procedures. Note the improved contour and redraping of the lower eyelid region, without modification or distortion of the lower eyelid contour. However, the persistence of the deflated and tired appearance of the periorbital region remains, despite the surgical maneuvers. Laxity of the jawline and neck was also present.

Stage 2

One year following the above procedures, the patient decided to have a full face fat transfer and short incision vertical facelift and neck lift. Figure 16.2C shows the patient 1 year following these procedures. Upon completion of the comprehensive rejuvenation, the patient has a bright and rejuvenated appearance without loss or change of identity.

Case 3: Facial rejuvenation in one step

History and patient goals

This is a 53-year-old woman who has had no facial rejuvenation procedures to date. At the time of the consultation, the patient asked for an overall rejuvenated and refreshed look. She wanted to improve all aspects of her aging appearance in one step.

Assessment

Skin

- Mild-moderate dyschromias and periorbital static and dynamic wrinkles

Facial volume

Global volume loss effecting the:

- Upper eyelids
- Temples
- Lower eyelids
- Upper and lower cheeks
- Sublabial region
- Prejowl
- Lips

Soft tissue laxity

- Eyes: upper eyelid dermatochalasis
- Lower eyelid dermatochalasis
- Lower face: jawline and neck laxity with presence of jowls and submental adiposity

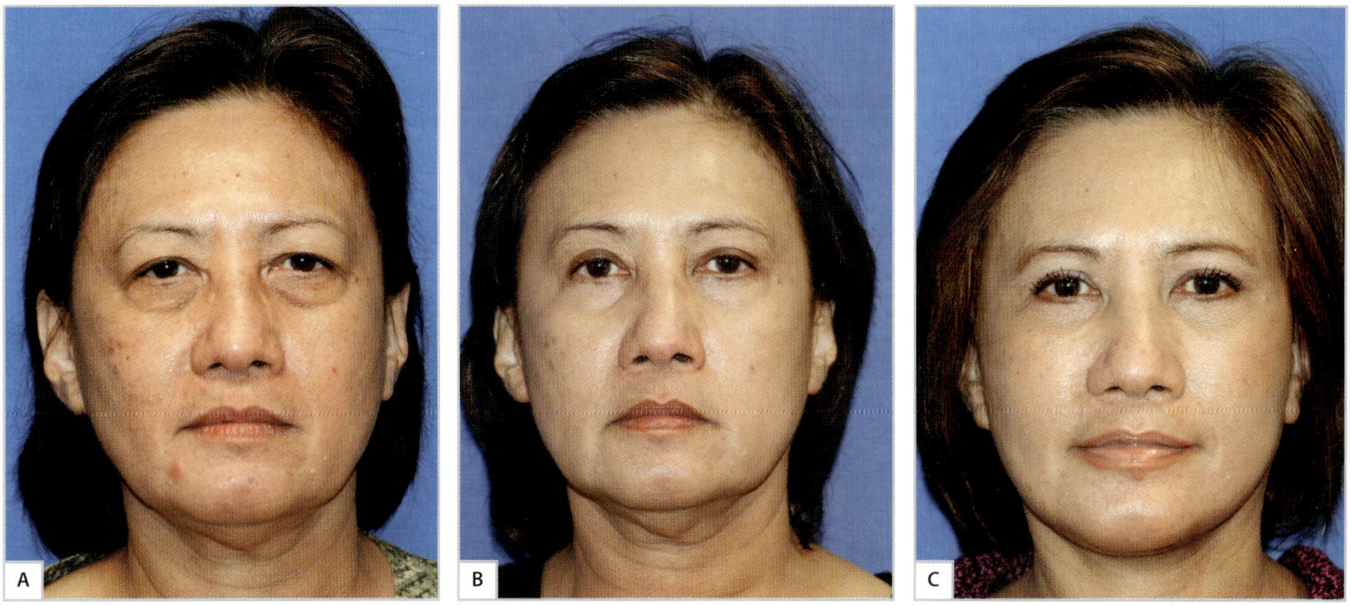

Figure 16.2 Upper and lower eyelid skin excess and 'bags.' This figure shows the patient (A) pretreatment, (B) 1 year following treatment, and (C) after 2 years (following a full face fat transfer and short incision vertical facelift and neck lift).

Treatment plan

1. Upper eyelid blepharoplasty
2. Lower eyelid skin pinch
3. Short incision vertical facelift with extended neck lift
4. Comprehensive volume augmentation using autologous fat transfer to all effected region of the face.
5. Jessners/35% trichloroacetic acid (TCA) chemical peel

Results

Figure 16.3A and **Figure 16.3B** shows the patient prior to the above treatments, and **Figure 16.3C** and **Figure 16.3D** illustrates the post-treatment results. Note the improvement across all three facial aging components - skin, volume, and sagging. The results of the procedures result in a natural and youthful appearance without any evidence of surgery or treatment. The results appear balanced and harmonious.

Case 4: Facial rejuvenation in a 53-year-old woman

History and patient goals

A 53-year-old woman had noticed changes in her eyes, jawline, and neck over the last several years. The loss of volume made her look tired. She requested a rejuvenation of her aging-related changes to refresh and restore her appearance.

Assessment

Skin

- Mild-moderate dyschromias and periorbital static and dynamic Wrinkles

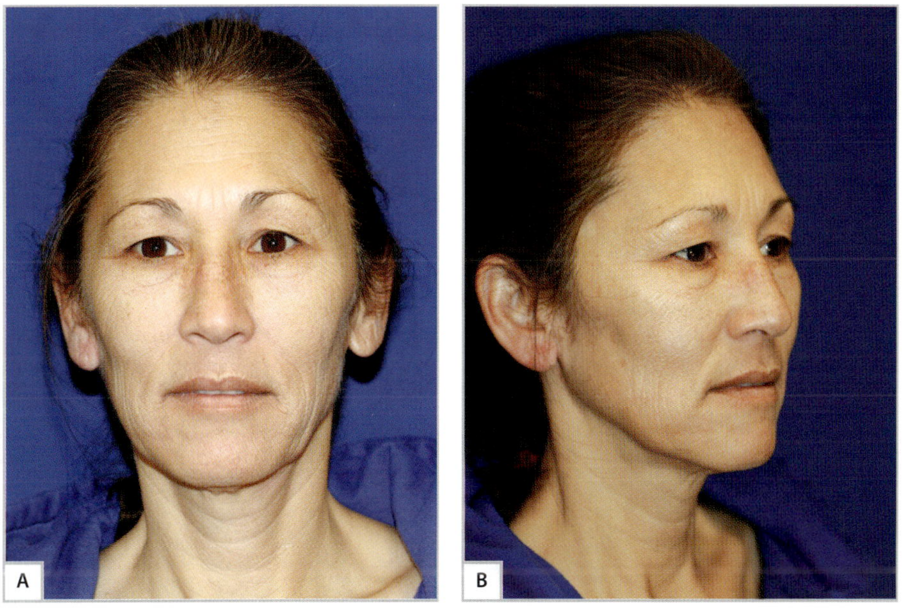

Figure 16.3 Facial rejuvenation in one step. The figure shows the patient prior (A, B) to treatment, and (C, D, *overleaf*) post-treatment.

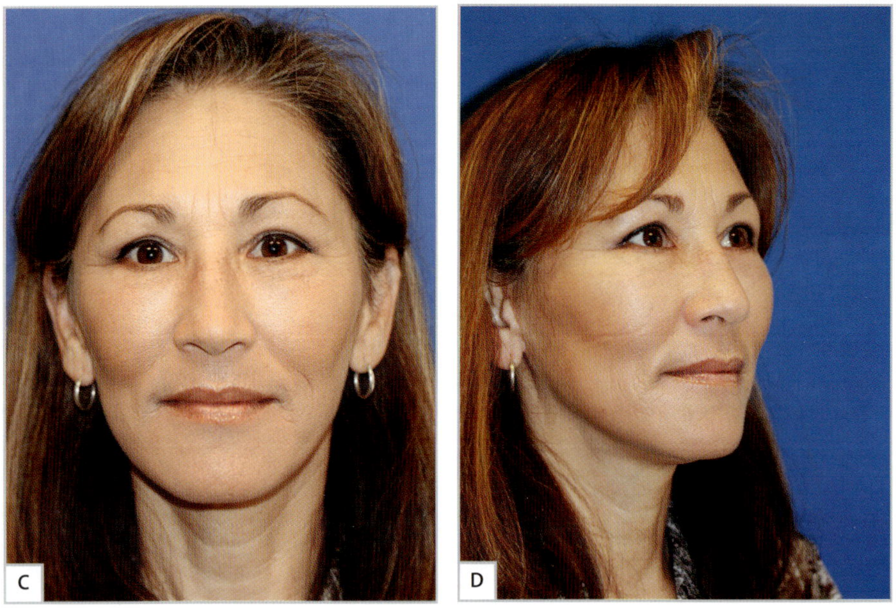

Figure 16.3
Continued...

Facial volume

Global volume loss effecting the:

- Upper eyelids
- Temples
- Lower eyelids
- Upper and lower cheeks
- Sublabial region
- Prejowl
- Lips

Soft tissue laxity

- Eyes: upper eyelid dermatochalasis
- Lower eyelid dermatochalasis
- Lower face: jawline and neck laxity with presence of jowls and submental adiposity

Treatment plan

1. Upper eyelid blepharoplasty
2. Lower eyelid skin pinch
3. Short incision vertical facelift with neck liposuction
4. Volume augmentation using autologous fat transfer to all effected regions of the face
5. Jessners/35% TCA chemical peel

Results

Figure 16.4A shows the patient prior to the above treatments and **Figure 16.4B** illustrates the post-treatment results. Note the comprehensive improvement across all three facial aging components – skin, volume, sagging. Her face shape has been restored and she appears less tired.

Case 5: Facial rejuvenation in a 48-year-old woman

History and patient goals

This is a 48-year-old woman who wants an overall refreshed and rejuvenated appearance. She felt she looked tired and aged, which was

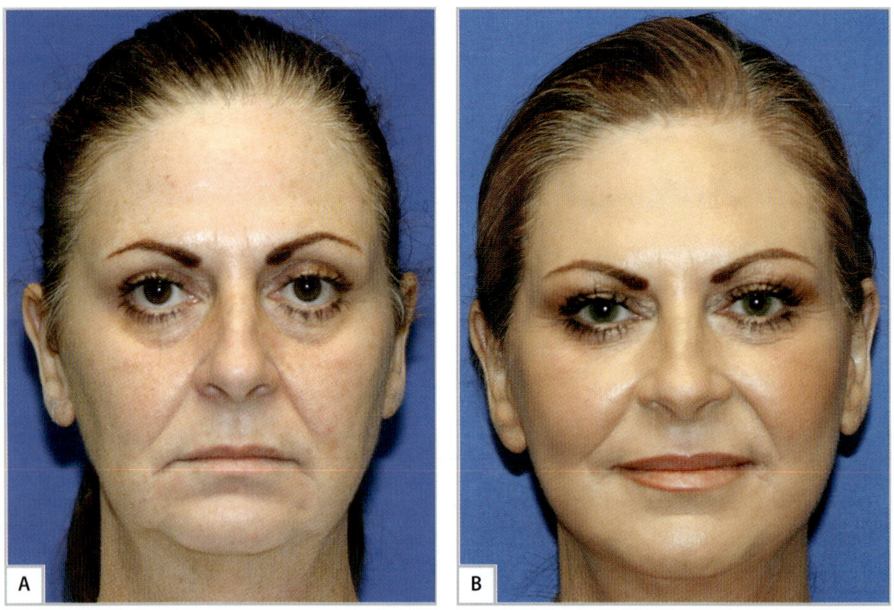

Figure 16.4 Facial rejuvenation in a 53-year-old woman. The figure shows her prior (A) to treatment, and post-treatment (B).

inconsistent with the way she felt. She requested a basic rejuvenation program in order to restore her appearance.

Assessment

Skin

- Mild-moderate dyschromias and glabellar static and dynamic wrinkles.

Facial volume

Global volume loss effecting the:

- Upper eyelids
- Temples
- Lower eyelids
- Upper and lower cheeks
- Sublabial region
- Prejowl
- Lips

Soft tissue laxity

- Eyes: upper eyelid dermatochalasis
- Lower eyelid dermatochalasis
- Lower face: jawline and neck laxity with presence of jowls and submental adiposity

Treatment plan

1. Upper eyelid blepharoplasty
2. Lower eyelid skin pinch
3. Short incision vertical facelift with neck liposuction
4. Volume augmentation using autologous fat transfer to all effected region of the face.
5. Jessners/35% TCA chemical peel

Results

Figure 16.5A and **Figure 16.5B** shows the patient prior to the above treatments. **Figure 16.5D** and **Figure 16.5F** illustrates the post-treatment

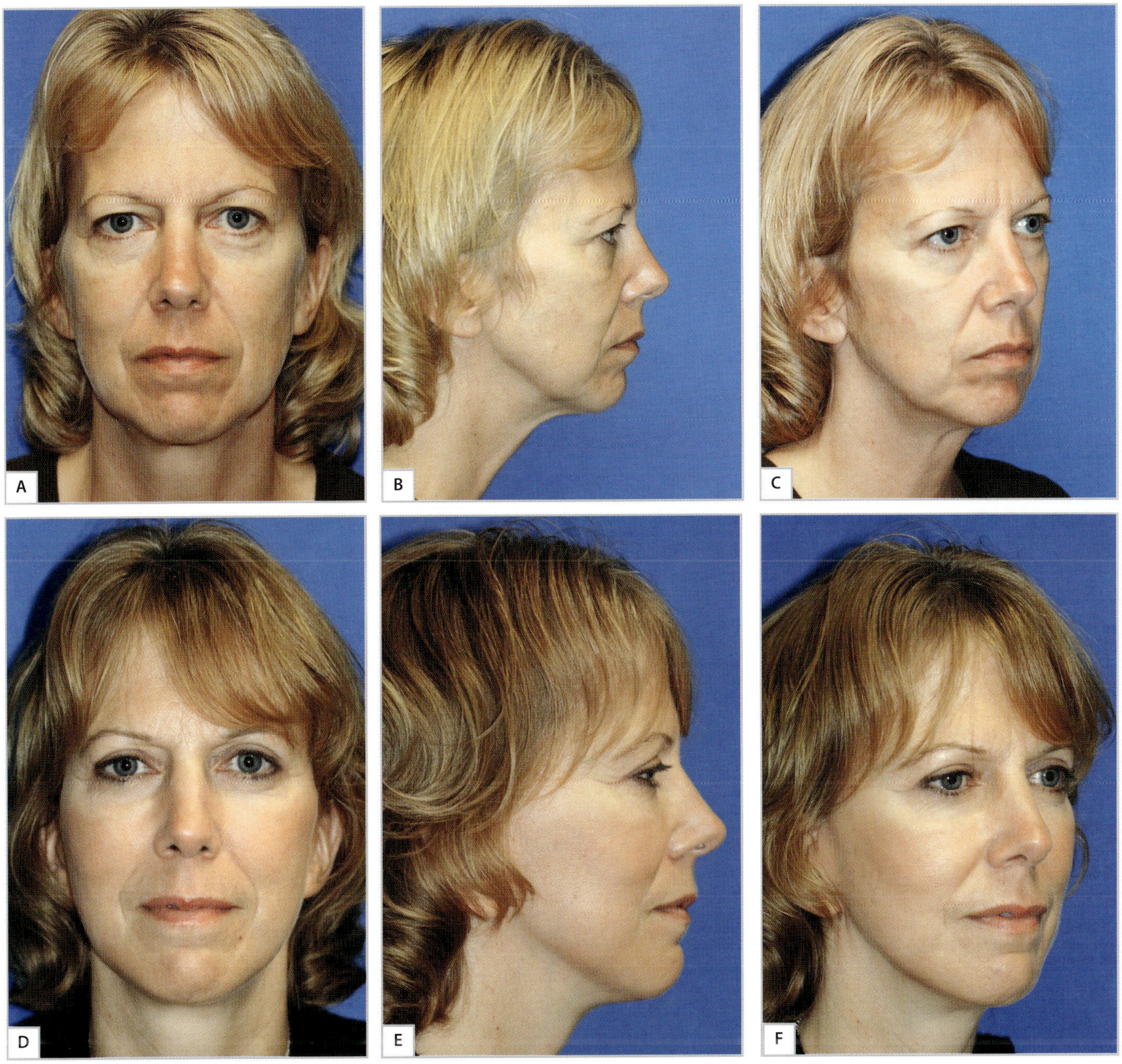

Figure 16.5 Facial rejuvenation in a 47-year-old woman. The figure shows her prior (A–C) to treatment, and post-treatment (D–F).

results. The results of the procedures result in a natural and youthful appearance without any evidence of surgery or treatment. The results appear balanced and harmonious.

NONSURGICAL FACIAL REJUVENATION

Case 6: Facial rhytides in a 57-year-old woman

History and patient goals

A 57-year-old Caucasian woman presented to the clinic interested in treatment for her facial rhytides. She also was interested in improving overall skin texture and tone. Lip augmentation was also discussed during her initial consultation. Overall, the patient's goals were to appear more youthful and refreshed, without looking 'overdone.'

Assessment

On physical examination, the patient was found to have dynamic and static rhytides of the forehead, glabella, periocular, and perioral areas. Volume loss in the temples and lateral cheeks was also noted. The patient had a prominent nasolabial fold (NLF) and thin upper and lower lips that she would like treated. She also had dyschromia and general photodamage to the facial skin.

Treatment plan

1. Intense pulsed light (IPL) full face
2. Sculptra-lateral cheeks, preauricular, and temporal
3. Botox forehead, glabella, crow's feet
4. Collagen filler to nasolabial folds
5. Filler treatment to upper and lower lips

The patient underwent an IPL to the face followed by collagen filler to nasolabial folds and filler treatment to the upper and lower lip. She also visited the clinic for a series of three vials of Sculptra (poly-L-lactic acid) to the cheeks, preauricular and temporal area. Patient's dynamic rhytides were managed with the use of botox therapy.

Results

Figure 16.6A shows the patient prior to treatments and Figure 16.6B shows the patient 6 months after her initial consultation. There is improvement in the patient's skin texture and tone. The patient shows increased volume in the cheeks and preauricular area that helped to improve the NLF and rhytides in the lower cheek area. The NLFs are also softened and the lips slightly fuller and better defined, but they still appear natural. She also has softening of her static rhytides with the neurotoxin as well as a decrease in dynamic rhytides.

Case 7: Facial rhytides in a 34-year-old woman

History and patient goals

A 34-year-old woman presented to the clinic interested in treatment for her dynamic rhytides and she also wanted additional volume to her lips.

Assessment

On physical examination, the patient was found to have scattered telangiectasias on the face and fine rhytides in the glabella and forehead area. She also appeared tired, with loss of volume to bilateral tear troughs. Patient's lips did not demonstrate volume loss.

Treatment plan

1. IPL face
2. Botox glabella and forehead
3. Restylane to bilateral tear troughs

Results

Figure 16.7A shows the patient prior to treatment, and **Figure 16.7B** shows the patient 6 weeks after treatment. A general improvement in patient's skin tone and freckles/lentigines can be seen. The patient

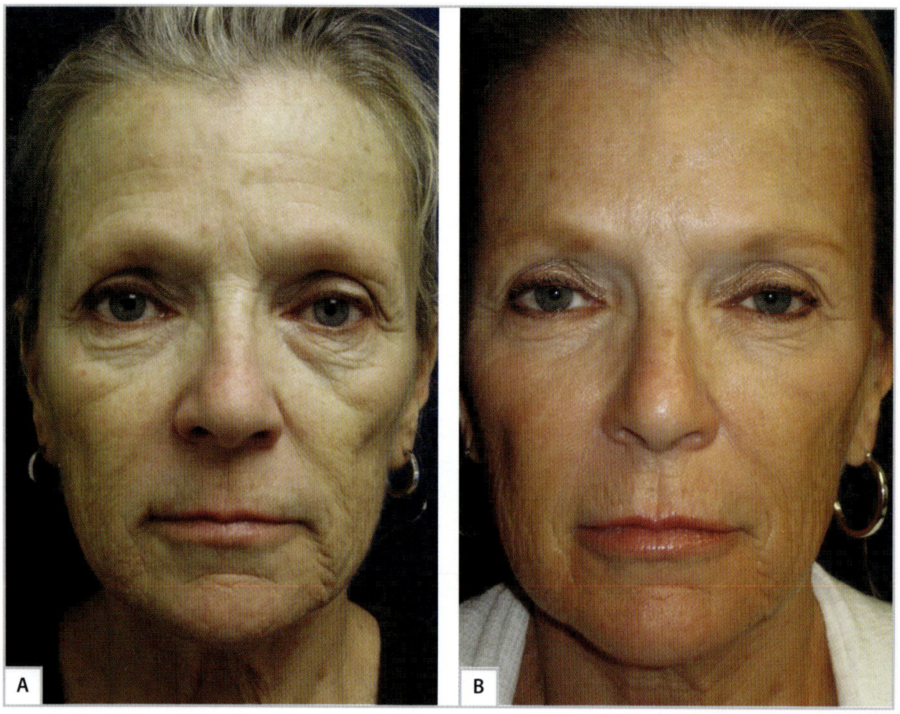

Figure 16.6 Facial rhytides in a 57-year-old woman. The figure shows the patient (A) prior to treatments and (B) 6 months after her initial consultation.

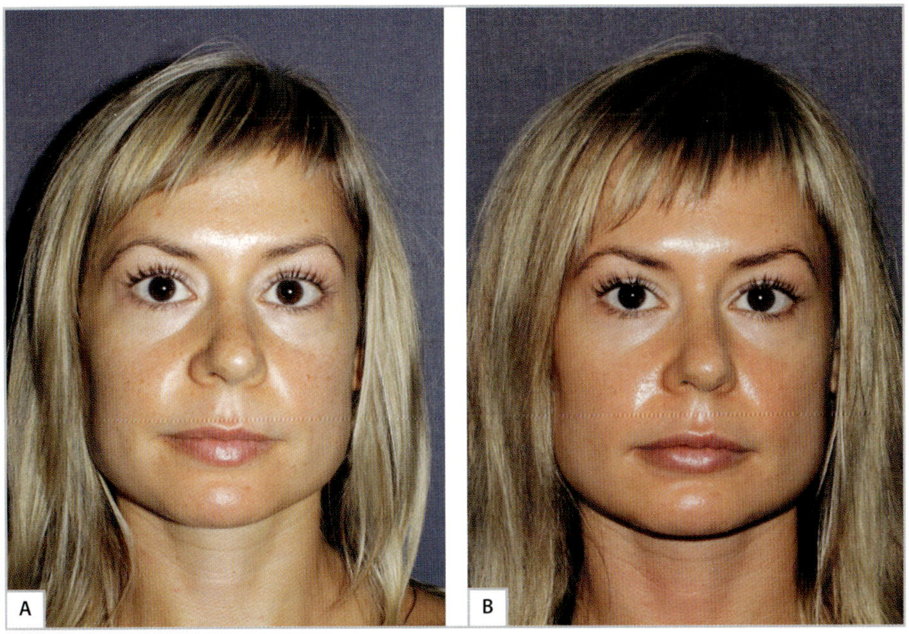

Figure 16.7 Facial rhytides in a 34-year-old woman. The figure shows the patient (A) prior to treatment, and (B) presenting 6 weeks after treatment.

also looks more refreshed and well rested after the Restylane treatment to her tear troughs. The Botox has helped with fine lines and rhytides of the forehead and glabella.

Case 8 Anti-aging treatment in a 47-year-old woman

History/patient goals

A 47-year-old thin female presented to the clinic for antiaging consultation. The patient leads a very active life and has always been thin. She feels that as she has aged, she is looking older because she has lost fat in her face. She also feels that this fat loss has led to skin laxity in the neck and jowl area. The patient also wants to improve her overall skin texture and soften her dynamic and static rhytides.

Assessment

On physical examination, the patient was found to have severe volume loss in the cheeks, preauricular and temple area. She also had excess skin laxity in the neck and jowl area. She had static and dynamic rhytides in forehead and glabella, as well as uneven skin pigmentation and photodamage to her face.

Treatment plan

1. Sculptra to cheeks, preauricular, and temples x 3 vials
2. After revolumizing with Sculptra, plan for liposuction of neck to improve laxity of skin
3. IPL face
4. Dysport glabella and forehead (the patient declined treatment for periocular rhytides)

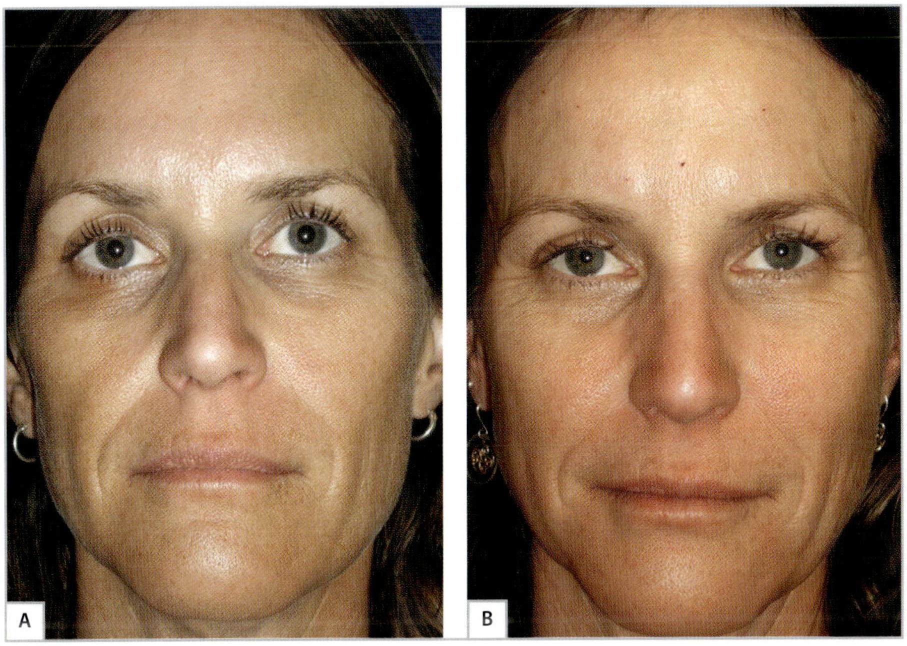

Figure 16.8 Anti-aging treatment in a 47-year-old woman. The figure shows the patient (A) prior to treatment with Sculptra and (B) presenting 6 months after treatment. (C, overleaf) The patient is seen prior to treatment with IPL, neck liposuction, and Dysport, and (D) after treatment.

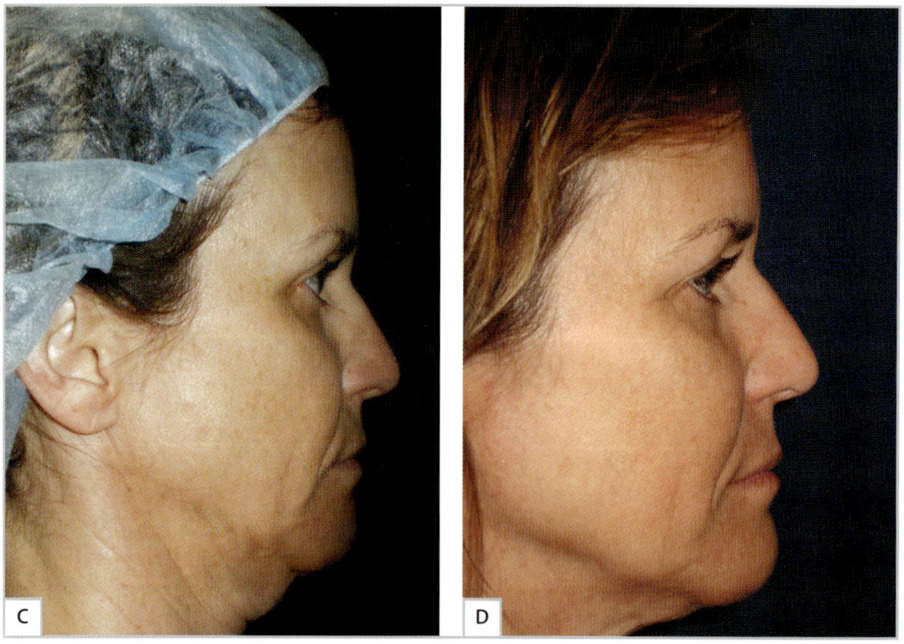

Results

Figure 16.8A shows the patient prior to treatment, and **Figure 16.8B** shows the patient 6 months following three vials of Sculptra (one vial per month) to the preauricular, cheeks, and temples. Note the increase in overall volume of the face adding to a more youthful appearance. **Figure 16.8C** shows the patient 1 year before the patient underwent IPL, neck liposuction, and Dysport to the glabella and forehead. **Figure 16.8D** shows the patient 4 months after neck liposuction, IPL full face, and Dysport. The definition of patient jawline and the tightening of the neck has improved, as has the hyperpigmentation and rhytides on the face.

Index

Note: Page numbers in **bold** or *italic* refer to tables or figures respectively.